地下空间工程系列丛书

城市地下空间结构

（第2版）

耿永常　编著
高伯扬　主审

哈尔滨工业大学出版社

内 容 简 介

本书主要针对城市地下空间建筑的结构设计、选型及施工等,讲述了其设计的基本原理与方法,其主要内容包括武器及其爆炸效应、射弹侵彻与核爆动荷载、附建式结构、浅埋闭合框架结构、圆形与盾构结构、沉井结构、地下连续墙结构、拱型结构的计算方法与构造、地下结构有限元分析等内容。

本书可作为高等学校土木工程专业、岩土与地下工程专业的本科生教学用书,也可供相关领域的工程技术人员参考。

图书在版编目(CIP)数据

城市地下空间结构/耿永常编著.—2版.—哈尔滨:哈尔滨

工业大学出版社,2007.6

(地下空间工程系列丛书)

ISBN 978-7-5603-2151-6

Ⅰ.城…　Ⅱ.耿…　Ⅲ.城市规划－地下建筑物－空间结构

Ⅳ.TU984.11

中国版本图书馆 CIP 数据核字(2007)第 087878 号

责任编辑　贾学斌
封面设计　卞秉利
出版发行　哈尔滨工业大学出版社
社　　址　哈尔滨市南岗区复华四道街 10 号　邮编 150006
传　　真　0451 – 86414749
网　　址　http://hitpress.hit.edu.cn
印　　刷　肇东粮食印刷厂
开　　本　787mm×960mm　1/16　印张 17　字数 400 千字
版　　次　2007 年 6 月第 2 版　2007 年 6 月第 2 次印刷
书　　号　ISBN 978-7-5603-2151-6
定　　价　22.00 元

开发城市地下空间，可节约宝贵的土地资源，保护自然生态环境，提高城市集约化程度，对战争及地震灾害的防护等具有十分突出的优越性，有利于城市的可持续性发展。

　　21世纪必将是城市地下空间建筑蓬勃发展的世纪，对地下空间领域的研究与开发，具有极其重要的意义。

中国工程院院士王光远题词

第 2 版前言

本书自 2005 年 6 月第 1 版发行以来,第 1 版很快销售一空,从各界使用者的反映来看,在当今伴随着城市建设与改造,地下结构在城市建设中应用十分广泛的大前提下,编写《城市地下空间结构》这样一本书确实是符合当前需要的,得到了广大高校师生和建设者的认可。

在本次再版修订中,根据《人民防空地下室设计规范》(GB 50038—2005)及《人民防空设计规范》(GB 50225—2005)的规定,对相关内容进行了调整,并将哈尔滨轻轨交通一号线——电表厂地铁车站设计效核方案(该效核工作由耿永常教授指导硕士研究生谢玲燕、高艳群使用 ANSYS 软件完成)作为实例收录在本书的第十章中,供读者学习参考。

在第 2 版编写过程中,对本书出版给予帮助的同志表示感谢,本书的再版内容由谢玲燕、高艳群负责整理,其第十章 ANSYS 运算实例由谢玲燕、高艳群负责编写。

由于时间紧迫及作者水平有限,定有不妥及疏漏之处,恳请读者批评指正。

作　者
2007.6 于哈尔滨工业大学

前　言

伴随着城市建设规模的不断扩大,城市地下空间开发已成为城市规划中重要的组成部分。开发利用地下空间具有很多优越性,主要表现在节约土地、增加城市空间容量、有利环境保护等,不仅如此,它还是城市防灾减灾及在战争中有效防御的最好的工程类型。

目前,地下空间功能已普及各个领域,如地下街、地下铁道、地下快速路、地下停车场、地下综合管廊及大型地下综合体等。可以说,地面城市的功能在地下都可以实现。由于地下的开发是在原有已建城市基础上进行的,因此,地下施工的复杂性出现了很多施工方法。地下结构良好的防炮、炸弹和核武器的冲击爆炸作用特点使其必须考虑荷载作用,这些因素都给地下建筑与结构带来设计与施工的难度。

21世纪是地下空间开发的世纪,我国大中城市在近几十年中将迎来开发地下铁道建设的高潮。这些都表明,地下工程专业人才的培养迎合了时代的要求。本书的编写正是基于这种时代背景而产生的。

新世纪土木工程专业毕业生应能在房屋建筑、隧道与地下建筑、公路与城市道路、铁道与交通工程、桥梁与矿山工程等领域从事技术与管理工作,这是新世纪对土木工程专业的要求。按照专业方向其课程分为建筑工程类、交通土建类、地下工程类三个系列,本书可作为地下工程方向的本科生专业教学用书,也可有选择地用于房屋建筑方向的地下结构课程用书。

地下结构涉及面很广,有软土与硬土、防护与非防护、土中与水中、深埋与浅埋、开敞与封闭等多种形式,不同种形式又有沉管(箱)、顶管(箱)、明挖与逆作、暗挖与盾构、沉井与支护等施工差别。本书中的内容属软土地下结构。

本书在编写过程中得到了哈尔滨工业大学土木工程学院领导和同事的帮助和大力支持,中国工程院院士王光远教授给予了充分肯定,在此谨向他们表示诚挚的感谢。在本书的资料整理、例题核算、公式校对及编写过程中谢玲燕、高艳群做了大量工作,在此向他们表示衷心的感谢。

由于时间紧迫与作者水平有限,书中疏漏及不妥之处在所难免,恳请读者批评指正。

作　者
2005 年 4 月

目　录

第一章 概 论

第一节 地下空间结构类型

现代城市地下空间建筑的大规模开发是城市建设发展到一定阶段的必然结果。根据城市建筑的功能要求,地下空间建筑从使用功能上可分为地下民用、工业、公共、交通、公用设施、综合体、特殊用途的地下空间(矿藏、埋葬、景观、洞穴等)等多种用途;根据岩土介质又可分为岩石与软土地下空间建筑,又称为坑道、地道、地下室等几种。这些分类基本上都是从建筑角度考虑的,而地下空间建筑又必须由一定的结构型式来保障其使用功能的实现。因此,地下空间建筑与结构是密不可分的,各自又包含着主要侧重内容,详见表 1.1。

表 1.1 地下空间建筑与结构的主要内容

建 筑	结 构
·规划、规模、场地、地形、埋深	·结构及构件型式与施工方法
·平面及剖面尺寸、与地形及地下的关系	·结构材料及等级
·功能分区及空间尺度	·土质状况与荷载
·结构型式与材料	·结构防护与防灾
·施工方法	·计算简图、结构力学与分析
·结构构件的内外装饰及构造	·结构强度与稳定性
·建筑物理与防护防灾等	·结构构造与配筋
	·内外结构构件的型式及强度分析等

注:表中不含设备(电、水、风、暖等)内容。

由表 1.1 中看出,建筑与结构都要研究结构型式、施工方法与材料,它们既有共同的部分,又有各自的主要内容。

对于地下空间结构可以这样理解,能够保障地下空间建筑使用功能要求的,在各种荷载作用下具有足够强度与稳定性的结构型式。

显然,地下空间结构与地面空间结构具有不同的特征,地下空间结构的主要特征为:

(1) 全埋或半埋在岩土中,承受岩土、水等荷载;

(2) 由于地下防灾性能良好,对自然灾害中的风、雪、雨、地震等及人为灾害中包括核武器在内的各种武器杀伤破坏作用的防护性能；

（3）不需考虑风荷载与立面造型；

（4）采光与通风需单独考虑；

（5）施工技术要求复杂及设备安装要求完善；

（6）具有较高的防潮、防水要求；

（7）造价较高。

与地面建筑工程比较，地下空间结构所考虑的因素更多，技术也更复杂，由于周围介质是岩土，因此，岩土力学计算是地下结构设计的重要基础。

一、地下空间结构的分类

1.按结构形状划分

地下空间结构可按结构形状划分为矩形框架结构、圆形结构、拱与直墙拱结构、薄壳结构、开敞式结构等，见图1.1。

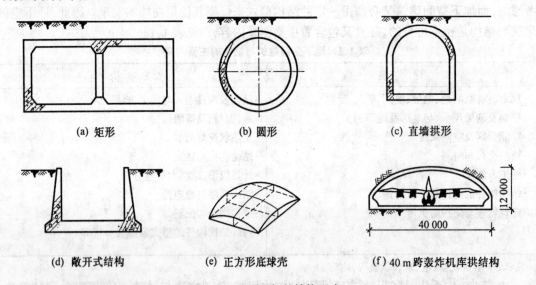

(a) 矩形　　　　　　　 (b) 圆形　　　　　　　 (c) 直墙拱形

(d) 敞开式结构　　　 (e) 正方形底球壳　　 (f) 40 m跨轰炸机库拱结构

图1.1　地下空间的结构型式

2.按土质状况划分

地下空间的结构按土质状况可分为土层与岩层地下空间结构。土层结构即指在土壤内挖掘的结构，岩层结构指在岩石中挖掘的结构。这里不含水中结构，水中结构与岩土中结构又有较大差别，水中结构包括江河湖海内的水下结构，但包含水底岩土中的结构。岩石结构中又分为喷锚结构、半衬砌结构、厚拱薄墙结构等，见图1.2。

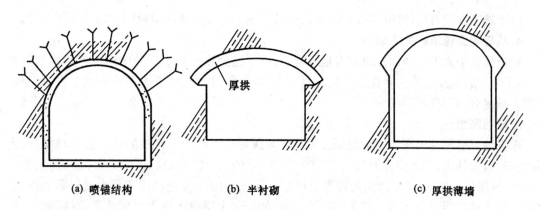

(a) 喷锚结构 (b) 半衬砌 (c) 厚拱薄墙

图1.2 岩石中的地下空间建筑的结构型式

3.按施工方法划分

地下空间的结构按施工方法可划分为掘开式(又称大开挖式)、暗挖式、盾构式、沉井式、连续墙式、沉箱(管)式、逆作式、顶管(箱)式等。

大开挖式是指直接在地面开挖所建造的地下空间建筑基坑,在其坑内建造完工程后将土回填的一种方法,基坑边坡可采用放坡、直立或支撑的形式而防止土的塌落。

暗挖式常用于在土中埋深较大的情况下,通过竖井在土中进行挖掘空间而建造的结构,此种方式又称为矿山法。

盾构式又称潜盾,系译意名称,是在地下采用隧道掘进机进行施工的一种方法,常用圆形,顶管工具头也属盾构范畴。其特点是可穿越海底、水底等地下修建隧道,隐蔽,自动化与机械化程度高,劳动强度低;一次掘进长度在 1 400~2 500 m 左右,其盾构直径最大为14.14 m,属于超大直径型盾构。

沉井式是在地面预先建造好结构,然后通过在井内不断挖土使结构借助自重克服土摩阻力不断下沉至设计标高的一种方法,常用于桥梁墩台、大型设备基础、地下仓(油)库、地下车站及国防工事等地下工程的建筑施工。

连续墙式是指在施工时先分段建造两条连续墙,然后在中间挖土并由底至上建造底板、楼板、顶板及内部结构的一种施工方法。

沉箱(管)式是指将预制好的结构运至预定位置,并使之下沉到设计标高的施工方法。

逆作式是在地下工程施工时不设支护体系,以结构构件作挡墙及支撑,由柱墙、顶板、楼板、基础的自上而下依次开挖和施工的一种方法,其特点是施工作业面小,可尽快恢复地面交通,对周围环境影响小,常为矩形结构。

顶管(箱)式是在起点和终点设置工作井(常采用沉井),在工作井壁设有孔作为预制管节的进口与出口,通过千斤顶将预制管节按设计轴线逐节顶入土中,对于较长距离情况,顶管常分段进行,该方法在城市中不影响交通及附近地面设施。

由于施工方法对结构的影响较大,常需要进行施工阶段与使用阶段的结构分析与设计。

4.从与地面建筑的关系划分

城市建设中大部分地面建筑带有地下建筑,对于这种地面地下相连的地下建筑称为附建式(地下室)结构,反之称为单建式结构。目前,我国建设的多层建筑大多建有地下室,高层建筑则必须建有地下建筑。

5.按埋深划分

根据地下空间结构在土中的埋深分为浅埋与深埋地下结构。深浅的定义较为模糊,较为不严格的概念认为,地下空间开发深度分为浅层($\leqslant 10$ m)、次浅层($10 \sim 30$ m)、次深层($30 \sim 100$ m)、深层($\geqslant 100$ m)。在规划与建筑上没有必要研究 10.1 m 是浅层还是次浅层哪个正确。但在结构中确定浅埋与深埋有较为明确的界线,如松散土层中的压力拱理论确定的深埋与浅埋的分界、土压理论中 $\partial q/\partial H = 0$ 对应 q_{max} 时的 H_{max} 的浅埋与深埋的分界(q 为土层压力值,H 为埋深) 等,结构工程师认为,深埋与浅埋的界限是十分必要的,但目前还没有统一的划分方法。

二、地下空间结构构件

地下空间结构的主要构件组成有衬砌(lining)结构(被覆结构)和内部结构。衬砌类似于地面建筑的外墙,即围护结构(surrounding structure),它直接与土层接触,在岩石中将其划分为贴壁式与离壁式结构(图 1.3);离壁式结构起围护作用的外墙与岩体是脱离的,局部有支承。内部结构包括楼板、柱、隔墙、楼梯、梁等构件组成,外部结构指地下空间的围护结构,如拱、外墙等(图 1.4)。

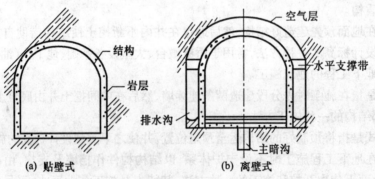

图 1.3　贴壁式与离壁式结构

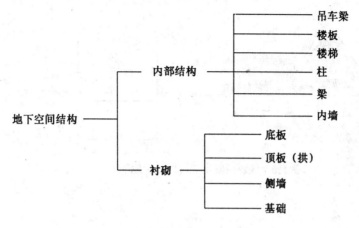

图 1.4 地下空间结构构件划分

第二节 地下空间结构的设计理论与方法

地下空间结构设计理论形成于 19 世纪初,基本上仿照地面结构的计算方法进行,经过较长时期的实践,特别是岩土学科与结构工程学的发展,形成了以地层对结构受力变形约束为特点的地下结构分析,伴随之后的计算机技术的出现推动了地下结构设计理论的更进一步发展。

地下空间结构理论发展主要有以下几个阶段。

一、19 世纪前期地下空间使用概况

原始社会人类利用天然的山洞或地下、半地下的穴洞避风雨、抵御野兽,如我国西安半坡村发掘出的仰韶文化(距今 3000 ~ 6000 年)的氏族部落遗址。在半地下穴居奴隶社会阶段,宗教在人们思想中占有重要地位,人们相信有脱离人之外的神灵,因此,大量的地下空间都被开发成与神有关的建筑,如著名的埃及金字塔,其主要目的是其内部空间的陵墓,又如新王朝时期的阿布辛贝·阿蒙神大石窟庙建在悬崖上,正面入口约 40 m 宽,30 m 高,立面有四尊国王雕像,高 20 m,内部空间有前后两个柱厅,八根神像柱,周围墙上布满壁画。详见图 1.5 ~ 1.7 所示。

奴隶社会中地下空间主要用于陵墓及石窟建设,人们公共生活方面也建有隧道、输水道、贮水池、住宅等。如公元前 2200 年巴比仑河底隧道,公元前 300 年的古罗马地下输水道及贮水池等都是杰出的代表。

封建社会时期,地下空间的用途扩展了,地下空间在延续陵墓与神庙石窟的建造过程中,

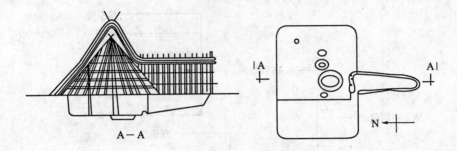

图1.5 陕西西安半坡村原始半地下穴居

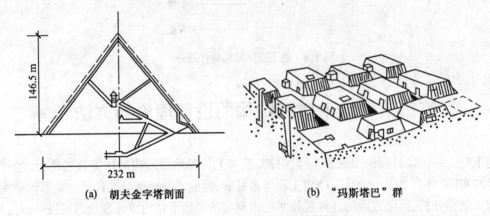

(a) 胡夫金字塔剖面   (b) "玛斯塔巴"群

图1.6 古埃及的地下空间利用

(a) 平面图   (b) 立面入口

图1.7 阿布辛贝·阿蒙神大石窟庙

规模越来越大,如我国山西大同、河南洛阳等地均凿掘出令人叹为观止的石窟群;地下空间也广泛用于粮仓、军事设施、生活居住等,如一直延续至今的窑洞,遍布我国河南、陕西、甘肃等地。

从原始社会至封建社会时期,地下空间并没有形成完整的结构分析理论,当时主要凭感觉和经验出发,以坚固为原则,重在建筑使用功能。在结构上充分利用岩土本身的坚固性,石砌地下建筑多采用矩形及拱形结构;岩石凿掘的空间大多为直墙拱形,充分利用岩石本身的强度与稳定性。如距今50万年前旧石器时代的天然崖洞居住处所,距今5万年前新石器时代母系社会的黄土壁体土穴。

二、19 世纪地下空间结构设计方法

19 世纪初,地下空间结构已有初步的计算理论,早期的材料多以岩土、砖石、木等构筑,由于估算粗糙,结构断面常取得很大,主观估算及经验占据主要地位。复杂的力学分析方法尚未出现,但基本的静力平衡条件已初步应用。

最早的地下结构计算方法为刚性结构的压力线理论。按压力线理论分析,地下结构是由刚性块组成的结构,其主动外荷载为地层压力,当处于极限平衡状态时,被视为绝对刚体所组成的结构可由静力计算方法直接求出其任意截面的内力。该方法估算的结构断面尺寸都很大。

19 世纪后期,混凝土及钢筋混凝土材料的出现,促进了工程结构的发展,设计中的主要方法为弹性结构分析理论,这种分析方法成为最基本的力学方法。

三、20 世纪地下空间结构设计方法

进入 20 世纪地下空间结构计算理论有了进一步发展。1910 年康姆烈尔(O. Kommerall)首先在计算整体式隧道衬砌时假设刚性边墙受有呈直线分布的弹性抗力,1922 年约翰逊(Johason)等人在建议的圆形衬砌计算方法中也将结构视为受主动荷载和侧向地层弹性抗力联合作用的弹性圆环,被动弹性抗力的图形假设为梯形,抗力大小可根据衬砌各点有没有水平移动的条件加以确定。上述中的方法不足之处是过高估计了地层对结构的抗力作用,使结构设计偏于不安全,为弥补这一点,结构设计采用的安全系数常被提高到3.5~4.0以上。

1934 年,朱拉波夫(Г.Г.Зурабов)和布加也娃(О.Е.Бугаева)对拱形结构按变形曲线假定了镰刀形的抗力图形,并按局部变形理论认为弹性抗力与结构周边地层的沉陷成正比。该方法将拱形衬砌(曲墙式或直墙式)的拱圈与边墙整体考虑,视为一个直接支承在地层上的尖拱,按结构力学的方法计算其内力。该方法是根据结构的变形曲线假定地层弹性抗力分布图形,并由变形协调条件计算弹性抗力的量值。上述计算方法被认为是假定抗力阶段。

前苏联地下铁道设计事务所在 20 世纪 20~30 年代就提出过按局部变形弹性地基圆环理论计算圆形隧道衬砌的方法。1934~1935 年间,达维多夫(C.C.Давыдов)提出了应用局部变形弹性地基梁理论,1956 年纳乌莫夫(C.H.Наумов)又将其发展为侧墙按局部变形弹性地基梁理论计算的地下结构计算法。

1939 年和 1950 年,达维多夫先后发表了按共同变形弹性地基梁理论计算整体式地下结构的方法。1954 年奥尔洛夫(C.A.Орлов)用弹性理论进一步研究了这一方法。舒尔茨(S. Schulze)和杜德克(H.Düddek)在 1964 年分析圆形衬砌时不但按共同变形理论考虑了径向变形的影响,而且还计入了切向变形的影响。由于该分析方法以地层物理力学特征为根据,并能考虑各部分地层沉陷的相互影响,在理论上较局部变形理论有所进步。这可称为弹性地基梁理论阶段。

自 20 世纪 50 年代后,连续介质力学理论的发展使地下结构的计算方法也进一步发展。史密德(H.Schmid)和温德耳斯(R.Windels)、费道洛夫(В.Л.Федоров)、缪尔伍德(A.M.Muir-wood)、柯蒂斯(D.J.Curtis)等分别提出了用连续介质力学方法求圆形衬砌、水工隧洞衬砌的弹性解。塔罗勃(J.Talobre)和卡斯特奈(H.Kastner)得出了圆形洞室的弹塑性解。塞拉塔(S.Ser-ata)、柯蒂斯和樱井春辅采用岩土介质的各种流变模型进行了圆形隧道的粘弹性分析。上海同济大学对地层与衬砌之间的位移协调条件得出了圆形隧道的弹塑性和粘弹性解,这可认为是连续介质阶段。

20 世纪 60~80 年代,伴随着电子计算机的发展,数值计算方法在地下空间结构中得到进一步发展。1966 年莱亚斯(S.F.Reyes)和狄尔(D.U.Deere)应用特鲁克(Drucker) - 普拉格(Prager)屈服准则进行了圆形洞室的弹性分析。1968 年辛克维兹(O.C.ZienKiewicz)等按无拉力分析研究了隧道的应力和应变,提出了可按初应力释放法模拟隧洞开挖效应的概念。1977 年维特基(W.Wittke)分析了围岩节理及施工顺序对洞室稳定的影响,以及开挖面附近隧洞围岩的三维应力状态。同济大学孙钧院士提出了某水电站大断面厂房洞室分部开挖的结构粘弹塑性分析。上述方法分析地下结构可被看作是数值方法阶段。

20 世纪 90 年代以后至今,除极限状态和优化设计方法成为地下空间结构分析方法的最新研究方向之外,地下结构监测与反演分析法(反分析法)也成为人们解决工程问题的最佳方案。结构优化方法是在各种可能设计方案中寻求满足功能要求的前提下,保证结构安全可靠度的最低造价设计。优化设计应该说是工程领域所追求的最佳设计,它不仅仅局限于结构领域,同时也要求工程项目从前期论证、规划、建筑方案、结构设计、方案施工及维护等一系列环节都要进行优化设计,王光远院士提出和建立的工程项目全局大系统优化思想及理论也是地下空间工程设计理论的发展方向。

第三节　地下空间结构设计原则及内容

地下空间工程设计遵循一定的原则,按照土建工程的基本建设程序,由可行性论证、勘察、设计与施工等环节所组成。在这些环节中,可行性论证是工程投资环节中极其重要的具有战略性决策性质的环节。勘测设计应视为是较为具体的技术环节,在这一过程中应经过方案比较并选择最满意的技术方案,包括勘察、规划、建筑结构设备设计、预算等。近十几年来,建筑规划与方案及概念结构设计,在可行性论证阶段已基本完成,设计阶段结束后即可进入施工阶段。

一、结构设计的过程与步骤

(1) 熟悉地下空间建筑的可行性论证报告,按照论证报告中所规定的内容进行设计。

(2) 了解建筑设计方案,确定关键结构技术,如结构型式、体系、承重方式、受力特点等。

(3) 确定工程的荷载性质,包括是否具有防护等级要求,平战结合要求,水土压力,地面荷载状况(如地面部分是建筑还是道路)等。

(4) 确定施工方法及埋置深度。地下空间结构受施工影响较大,常需进行施工阶段及使用阶段的荷载分析,有时还需进行动载(武器爆炸冲击)作用分析,并进行分析比较后方能确定其主要结构构件尺寸。

(5) 估算荷载值及进行荷载组合,确定主要建筑材料。

(6) 确定各结构部分的结构型式及布置,估算结构的主要尺寸及标高。结构标高与建筑标高是不同的,而轴线是相同的,结构标高常表达为结构净构件的顶或底面的标高,而建筑标高常表达为包括面层在内的最后使用阶段的标高。

(7) 绘制结构设计初步图。

(8) 估算结构材料及概算。

上述过程可以认为是初步设计(中小型工程)或技术设计(中大型工程)中所包括的内容。在初步设计经审批后即可进行施工图设计。

二、施工图设计内容

1. 荷载计算

根据建筑功能性质、设防等级、抗震等级、埋置深度、岩土性质、施工方案、水土压力、安全可靠度等多种因素确定荷载值。

2．计算简图

根据结构型式及结构设计理论、岩土性质、计算手段提出既接近实际又能简化计算的合适简图。因为简图决定着计算理论的差别，此差别决定力学结果的变化，因而引起构件断面及材料强度的变化。

3．内力及组合分析

根据施工、使用等不同阶段及所采用的计算手段(电算、手算、查表等进行内力计算，按最不利的状况进行组合分析)求出结构构件的弯矩、剪力和轴力(M、Q、N)值，并绘出受力图。

4．结构配筋

由于地下空间结构大多为钢筋混凝土结构，因此需进行配筋设计。通过截面强度和抗裂缝要求求出受力钢筋，并确定分布筋及架立筋的数量及间距。钢筋应选择常用的规格，应尽量统一直径，以便购料和施工。

5．构造确定

所有结构设计都有相应的构造要求来约束。构造要求是行业或构件设计中规范(或标准)规定的应该执行的定量或定性的一些措施，是多年工程实践经验及理论研究的总结，起着很重要的作用。所以，构造设计绝不可忽视。对构造要求的忽视有可能造成工程浪费或产生重大结构安全事故。

6．施工图

根据设计及计算结果绘制结构平面布置图、结构构件配筋图、结构构造说明及节点详图、相关专业(风、水、电、建筑、通信、网络、煤气、防护等)需要设置的埋件、措施、洞口、预留及扩建图。

7．图纸预算

一般认为工程有三算，即初步设计概算、施工图预算、竣工图决算。施工图完成后需根据当年的预算价格计算材料用量及费用，费用包括材料、人工、机械三项外加管理费。结构只是工程项目的一个组成部分。

三、地下空间结构设计原则

(1) 坚固适用、经济原则。坚持保障建筑功能为基本前提，做到坚固适用、经济、美观。

(2) 优化原则。对于可供选择的方案应选用经济的方案，当然是以不降低功能及安全度为基准。

(3) 严格使用规范与标准。地下结构规范、标准、条例有很多，甚至在国防、人防、公路、铁道行业中，还必须结合地面建筑的有关规范。设计中应遵循这些有关的规范与标准。

(4) 选择合适的计算工具。当前地下空间结构常用结构静力计算手册并补以手算，还有可供使用的相应的某种结构的设计软件。为了减轻工作量，应优先选择计算软件及查表方法，既可保证速度,又可减少计算失误。

四、设计特点

地下空间结构可能会有两种不同荷载作用的情况,一种是无防护等级要求的一般地下结构,它所承受的荷载主要有静荷载与活荷载;另一种是不仅考虑一般意义的静活荷载,同时还要考虑在爆炸冲击作用下的瞬间动荷载。后一种即为具有防护等级要求的地下空间结构,可以看出,它是直接用于在战争状态下防包括核武器在内的武器的爆炸冲击作用。

1.计算理论与方法

由于地下空间结构存在地层弹性抗力作用,因此,弹性抗力限制了结构的变形,改善了结构的受力状况。矩形结构的弹性抗力作用较小,在软土中常忽略不计,而拱形、圆形等有跨变结构的弹性抗力作用显著。在设计计算中如考虑弹性抗力的作用,应视具体的地层条件及结构型式而定。

地下空间结构的计算方法主要有结构力学分析法、弹性地基梁法、矩阵分析法、连续介质力学的有限单元法、弹塑性、非线性、粘弹性、粘弹塑性等计算方法。我国地下工程界著名学者孙钧院士与侯学渊教授把上述计算方法归为两大类:荷载结构法与地层结构法。

荷载结构法是把地下结构周围的土层视为荷载,在土层荷载作用下求结构产生的内力和变形,如结构力学法、假定抗力法和弹性地基梁法等。结构力学法用于软弱地层对结构变形的约束能力较差的状况(或衬砌与地层间的空隙回填、灌浆不密实时),反之,则可用假定抗力法或弹性地基梁法。此种方法在分析中把荷载与结构视为作用与反作用的关系。

地层结构法是把地层与结构(衬砌)视为一个受力变形的整体,并可按连续介质力学原理来计算衬砌和周边地层的计算方法。常见的关于圆形衬砌的弹性解、粘弹性解、弹塑性解等都归属于地层结构法。这是因为地层岩土材料的本构关系有线弹性、非线弹性、粘弹性和粘弹塑性差别,由此便可建立上述多种关系的计算模型。地层结构法中只是对圆形洞室(指只有毛洞,不设衬砌)的解析发展得比较完善。

上述两大类法都可用数值计算方法进行分析,有限单元法、有限差分法、加权余量法和边界单元法等都归属于数值计算方法。在地下工程中,由于材料非线性、几何非线性、岩层节理和其他不连续特征及开挖效应等因素的复杂性均可在有限单元法中得到适当的反映和考虑,因此,地下空间结构与岩土工程力学分析方法中发展最快的是有限单元计算方法。

2.概率极限状态设计方法

钢筋混凝土结构计算最早采用的设计方法是以弹性理论为基础的“许可应力方法”,从20世纪40年代开始,出现了考虑材料塑性的按“破坏阶段”的设计计算方法,同时采用了按经验的单一安全系数。50年代又提出“极限状态”设计计算方法,单一安全系数改为考虑荷载、材料及工作条件等不同因素的分项安全系数法,这种按“极限状态”的设计方法一直延用至今。

近代建筑结构的发展是基于概率的结构可靠度分析方法的完善。根据《建筑结构设计统一标准》(GBJ 68—84)的要求,结构设计采用以概率理论为基础的极限状态设计方法,结构可靠度用可靠指标 β 度量,采用以分项系数的设计表达式进行设计。

3.地下空间结构的防护特征

地下空间结构具有十分优越的防灾性能,所以,地下空间结构是用于战争防护最好的结构类型,地下结构与防护具有不可分割的联系。在地下结构中有两类使用设计,一类是不考虑战争武器冲击破坏设计的大量平时使用的地下空间建筑,另一类是考虑战争中能够防武器冲击作用的防护工程。后一种情况又可划分为两种,即纯军事用途的防护结构,如工事、导弹发射井、飞机与坦克库等;另一种是平战结合的地下工业与民用建筑。这样,地下空间结构设计不仅仅是普通的地下结构,还要考虑地下结构的防护特征。

地下结构的防护设计要考虑包括核武器在内的武器爆炸冲击破坏荷载作用,在建筑上还要考虑防原子核辐射、防生物化学武器等功能的相关布局及构造措施。如出入口部(gateway)的防堵、防毒及降低冲击波峰值压力措施,以及防原子弹爆炸冲击波和炮弹、炸弹冲击破坏作用等。在结构、材料和构造上同普通平时(peacetime)工程设计不同,即所谓战时(wartime)或临战(imminence of war)前加固的工程设计。

为了减轻在战争中对人员及物资造成的损失,防护工程是国家战备工作的重要组成部分,这是国家对战争防御的重大战略问题。由于人防工程投资大,和平时期其防护特征不能体现,因此,如何采用平战结合及临战前加固是人防工程中的一个十分重要的问题。人防工程应同城市建设相结合,同经济建设与发展相结合,使人防工程具有经济、战备、社会和环境效益。

第四节　地下空间结构荷载、材料与构造

地下空间结构所探讨的是所有地下结构型式中通用的荷载、材料与构造的有关分析及规则,其中涉及不同类型的具体荷载、材料与构造详见各结构类型的有关章节。在某种结构类型中着重阐述相应结构类型更为具体的结构构造措施,它符合近年来国家或地方所颁布的规范与标准。

一、荷载及其组合

地下空间结构荷载按其荷载存在的状态可分为四类:静荷载、动荷载、活荷载和其他荷载。地下空间结构与地面结构的差别是没有风荷载,因为它埋于地面以下,风荷载不产生作用;对于地震荷载,由于其直接埋于地下,其抗震性能远优于地面,也可以说具有很好的抗震性能。因此,地下空间结构在一般情况下不做抗震方面验算,常通过构造措施解决。目前,地面结构

抗震已有相对成熟的理论分析与方法,而地下结构抗震方面的研究尚没有成熟的设计理论,伴随着地下空间结构技术的发展,有关地下空间抗震结构设计理论会进一步完善。

1.荷载

(1) 静荷载(static load)

静荷载又称恒载。是指长期作用于结构上且荷载大小、方向与作用点不变的荷载。静荷载主要有自重、水土压力、固定的设备或设施等。

(2) 动荷载(dynamic load)

动荷载主要指地下防护结构,需考虑原子核武器及常规武器(炮航弹、火箭)爆炸冲击压力而产生的荷载,这种荷载我们把它称为瞬间动荷载,动荷载还可能有地震波作用下的荷载和有长期震动产生的动荷载。

(3) 活荷载

活荷载是指施工和使用期间存在的变动荷载,其荷载大小、作用位置与方向有可能改变的荷载。如作用于地下空间结构楼板上的人、物品、设备等,施工中的临时荷载、移动荷载等。移动荷载包括车辆的运行及地下厂房中的吊车荷载等。

(4) 其他荷载

除上述几种荷载外,还有几种可能发生的荷载,材料收缩、温度梯度变化、地基土的急遽变化、结构刚度差异较大、不均匀沉降等都会对地下空间结构产生内力。这些问题通常通过施工及构造措施来解决。

2.荷载组合

前述四类荷载有可能不是同时作用,对使用阶段的荷载需进行最不利情况的组合,即进行最不利的内力组合,得出各个构件控制截面的最大内力。荷载组合的方案有:① 静载;② 静载+活载;③ 静载+核爆炸荷载(一次单独作用);④ 炮(炸)弹局部冲击作用荷载(一次单独作用);⑤ 静载+核爆炸荷载+上部建筑物自重(或倒塌荷载);⑥ 静载+施工阶段荷载(根据施工方式有所不同)。

上述荷载组合针对不同结构采取不同组合方案。单建式浅埋大跨度防护结构采用③项组合,无防护的结构采用②项组合,整体小跨度国防掩体工事采用④项组合,附建式防护结构采用⑤项组合。荷载组合应根据具体结构受荷方式进行具体分析。

对于某一结构的不同构件,由于所受荷载不同,采用的荷载组合方式不同。如直接承受核爆炸动荷载的结构(外部结构)可采用③项组合,不直接承受爆炸动荷载的结构(内部梁板、楼梯等结构)可采用②项组合。

这里所说的倒塌荷载常指附建式防护结构中地面建筑被炸塌而堆积到浅埋地下结构上所发生的荷载。

上述荷载均按国家有关部门颁布的规范中所确定的值或公式计算取值。

荷载的确定与取值是结构计算的首要工作,其变化将影响设计的全部结果,因此,荷载计算应按有关规范进行。

3.内外结构荷载组合

由于地下空间结构划分为内部与外部结构,内外部结构所受荷载组合是不同的。对于内部结构,所受荷载同地面建筑相同,其组合方法详见表1.2。

表1.2　地下内外结构荷载组合

结构特征 结构部位	非防护结构	防护结构	
内部结构	静载+活载	柱及承重墙	静载+动载
		楼板	静载+活载
外部结构	静载+活载 (浅埋及需要时)	静载+动载	

表1.2中的静载内容根据结构构件的不同部位有所不同,但它主要是指水土压力、自重、上部建筑物重量、交通工具及固定的设备等;动载是指武器爆炸冲击作用的荷载。

二、材料

1.材料强度标准

对于一般无防护等级要求的地下室中梁板式混合结构,砌体部分的材料强度等级应满足表1.3的最低值要求。

表1.3　砌体材料强度等级最低值

基土潮湿程度	粘土砖		混凝土砌块	石　材	混合砂浆	水泥砂浆
	严寒地区	一般地区				
稍湿的	MU10	MU10	MU5	MU20	M5	M5
很湿的	MU15	MU10	MU7.5	MU20	—	M5
含水饱和的	MU20	MU15	MU7.5	MU30	—	M7.5

需要说明的是,当有侵蚀性地下水时,地下空间防护结构外墙应严禁使用砖砌体,其他材料必须采取防腐蚀措施。外墙应采用钢筋混凝土、混凝土、料石等材料。

对于有防护等级要求的地下室材料强度等级应不低于表1.4中的规定。

表 1.4 材料强度等级

构件类别	混凝土		砌 体			
	现浇	预制	砖	料石	混凝土砌块	砂浆
基础	C25	—	—	—	—	—
梁、楼板	C25	C25	—	—	—	—
柱	C30	C30	—	—	—	—
内墙	C25	C25	MU10	MU30	MU15	M5
外墙	C25	C25	MU15	MU30	MU15	M7.5

注:①防空地下室结构不得采用硅酸盐砖和硅酸盐砌块;
②严寒地区,饱和土中砖的强度等级不应低于MU20;
③装配填缝砂浆的强度等级不应低于M10;
④防水混凝土基础底板的混凝土垫层,其强度等级不应低于C15。

对于具有防护等级要求的防炮弹、炸弹局部作用的整体式工程或遮弹层混凝土用 C30。
对于有防护等级要求的单建式地下空间结构材料强度应不低于表 1.5 中的规定。

表 1.5 单建式防护结构材料强度等级

材料 构件	砌体				混凝土		钢筋混凝土		喷射水泥砂浆
	砖	料石	混凝土砌块	水泥砂浆	现浇	喷射	现浇	预制	
板、梁	—	—	—	—	—	—	C20	C20	—
柱	—	—	—	—	—	—	C30	C30	—
拱	MU10	MU30	MU15	M7.5	C20	C20	C20	C20	M10
外墙	MU10	MU30	MU15	M5	C20	C20	C20	C20	M10

注:① 不得采用硅酸盐砌体;
② 料石包括细料石、粗料石和毛石。

2.材料的动力性能

地下空间结构在荷载作用下的材料强度设计值、弹性模量及泊松比,应按现行有关规范及标准执行。对于在动荷载单独作用下或动荷载与静荷载同时作用下,材料强度设计值的计算式为

$$f_d = \gamma_d f \tag{1.2}$$

式中　f_d——动荷载作用下材料强度设计值(N/mm^2);

　　　f——静荷载作用下材料强度设计值(N/mm^2);

γ_d——动荷载作用下材料强度综合调整系数,应按表 1.6 确定。

表 1.6　动荷载作用下材料强度综合调整系数

材　　料		γ_d
钢　材	HPB235	1.50
	HRB335	1.35
	HRB400	1.27
	RRB400	1.10
混凝土	C60 以下	1.50
砌　体	料石 混凝土预制块 普通粘土砖	1.50

表 1.6 中的材料强度综合调整系数可用于拉、压、弯、剪等不同受力状态,当混凝土构件采用蒸汽养护或掺入早强剂时,其综合调整系数应乘以 0.90 的折减系数。

在动荷载与静荷载同时作用或动荷载单独作用下,混凝土和砌体的弹性模量可取静荷载作用时的 1.2 倍,钢材的弹性模量以及各种材料的泊松比,可取静荷载作用下的数值。

在瞬间动载作用下,结构材料强度是通过试验方法得出的。通常所说的材料强度指标是在标准试验方法下,即规定了标准的加载速率而确定的材料强度。在瞬间动载作用下其应变速率远大于通常材料的应变速率,这一应变速率大约在 0.05 ~ 0.3 s 的范围。图 1.8 为钢筋与混凝土材料在瞬间动载作用下的材料应力 – 应变曲线。

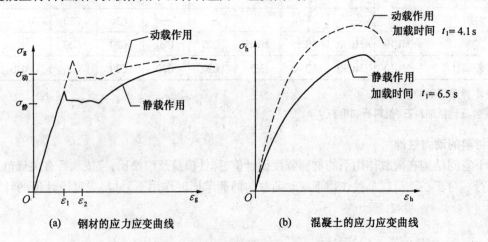

(a)　钢材的应力应变曲线　　　　　(b)　混凝土的应力应变曲线

图 1.8　钢筋与混凝土应力 – 应变曲线

图 1.8 中的试验结果表明,在瞬间动载作用下,材料屈服强度有所提高,不同的钢材提高

幅度不同,为什么会产生上述现象,目前还不清楚,较为通俗的解释为:材料在瞬间动荷载作用下,塑性变形会出现延迟现象,在塑性变形延迟的时间内,材料的应力已超过 $\sigma_{静}$ 时,塑性变形还未来得及出现,所以材料的屈服强度 $\sigma_{动}$ 提高了。尽管材料在瞬间动载作用下强度有所提高,但其塑性没有改变。

三、构造

1.变形缝

地下空间结构需设置变形缝,变形缝是温度伸缩缝、沉降缝、抗震缝三种的统称。由于地下空间结构埋在土中,受地面外界温差变化影响小,一般不考虑由室外气温变化而引起的伸缩缝,但由材料本身收缩引起的材料应力对结构产生的裂缝需要通过设变形缝来防止。

由于地下空间结构埋在土中,受地震及温差作用较地面建筑小得多,加之变形缝处防水问题难于处理,一般的地下空间结构应不设或少设缝。但是,工程的复杂性荷载及性质也存在必须考虑设缝的问题,如过长的隧道、荷载差别过大、施工的先后顺序等。

变形缝设置的原则是根据工程荷载、长度、施工、土质、材料等多种因素确定的。一般认为,通过一些措施可符合避免设缝条件的尽量不设,如无不均匀沉降、土质均匀、长度适中即可不设缝。避免设缝的主要措施有如下几种:

(1)通过适当增加配筋率($> 0.5\%$),增加细直径钢筋作为温度应力筋,从材料配比及施工方法上采取措施,掺入补偿收缩剂(如 UEA)使混凝土在硬化过程中建立 0.5 MPa 的预压应力等来减少内应力。

(2)设置后浇带。后浇带宽度为 $1 \sim 1.2$ m,混凝土标号适当提高并掺入适量微膨胀剂、增配构造钢筋等措施可代替变形缝。施工后浇带或伸缩缝的最大间距符合表 1.7 的规定。

(3)当必设变形缝时需做好防水措施,即在缝处加设止水带,止水带有橡胶、塑料、金属等做法,详见图 1.9 ~ 图 1.14 所示。

表 1.7 施工后浇带上缩缝的最大间距

结构类别	现浇素混凝土	现浇钢筋混凝土	钢筋混凝土整体装配式
间距(m)	20	30	40

注:①当有充分依据或可靠措施时,表中数值可适当增大;
②当增大施工后浇带或伸缩缝间距时,应考虑温度变化和混凝土收缩对结构的影响。

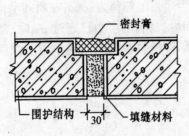

图 1.9 嵌缝式止水带

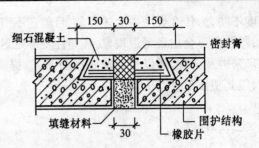

图 1.10 粘贴式止水带

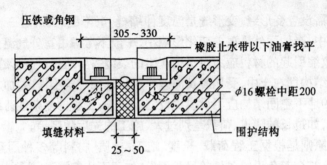

图 1.11 附贴式止水带

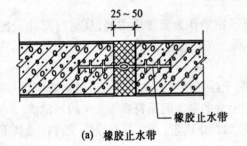

(a) 橡胶止水带

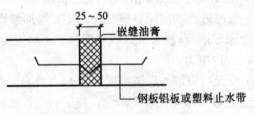

(b) 钢板（铝板或塑料）止水带

图 1.12 埋入式止水带

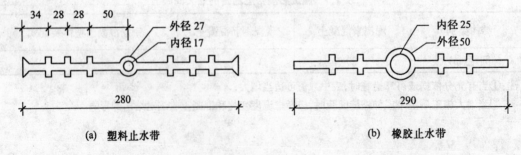

(a) 塑料止水带

(b) 橡胶止水带

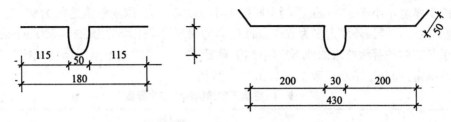

(c) 金属止水带

图 1.13 止水带类型

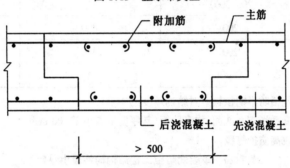

图 1.14 后浇带构造

地下空间结构变形缝设置根据结构特征及材料性质的不同而有不同的要求,详见表 1.8 中的规定。具有防护等级要求的防护单元内不宜设变形缝。

表 1.8 钢筋混凝土地下结构伸缩缝最大间距

结构类型		间距/m
排架结构	装配式	100
框架结构	装配式	75
	现浇式	55
剪力墙结构	装配式	65
	现浇式	45
挡土墙、地下室墙壁等类结构	装配式	40
	现浇式	30

关于变形缝设置目前仍存在许多问题,做法不一,大多根据规范及工程经验确定,在这一方面尚需进一步总结和研究。

2.结构或构件厚度

地下空间结构厚度根据荷载、材料、水土压力、防水、埋深等多种因素确定,一般情况下,外墙粘土砖类厚度不小于 370 mm,混凝土厚度不小于 200 mm。以哈尔滨地区为例,地面建筑为多层,地下室 1～2 层,外墙大多为 620 mm 厚,如为钢筋混凝土墙常为 300～600 mm 之间。

对于具有防护等级要求的地下空间结构,附建式与单建式地下空间结构或构件最小厚度除按计算确定外,并应不小于表 1.9、1.10 中的数值。

表 1.9　防空地下室结构构件最小厚度　　　　　　　　　　　　　　　　mm

构件类别	材料种类		
	钢筋混凝土	砖砌体	料石砌体
顶板、中间楼板	200(300)	—	—
承重外墙	200	490	300
承重内墙	200	370	300
非承重墙	—	240	—

注:① 表中最小厚度不包括防早期核辐射对结构厚度的要求;
　　② 表中顶板最小厚度系指实心截面,如密肋板,其厚度不宜小于 100 mm;
　　③ 括号内尺寸用于较高防护等级。

表 1.10　单建式防空工程结构构件最小厚度　　　　　　　　　　　　　mm

材料 构件	钢筋混凝土		现浇 混凝土	砖砌体	料石砌体	混凝土 砌体	喷射 混凝土
	现浇	预制					
板	200	120	—	—	—	—	—
拱	200	100	200	370	300	250	80
外墙	200	—	200	370	300	250	80

对于具有抗爆单元隔墙厚度应不小于表 1.11 中的规定。当采用砖砌体砌筑时,应沿砖砌体墙高每隔 500 mm 配置 3φ6 通长钢筋并应与钢筋混凝土墙或柱拉结。在抗爆单元隔墙设置供战时使用的防护密闭门门框局部应加厚至不小于 500 mm。

表 1.11　抗爆单元隔墙厚度　　　　　　　　　　　　　　　　　　　mm

材料	厚度
钢筋混凝土	200(300)
混凝土	250
砌体	360
钢板	10～15
装粗砂的砂袋	500
抗爆隔墙设钢筋混凝土门框墙	500

注:括号内尺寸用于较高防护等级。

3.配筋及配筋率

对具有防护等级要求的地下空间结构的钢筋混凝土板、墙及拱,应设置梅花形排列的拉结筋,钢筋直径不应小于 6 mm,两端弯钩不应小于 135°,弯钩的直线段长度不应小于 6 倍箍筋直径,且不应小于 50 mm。对相应结构的钢筋混凝土结构构件中纵向受力钢筋的配筋百分率最小值应符合表 1.12 中的规定。

表 1.12　钢筋混凝土结构构件纵向钢筋最小配筋率　　　　　　　　　%

分　　　类	混凝土强度等级		
	C25 ~ C35	C40 ~ C55	C60 ~ C80
受压构件的全部纵向钢筋	0.60	0.60	0.70
受压构件的一侧纵向钢筋、偏心受拉构件中的受压钢筋	0.20	0.20	0.20
受弯构件、偏心受压及轴心受拉构件一侧的受拉钢筋	0.25	0.30	0.35

注:①受压构件全部纵向钢筋最小配筋率,当采用 HRB400 级、RRB400 级钢筋时,应按表中规定减少 0.1;

②轴心受压墙体的全部纵向钢筋的最小配筋率可取 0.40%;

③受压构件的全部纵向钢筋和一侧纵向风筋的配筋率以及轴心受拉构件和小偏心受拉构件一侧受拉钢筋的配筋率,应按构件全截面面积计算;受弯构件、大偏心受拉构件一侧受拉钢筋的配筋率,应按全截面面积扣除受压翼缘面积后的截面面积计算;

④对卧置于地基上的人防工程底板,当其内力由平时设计荷载控制时,板中受拉钢筋最小配筋率可适当降低,但不应小于 0.15%;

⑤当钢筋沿构件截面周边布置时,"一侧纵向钢筋"系指沿受力方向两个对边中的一边布置的纵向钢筋。

钢筋混凝土受力钢筋的最小保护层厚度应符合表 1.13 中的规定,并不应小于受力钢筋的直径。

表 1.13　受力钢筋最小保护层厚度　　　　　　　　　mm

构件所处环境条件		板、墙、壳		梁		柱	
		C25 ~ C45	≥ C50	C25 ~ C45	≥ C50	C25 ~ C45	≥ C50
工程内正常环境		15	15	25	25	30	30
外侧与土(岩)或室内高湿度环境接触	外侧	30	25	35	30	35	30
	内侧	25	20	30	25	30	25

注:① 预制构件处于工程内正常环境时,受力钢筋最小保护层厚度可按表中规定减少 5 mm;

② 停车库内的构件受力钢筋最小保护层厚度可按表中规定增加 5 mm;

③ 严寒地区,与土(岩)接触的构件受力钢筋最小保护层厚度可按表中规定增加 5 mm;

④ 当设置在侵蚀性介质中时,与介质接触构件的受力钢筋最小保护层厚度应适当增加。

复习思考题

1.地下结构是如何分类的?

2.地下结构设计内容与步骤为何?

3.地下结构都有哪些荷载? 是如何组合的?

4.对材料标准与强度有哪些要求?

第二章 武器及其爆炸效应

第一节 常规武器与核武器爆炸效应

地下空间结构不仅能为人类提供使用空间,同时也具有良好的防护性能。具有防护能力的地下结构是我国国防力量的重要组成部分。古今中外战争的历史经验,特别是现代战争,如海湾战争、科索沃战争都证明了地下空间结构是最好的防护类型。和平时期大量建造具有防护能力的地下工程可提高我国战略防御的能力,对维护和平、捍卫祖国领土主权的完整有十分重要的意义,对可能出现的战争起到威慑作用。

防护工程有军事作战使用的国防工程(简称军事防护工程),如导弹基地、指挥所、弹药库、掩体及机枪工事等,还有保护人民生命财产安全的人民防空工程(简称人防工程)。无论国防工程还是人防工程,其工程结构、受荷方式及设计原理大同小异。

本章所介绍的内容是国防工程及人防工程设计的基本概况,重点介绍防护结构的荷载分析方法,包括武器冲击破坏作用效应、核爆炸冲击波及压缩波、材料的动力性能、人防工程结构的核爆动荷载等。

一、防护结构特点及防护原则

防护工程根据城市的战略地位和工程性质可分为若干防护等级,不同等级的抗力有不同的荷载值。某一防护等级的各部防护效能应协调一致,主体结构、口部与设备的防护要求应按国家颁布的文件、法规与规范要求确定。

防护结构的主要功能是能抵抗一定等级杀伤武器的破坏作用。值得指出的是,从近10年来世界范围内所发生的战争情况来看,我国过去防护工程的要求已落后于新的形势,在现代高技术武器迅速发展的今天,更应注重防护工程具备的防护要求及特点。

1.防护结构设计特点

(1)具有抵抗预定杀伤武器破坏的作用。防护结构应能抵抗常规武器中炮航弹及核武器爆炸的破坏作用,近年来钻地弹等现代高技术武器的发展对防护结构提出了更高的要求。

(2)防护结构主要荷载为爆炸动荷载,因此,目标可靠度可适当降低。普通工业与民用建筑所承受的荷载是静荷载和活荷载,此种荷载是平时使用时期经常作用的荷载,结构一旦失效,将会带来重大生命财产损失,因此,对这种结构要求有很高的安全可靠度。而对地下空间防护结构,除考虑静活荷载之外,还要考虑炮航弹爆炸冲击作用及核爆炸的动荷载,特别是核武器、钻地弹所产生的荷载要比静活荷载大得多,此种荷载对结构不是经常出现和固定不变的,只有在战时才可能发生且为一次瞬时作用,这种荷载特性决定了防护结构可具有相对较低的安全度。

(3) 结构材料强度可以提高。防护结构所受的是爆炸冲击作用的动荷载,特别是核爆冲击波荷载等,其作用时限是短暂或瞬间的。试验表明,材料的强度和加载速率有关,加载速率快则材料的强度就会相应提高,现行钢筋混凝土结构规范中所给的材料强度是在非动载作用条件下确定的。如果是瞬间荷载作用下,结构材料强度提高约 25% ~ 50%。尽管在理论上不能清楚地说明其原因,但可以理解为材料变形时程慢于加载变化过程,当材料达到某一变形值时其快速荷载值已大于该变形值所承受的正常静荷载值,当材料继续变形时,快速加载则可能变为卸载的状况,说明材料在变形展开过程中,荷载性质即发生变化,这一特点表现在快速加载值与材料强度提高的变化上。

(4) 主要承重构件允许进入塑性工作阶段。在静荷载作用下,一般情况下构件不允许进入塑性阶段,对于防护结构,由于其所承受的是爆炸冲击动荷载,荷载具有瞬间和短暂、并随时间而衰减的性质,构件即使进入了塑性屈服阶段,只要构件最大变形没有超过结构破坏的变形极限,当荷载卸载之后,构件有阻尼的自由变形不断衰减能使之恢复到一定的静止平衡状态。因此,对于一定的塑性变形将引起构件出现裂缝和一定的残余变形,但并未达到破坏阶段,这样可充分利用材料的潜能,具有较大的经济意义。防护结构可以考虑塑性阶段只是对于大量的一般防护级别的工程而言,对于极少数的级别要求较高的工程,仍可按弹性阶段考虑。

(5) 应坚持平战结合的设计方针。在和平时期虽然有潜在的战争危险,但战争的出现时机仍然很难预测,而且战争的持续时间、打击方式、性质都是无法确定的,长时期的和平年代建设防护工程是国家战略防御的重要组成部分。如果建设民用防护工程在平时不能使用,则会造成投资项目的浪费,因此,应坚持平战结合的建设方针。在和平时期应以平时使用为主,以战时为辅;在战争时期以战时防护为主,同时考虑战后的使用问题。目前实践中有以下几种处理方式,首先是直接设计具有防护等级的工程,其次是按平时使用进行设计,临战前进行加固,也有将前两种结合进行的情况。

除上述几项以外,地下空间结构还有诸如建筑口部设计、通风、水电的防护、建筑结构构造、伪装等多方面特征都与普通地面建筑具有较大差别。

2.防护结构设计的原则

(1) 具有突出的战备效益。防护结构设计无论采取哪种方式,最重要的是在战时必须具备与防护设计等级相同的防护能力,做不到这一点也就失去了防护的意义。《中华人民共和国人民防空法》(1996)(以下简称《人防法》)中提出:"人民防空是国防的重要组成部分。国家根据国防需要,动员和组织群众采取防护措施,防范和减轻空袭危害。"人民防空的基本任务是根据现代高技术战争的特点,动员和组织人民群众采取各种有效的防护措施,维持战时城市的各项职能,保护人民生命和财产安全,保障社会主义现代化建设的顺利进行,它决定了人防工程建设的长期性与艰巨性。

防护工程建设的战备效益包括战时所发挥的作用,如掩蔽率、转移物资、抵抗能力、保护程度等。在战争面前必须切实可行地发挥战时职能。

(2)防护工程建设应同城市建设相结合。《人防法》指出:"人民防空实行长期准备、重点建设、平战结合的方针,贯彻与经济建设协调发展,与城市建设相结合的原则。"城市是战争时期敌人重点空袭的目标,这是因为城市是国家、地区政治、经济和文化中心,摧毁城市设施是取得战争胜利的根本。人防工程的根本任务就是使现代化城市具有在战争中防空抗毁能力,国内外历次战争经验表明,城市地面设施是没有抵抗能力的,只有地下防护工程具有突出的防护能力。

我国进入21世纪后,城市现代化进程很快,但它经不起战争的打击,伴随着城市土地、环境、资源和生态的紧张,开发城市地下空间已成为城市可持续发展的必要途径。地下可建设交通、街道、各种库房、生产与生活用房等,可将地下空间开发同人防工程建设结合起来,这样既可解决城市发展中产生的一系列社会问题,有利于城市现代化建设,又能增强城市的战时防御能力。

人防工程同城市建设相结合应体现在城市总体规划、地下空间开发规划、地下空间开发的防护要求、地面建筑与地下建筑的关系与布局、地下空间防护建筑的使用功能与开发效益,具体应表现为人防工程建设必须发挥战备效益、社会效益、经济效益和环境效益。

3.防护工程建设应遵循相应的工程技术规范

工程建设是按照国家颁布的法规与规范进行的。防护工程建设同样也按照一定的规章和程序执行技术标准,它不仅执行一般的工程建设规范,也要执行与防护有关的规范。从平战结合的侧重点不同,也可能要求临战前使其达到相应的战时功能技术保障,这又有临战前加固的技术措施。

防护工程结构设计由初步设计、技术设计、施工设计等步骤来完成。

二、常规武器及其作用效应

地下防护结构要研究常规武器的杀伤破坏作用。常规武器对结构的破坏主要是在弹丸命中目标时,在其巨大的动能推动下,产生的侵彻、贯穿、炸药爆炸而对结构进行破坏,继而杀伤其内部人员。

常规武器包括有轻重武器(轻重机枪、火箭筒等),各种炮航炸弹、导弹,如火炮发射的炮弹,飞机投掷的各种炸弹等,这些炮航弹有多种破坏类型,如穿甲弹、燃烧弹等。

1.炮航弹对结构的破坏效应

炮航弹对地下工程结构的破坏效应分为两种,一种是对结构产生局部破坏效应,这种破坏效应不会破坏整体结构,仅是在着弹点周围或结构背面出现破坏现象,如冲击的漏斗坑、侵彻与震塌、爆炸贯穿等,因此又称为局部冲击破坏。破坏的程度以贯穿爆炸最为严重,它常与材料性质有关,与结构型式及支座条件关系不大。图2.1为炮炸弹的局部破坏作用示意图。

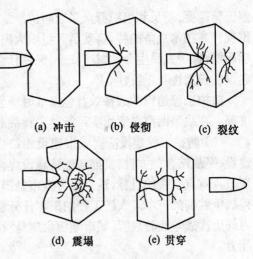

(a) 冲击　　　(b) 侵彻　　　(c) 裂纹

(d) 震塌　　　(e) 贯穿

图2.1　炮炸弹的局部冲击破坏

另一种是对结构的整体破坏。此种破坏是由炮航弹的爆炸冲击动荷载造成的,破坏的严重程度同结构型式、支座条件、材料性质有关。

防护结构中把前述中的第一类视为局部作用控制的结构,后一类视为整体作用控制的结构。需要说明的是,结构在承受局部冲击作用时也承受着整体的冲击作用,即两种作用是共同存在的,但对结构的破坏却有明显的不同,这是由于结构特征(形式、材料、跨度、高度、厚度等)与炮航弹的弹种不同有关。一般的规律是跨度小、厚度大的国防工程结构,如地面战斗工事、坑道工程口部及前沿指挥所工事等,以 h_d 代表顶盖厚度,l_0 代表结构净跨,则此类结构的厚跨比 $\dfrac{h_d}{l_0} \geq$ 1/3 ~ 1/4,被称为整体式小跨度结构,按局部冲击作用设计。由于厚跨比较大,一般抗核武器爆炸冲击波的整体作用均能满足要求,可不必对其进行验算,见图2.2。

当 $\dfrac{h_d}{l_0} < 1/3 ~ 1/4$ 时,多为整体大跨度结构,此类结构多为平战结合的地下空间工程,图2.3、2.4为两类结构的实例。

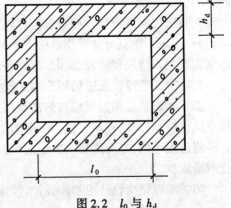

图2.2　l_0 与 h_d

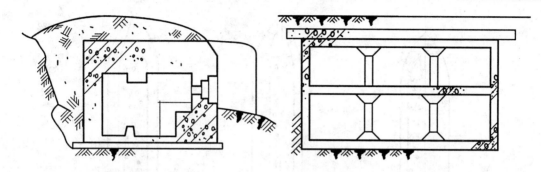

图2.3　整体式小跨度结构(机枪工事)　　　　图2.4　整体式大跨度结构(地下街)

2.炮航弹的破坏效应

(1) 炮弹

炮弹按其破坏方式主要分为榴弹、混凝土破坏弹(半穿甲弹)及穿甲弹等三种,榴弹是火炮的主要弹种,装药多、壳薄,装药量用装填系数表示,装填系数在 10% ~ 25% 左右(装填系数 = 装药量/弹重)。其破坏原理是利用爆炸冲击波及炸碎的弹壳碎片破坏工事以达到杀伤内部人员的作用。这种爆炸属于普通化爆,所释放的能量和温度无热核辐射,污染度也轻,产生的冲击波很弱,一般仅几毫秒,比相同超压峰值的核爆炸冲击波的杀伤力要小得多。榴弹对软土侵彻能力较强,对坚硬的材料如岩土、混凝土则破坏较轻,见图2.5。

(2) 混凝土破坏弹(半穿甲弹)

混凝土破坏弹弹壳较厚,在命中目标时弹壳不会破裂,装填系数小,弹内安装延时引信,因此它可以侵入较坚硬的介质中爆炸,具有较大的爆炸威力,主要用于破坏坚固的钢筋混凝土工事,见图2.6。

(3) 穿甲弹

穿甲弹具有更强的穿透能力,可以穿入岩石、装甲和钢筋混凝土等坚硬介质。穿甲弹有普通穿甲弹、次口径超重穿甲弹、超速脱壳穿甲弹、空心装药穿甲弹、碎甲弹等,见图2.7。

(4) 航弹(航空炸弹)

航弹是由飞机携带在高空中投掷的炸弹。其特点是种类多,爆炸威力大,破坏性强,是防护工程主要抗御的常规武器。

航弹按有无制导系统又分为普通航弹和制导航弹;按破坏目标方式又分为爆破弹、混凝土破坏弹、半穿甲弹、穿甲弹、燃烧弹、燃料空气航弹等。航弹的等级按其名义重量来分级,如以"kg(公斤)"来表示。500 口径航弹即是 500 kg(实际是 473 kg)。

普通爆破弹的弹壳厚为 8 ~ 15 mm 左右,装填系数达 42% ~ 50% 以上,一般装填瞬发引信,试验中的 1 500 kg 重爆破弹可以侵彻 10 层楼房。表2.1为国外试验的普通爆破弹对混凝土的贯穿厚度。

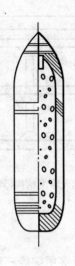 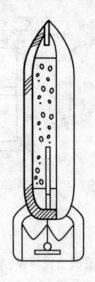 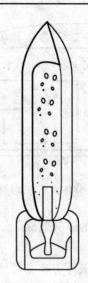

图 2.5　榴弹　　　　　2.6　混凝土破坏弹　　　　图 2.7　穿甲弹

表 2.1　普通爆破弹对混凝土的贯穿厚度

贯穿厚度/m 弹级/lb 混凝土强度/MPa	100	250	500	1 000
24.4	0.30	0.46	0.46	0.61
35.8	0.20	0.30	0.30	0.46

注:弹级的质量单位通常使用磅(1lb = 0.454 kg)。

半穿甲弹与穿甲弹是专门用来破坏钢筋混凝土等坚固目标的。其主要特点是弹壳厚且坚硬,如穿甲弹弹头部分厚为 203 ~ 254 mm,装填系数 $m = 12\% ~ 15\%$ 以下,装设延时引信;半穿甲弹装填系数 $m = 30\%$ 左右,装设延时引信。它们都具有很强的侵彻能力。表 2.2 为美军穿甲弹与半穿甲弹对混凝土贯穿能力的试验结果。

表 2.2　穿甲弹与半穿甲弹贯穿混凝土最大厚度

砼强度/MPa	弹级/lb 投弹高度/m 贯穿厚度/m		1 524	3 048	6 096	9 144
24.4	半穿甲弹	500	0.686	1.02	1.295	1.373
		1 000	0.915	1.373	1.932	2.135
	穿甲弹	1 000	0.991	1.525	2.288	2.593
		1 500	1.295	2.059	2.898	3.508

续表 2.2

砂强度/MPa	弹级	投弹高度/m 贯穿厚度/lb	1 524	3 048	6 096	9 144
35.8	半穿甲弹	500	0.610	0.915	1.068	1.144
		1 000	0.839	1.220	1.525	1.678
	穿甲弹	1 000	0.915	1.373	1.906	2.135
		1 500	1.220	1.728	2.440	2.898

三、核武器及其爆炸效应

核武器是利用核裂变反应(原子弹)或核聚变反应(氢弹)突然释放的巨大能量起杀伤破坏作用。核武器分为原子弹和氢弹两大类,中子弹属于氢弹类型。

1.原子弹与氢弹

原子弹的装药是铀 235 和钚 239。它的爆炸原理基于核装药的基本特性,即其质量小于某一"临界质量"时不会引发爆炸,当总的质量达到或超过"临界质量"时,将立即发生裂变反应,在极短的时间内释放出巨大的能量而产生爆炸。其裂变过程进一步引起裂变,称为"链式反应",进而形成冲击波、光辐射等一系列杀伤效果。

氢弹是在弹体内安装的小型原子弹爆炸所产生的高温高压环境下,生成氘和氚等轻原子核并立即聚合成氦,同时放出巨大的能量,称为"聚变"反应。原子弹受临界质量限制不能造得很大,而氢弹没有临界质量的限制可以造得很大,它只要求由原子弹爆炸的极高温度条件引发核聚变反应。图 2.8 为原子弹和氢弹构造示意图,图 2.9 为我国第一颗原子弹和氢弹爆炸。

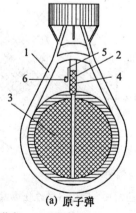

(a) 原子弹

1-弹壳;2-圆柱形核装药;3-球形核装药;
4-方向槽;5-普通炸药;6-引信

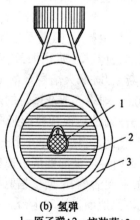

(b) 氢弹

1-原子弹;2-核装药;3-弹壳

图 2.8　原子弹、氢弹构造示意图

图 2.9　原子弹和氢弹爆炸

核武器中原子弹当量为 2 万吨至几十万吨不等,氢弹威力可从几十万吨至几千万吨。它们用"TNT"当量来衡量其威力。

核武器按其爆炸方式分有空爆、地爆、钻地爆(地下爆)几种。一般防护工程主要考虑空爆,而特别重要的国防工程应考虑钻地爆的防护。

2.核武器的杀伤破坏因素

核武器的杀伤破坏因素由空气冲击波、光辐射、早期核辐射和放射性沾染、核电磁脉冲、冲击与震动等组成。图 2.10 为空爆各种杀伤破坏因素组成比例。

核爆炸首先是明亮的闪光,在几百公里以内的地方都能看到,闪光后会听到巨大的响声。随即出现火球和蘑菇状烟云,火球体积由小变大并不断上升,像火焰翻滚的太阳。几秒或几十秒钟后火球冷却成灰褐色的烟团并以很快的速度上升膨胀,地面被掀起竖向尘柱构成巨大的蘑菇状烟尘,当烟尘停止上升后,随风而漂移散落。此时冲击波向四周快速传播,光辐射、冲击波、放射性沾染、早期核辐射等杀伤因素以不同方式摧毁地面设施和生命。

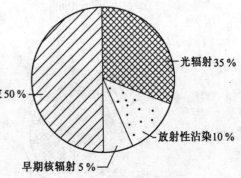

图 2.10　空爆各种杀伤因素组成比例

（1）核爆空气冲击波

核武器空爆时,核反应在微秒级时间(亿分之一秒)内放出巨大的能量,在反应区内形成几十亿至几百亿个大气压的高压和几千万度(3 000 ~ 4 000 万℃)的高温。这种高温高压气团猛烈向外扩张,冲击和压缩邻近空气,形成空气冲击波向外迅速传播,从零瞬时达到最大峰值,冲击波到达空间某位置时,该处空气质点骤然受到强烈压缩而使压力上升形成"超压",同时还使空气质点获得一个很大的速度向前推动形成"动压"。超压和动压对地面物体和人员具有十分强的摧毁力量,动压对地下工程不起作用。当冲击波沿地面运动时可向地层内传播而形成地层内冲击波,工程上把它称为岩土压缩波,压缩波可破坏地下空间结构和内部设施。

空气冲击波正压作用随时间而衰减至零,紧接着出现负压,负压逐渐达到最大值后又恢复到零,冲击波正压作用时间由零点几秒到几秒(普通装药爆炸波只有千分之几秒),具有"无孔不入"的特性。

空气冲击波在传播过程中遇到障碍物时会产生反射形成反射冲击波,反射波超压比原入射波超压要大 2~8 倍。表 2.3 为 100 万 t 氢弹在离地 1.5 km 空爆时的作用特征描述。

表 2.3　100 万 t 氢弹爆炸特征

位置	核爆后时间/s	距爆心距离/km	该处冲击波超压/(kN·cm^{-2})
离地面 1.5 km 空中爆炸	1.3	1.5(地面)	0.6
	2.3~4.9	1.4~2.8	0.3~0.1
地面爆炸	0.6	1.1	0.6
	0.3	1.5	0.3
	3.5	2.6	0.1

对于地面建筑物来说,在冲击波超压和动压挤压与拖曳下,大多被摧毁。超压为 0.002~0.003 kN/cm^2 的核爆冲击波很容易破坏普通的地面建筑物并使人员伤亡,100 万 t 的空爆氢弹对地面破坏半径可达 7 km。

冲击波的主要特征为超压与负压、瞬时作用、动压、无孔不入、反射与合成等。有关冲击波作用荷载将在后面详述。

(2) 光辐射

光辐射又称热辐射,即原子核武器爆炸时产生的闪光与火球,闪光主要是低频紫外线及可见光,闪光后的火球为光和红外线,火球表面温度可达几千度以上,时间约 1~3 s。光辐射占核爆炸能量的 35% 左右。

光辐射可使超过燃点温度的可燃物体燃烧,使附近城市燃起大火,使超过熔点的材料熔化,使人员受到烧伤或死亡,眼睛直视会造成眼底烧伤以至永久性失明。但当有良好的防护措施时,可避免光辐射的伤害,如浅色衣服,反射(白色)材料覆盖或防火涂料等。地下工程对其有较好的防护作用,主要是出入口及设备入口(风、电、水)应考虑其防火、耐高温及通风因素。

光辐射强度用"光冲量"表示,光冲量是指火球在整个发光期间与光线传播方向垂直的单位面积上的热量,以 J/cm^2 表示。

（3）早期核辐射（穿透辐射）

早期核辐射主要有 α、β、γ 射线和中子流。α 与 β 射线穿透力弱，对有掩蔽的人员危害不大。γ 射线与中子流穿透能力强，对人员有较大的杀伤作用，它穿过人或生物肉体时可依辐射强度不同而得不同程度的"放射病"。它能使照相底片曝光、半导体元件参数改变、光学玻璃变暗、药品变质等。因此，早期核辐射可使指挥通讯、光学瞄准、战时医疗系统受损。

早期核辐射传播时发散，即传播过程中会出现"散射"，作用时间为几秒至十几秒，中子流会造成其他物质发生感生放射性，如土壤等吸收中子而变成放射性同位素，它们在衰变过程中会发出 β、γ 射线以使人员受到伤害。早期核辐射的度量单位称为"戈瑞（Gy）"。表 2.4 为几种常见材料对早期核辐射的削弱效果。

表 2.4　几种物体对早期核辐射的削弱效果

削弱效果	厚度/cm					
	钢铁	混凝土	砖	木材	土壤	水
剩下 1/10	10	35	47	90	50	70
剩下 1/100	20	70	94	180	100	140
剩下 1/1000	30	105	141	270	150	210

由表 2.4 中可以看出，1.5 m 厚度的土壤可将早期核辐射削弱至原来的 1/1 000 水平，试验也表明，一般地下工程对其防护是足够安全的。

（4）放射性沾染（剩余核辐射）

放射性沾染是核爆炸后爆区的烟云及感生放射性物质，在一个相当长时间内又不断放射出丙种射线与中子流，又称为"核沉降"。放射性沾染对地下工程基本不起作用，主要是孔口部分应设置密闭及除尘滤毒装置，防止由口部进入工程以内。

核爆炸除上述四种破坏因素外，还有冲击与震动、核电磁脉冲、地冲击等破坏因素。目前，现代高技术武器中的地下核爆炸主要是通过地冲击与震动来破坏地下工程。对核爆炸的防护主要通过抗屏蔽、干扰、抗冲击震动等方法予以解决，有些尚处在研究与探讨阶段。就大多人防工程来说，防护工程的防护主要考虑常规武器、核武器空爆，至于钻地核弹、地下核爆、直接地冲击与震动等仅限于极少数特别重要的国防工程。

第二节　现代高技术武器及其作用效应

一、海军对地攻击导弹携带的钻地弹

美海军认为在未来战争中的主要作战方式是近海域和海岸线 1 000 km 以内的近陆及城市,因为它覆盖了半数以上的人口和上百个大城市。

美海军对 127 mm 舰炮进行了改进以增加射程,还研制了双管 155 mm 垂直发射火炮(VGAS),采用垂直上升—平飞—垂直下落的方式飞行,射程为 185 km,安装在主甲板下面的垂直发射装置内,备弹 1 500 发,自动装弹,可攻击地下及坚固目标,将于 2008 年装备对地攻击驱逐舰 DD - 21。

海湾战争中,美军赶制的 454 kg 级 GBU - 28"掩体破坏者"钻地炸弹,钻地最深达 18 m,对伊拉克的地下设施构成了致命的打击和威胁。这种由英国航宇公司皇家军械子公司研制的新型钻地弹头,是一种以聚能装药技术为基础、具有两个爆炸装药的增强型装药弹头,能穿透加固混凝土工事及覆盖几英尺厚泥土的地下工事。波音公司和航宇公司曾联合对装有"布洛奇"(BROACH)的弹头进行空射巡航导弹的试验,试验速度为 300 m/s 的导弹成功地穿透了 4 m 厚的加固混凝土目标。

美海军和雷声公司导弹系统分部与英国航宇公司联合开发的拟将 BROACH 弹头装备在 AGM-154C 等巡航导弹上的项目,美空军计划用该项目研制的 BROACH 弹头或 AUP - 3(M)弹头装备 85 枚空射巡航导弹。

二、研制新型舰载对地攻击导弹

1. 战术弹道导弹

美海军发展战术弹道导弹的备选方案是"陆军战术导弹系统"(NTACMS)的海军型和"对地攻击型标准导弹"(LASM)。前者采用 GPS/INS 制导,射程 300 km,含 300 个 M74 子弹药战斗部,可携带 6 枚先进的 BAT 反坦克子弹药战斗部;后者射程大于 200 km,也可携带多种战斗部。美海军水面战办公室已决定,2003 年前,在"宙斯盾"巡洋舰和驱逐舰上装备 LASM;远期计划是在海军最新型对地攻击驱逐舰 DD - 21 上装备 NTACMS。

2. 纵深战略巡航导弹

美海军已发展出超音速飞机及具有快速反应能力的新一代巡航导弹,飞行速度 4 ~ 8*Ma*,射程 400 ~ 800 km,这种巡航导弹不仅难以防御,而且具有打击机动目标的能力;同时,也正发展新型"战斧"巡航导弹,射程 400～1 600 km。它的特点更为新颖,如卫星寻找目标定位,在空中可服从操作员的指令以任意角度进行攻击,可打击地下 6 m 深处的目标,并加装了抗干扰 GPS 接收机,飞行高度达 7 500 m 等。

3.高精度防区外空对地导弹

高精度防区外空对地导弹主要包括"海湾战争"(1991)所使用的 LASM 的改进型 LASM - ER,最大射程 240 km,具有自动目标识别(ATR)系统,可自动选择最佳攻击点;另外还有"联合防区外发射武器"(JSOW),这是一种无动力滑翔制导炸弹,还有自主式远程空对地精确打击导弹、反辐射导弹(AARGM)等。

三、精确制导武器

精确制导武器是采用高精确制导技术,直接命中概率很高(50%以上)的武器。如各种导弹、制导炸弹、制导炮弹等。

目前精确制导武器主要有激光制导炸弹、电视制导炸弹、红外制导炸弹,以及雷达制导炸弹、联合直接攻击弹药(JDAM)、联合防区外发射武器(JSOW)等。

1.激光制导炸弹

激光制导炸弹就是装有激光制导装置,能自动导向攻击目标的炸弹。自 1968 年在越南使用之后,至目前为止已经发展了三代,第三代的典型代表是美国的"宝石路"Ⅲ型,以激光导引头和微型计算机引导,使导引头有更大的视场和更高的灵敏度。"宝石路"Ⅳ型是一种"发射后不管"的激光制导炸弹,一经发射后即可自动搜索、捕获和识别目标的功能,该导引头装有红外图像或毫米波雷达系统,图 2.11 为"宝石路"Ⅱ制导炸弹的基本结构示意图。

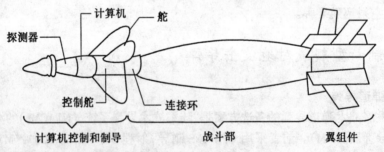

图 2.11 "宝石路"Ⅱ制导炸弹示意图

"宝石路"Ⅱ、Ⅲ型激光制导炸弹已成为美海军主要的空对地攻击武器。1991 年海湾战争期间,美使用了 GBU - 27/B、GBU - 28/B 的激光制导炸弹,GBU - 28/B 是专为攻击地下深埋工事而设计的。

2．电视制导炸弹

电视制导炸弹装有电视制导系统,它通过电视导引计、摄像机等装置对准目标并在电视荧光屏上显示,以此进行跟踪、测定误差、控制偏转打击目标,它比激光制导炸弹精度高。目前已研制出了第二代产品,被称为"增程白星眼"乙型,用 MK84 常规炸弹作为战斗部,滑翔距离可达 56 km,命中精度(CEP)为 3~4.5 m。海湾战争中用该制导炸弹轰炸了伊拉克的机关大楼和交通枢纽等目标。俄罗斯装备的 KAБ–500KP 炸弹采用了穿透混凝土型战斗部和自主式电视图像寻的制导,引用了"发射后不管"的设计理念。

3．红外制导炸弹

一般红外制导炸弹都不是单一红外制导,常由红外、电视、激光和信标机/测距装置 4 个制导模块、2 个战斗部和 2 个气动控制模块组成,具有昼夜对多种目标实施高低空攻击的能力,命中精度可达 1 m,射程 8~80 km。海湾战争中由 F–15 和 F–111F 飞机投放了 GBU–15(V)炸弹 71 枚,多数在 3 000~7 000 m 高度投弹。战斗中 GBU–15(V)可进行直接或间接攻击方式,见图 2.12、2.13。

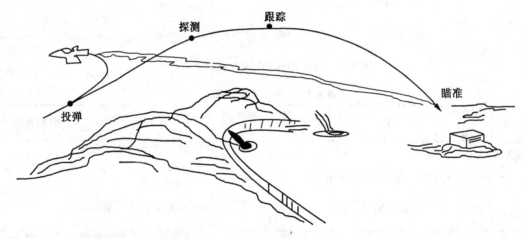

图 2.12　GBU–15(V)单机间接攻击方式

美国与俄罗斯的电视红外制导炸弹发展情况见表 2.5。

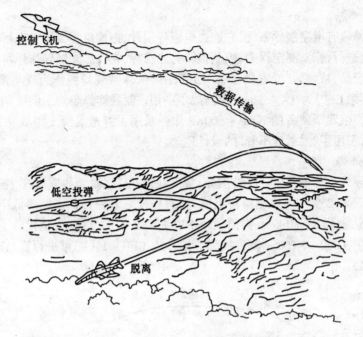

图 2.13　GBU – 15(V)双机间接攻击方式

表 2.5　几种主要制导炸弹

国别	型　　号	射程/km	精度/m	制导体制	现状
美国	AGM – 131	64	1～2	电视/红外成像制导 + 双路数据传输系统	生产
美国	AGM – 62A 型白眼星制导炸弹增程 2 型		3～4.5	电视 + 数据传输	现役
美国	GBU – 15(V)模块化制导滑翔炸弹	80	1	电视/红外 + 双路数据传输系统	现役
美国	宝石路Ⅳ型自主制导滑翔炸弹		1	红外成像制导 + 毫米波雷达制导	开发性研制
美国	联合防区外发射武器(JSOW)	65	15	INS/GPS + 电视图像 + 双路数据传输	装备
美国	幼畜(AGM – 65A/B)　　(AGM – 65D)　　(AGM – 65F)	22　　　　43		电视制导成像制导成像制导	装备
美国	AGM – 53A	112		数据传输线路和程序制导 + 电视制导	装备
俄罗斯	小猫(AS – 14)	30		激光半主动制导或电视被动自主制导	装备
俄罗斯	КАБ – 500КР	4～7	4～7	自主电视图像寻的制导	装备

四、钻地武器及其效应

常规钻地武器主要指具有一定钻地深度或钻混凝土一定厚度的导弹,这种武器是用来攻击地下坚固设施的精确制导的高技术武器。

1.常规钻地武器

常规钻地武器又称钻地弹或侵彻弹,是由导弹(空射、舰射、陆射)等运载工具对机场跑道、地面加固目标、地下防护工程及设施进行破坏攻击的武器。钻地武器一般由载体和侵彻战斗部组成。

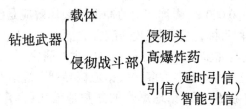

（1）高速穿甲炸弹

美国对钻地武器研制的目的是为了能钻入并摧毁前苏联的洲际导弹发射井,如20世纪80年代的原型钻地核弹头 W86。1991 年的海湾战争促进了钻地武器的发展,当时应急研制的GBU28 型钻地弹,质量 2 100 kg,装药量 295 kg,长 5.715 m,外径 36.83 cm,内径 25.4 cm,长径比为15.52,钻土 30 m,钻混凝土 6 m,是一般重磅炸弹 5 倍的爆炸威力。该钻地弹在摧毁伊拉克地下坚固目标方面发挥了重要作用。

海湾战争后的美空军研制一种 GBU－28 后继型钻地武器,质量 900～1 360 kg,撞地速度2 040 m/s,钻混凝土 18 m 以上,以及研究高速的深钻地武器,其撞地速度为 2 130～2 440 m/s。

美国国防部研制一种小型深钻地制导炸弹(MMTD),装药量 22.7 kg,长 1.8 m,长径比 12,质量 1 100 kg,又称小型灵巧炸弹,主要攻击地下深埋钢筋混凝土目标。在 1996 年 12 月的试验中,由 F－16 飞机携载的该型炸弹直接命中地下 91 cm 厚的混凝土目标,钻深 170.18 m,它能够穿透 18 m 深的钢筋混凝土保护层。

（2）常规洲际弹道导弹

美空军菲利普实验室改进了民兵洲际弹道导弹,其推进系统由 3 级发动机构成,弹头撞地速度为 1 200 m/s,弹头质量 955 kg,为分导式多弹头,弹头为细长尖锥形的 3 个常规子弹头,每个弹头约 300 kg,钻混凝土约 18 m。

此外还有常规潜射弹道导弹,携带常规深钻地多导式多弹头,能穿透 18 m 厚的混凝土,每个弹头质量 200～300 kg,弹头撞地速度为 2 000 m/s;最大速度达 2 720 m/s,射程在 1 200 km 以上的巡航导弹;复式侵彻弹及装药弹,它们都具有深钻硬目标 5～11 m 的破坏能力。

2. 钻地核弹

近几十年来,美国研制的深钻地核武器,可穿入坚硬火山岩深度达 6.6 m,其增强冲击波钻地型战术核弹,其冲击波能量占爆炸总能量的 70%。该核弹由三部分组成,前段为铀钨弹头穿甲弹,中部是冲击波核弹,尾部是喷气加速弹。核弹命中目标后由穿甲弹起爆深钻 4.5 m 厚的钢筋混凝土体内,紧接着尾部的喷气加速弹起爆使冲击波弹获得一个很高的速度循穿甲弹开出的弹孔钻入目标内部爆炸。一枚 5 000 t 当量的增强冲击波钻地核弹,其爆炸威力约为当量 1~2 万 t 的普通核弹,而该钻地核弹只有 100 kg 左右。此种钻地核弹可由大炮、火箭和战术导弹发射,也可由飞机进行巡航导弹运载,一枚巡航导弹可携带 60 枚此种战术核弹。

B61 – 11 钻地核弹,可由飞机(B – 52、B – 1、B – 2、F – 16)携带,命中目标后能钻入岩石 3~6 m 爆炸,其当量为 300~300 000 t。爆炸产生的冲击波破坏效应是触地爆的 30 倍左右,可摧毁地下数百米深的各种坚固目标,主要用于攻击敌方的指挥中心与控制中心。

美国自 1977 年以来就研究多弹头钻地爆炸效应,主要研究 3~7 枚深钻地核弹头同时爆炸所产生的聚集地冲击效应,由此发展为多弹头钻地核导弹。通过对七弹钻地爆炸的模拟计算与试验得出的结论是:7 枚 50 万 t 钻地爆炸的聚集地效应(六角形布置、爆深 12 m,距离 400 m)约相当于 2 000 万 t 单弹爆炸所产生的冲击效应。多弹爆炸所形成的地冲击应力峰值要比单弹所形成的地冲击应力峰值高出 3~4 倍,有时可达 8 倍以至更多。当 7 枚 50 万 t 钻地弹在地下 500 m 深处爆炸,冲击应力大于 51 MPa 的范围大于 1 km^2,这对于摧毁高抗力深埋地下防护工程是十分有效的。表 2.6 为国外钻地弹和穿甲武器一览表。

3. 钻地核爆炸的破坏效应

通过大量的试验研究和理论计算表明钻地核爆炸的破坏效应数据及规律原则上与地下核爆炸的破坏效应相似,因此,可以用地下核爆炸的破坏规律近似描述钻地核爆炸的破坏规律。

B61 – 11 钻地核炸弹爆炸能量大部分传入地下,可用于摧毁地下任何坚固目标。1998 年 8 月美国已装备用于最新隐形战略轰炸机的 B61 – 11 有 50 枚。该炸弹飞机投弹后自由下落,采用空气动力翼系统以提高撞地速度和命中精度,用贫化铀弹壳以提高弹体强度,装有约 1 cm 粗的钢头锥,有一个质量为 113.5 kg 的平衡器用于控制重心。

表 2.6　国外钻地和穿甲武器发展一览表

弹　种	质　量/kg	装药量或当量	撞地速度或加速与穿甲方式	钻地深度或破甲厚度	装备或试验研究时间
美国　钻地核火箭弹模拟装置			30~300 m/s		1961~1973年试验350次
美国　钻地核火箭弹模拟装置			626 m/s	钻火山岩6.6 m	1988年试验
美国　潘兴Ⅱ地地导弹钻地核弹头的模拟装置	181	1~2万t	600 m/s	钻土60多m	1978年试验
美国　B61-Ⅱ钻地核炸弹	343~545	300~300 000 t		钻土30~50 m钻岩石3~6 m	1997年研制成功,准备装备部队
美国　增强冲击波钻地核弹	100	5 000 t	由穿甲弹药、冲击波核弹和喷气加速弹药组成	钻钢筋混凝土4.5 m	试验研究
美国　战斧巡航导弹的钻地弹头	8		由穿甲装药、主装药及增速装药组成	钻混凝土0.6 m	试验研究
美国　AGM-130和AGM-65空地导弹的新型穿甲弹头	50~135		Ⅰ-2000型侵彻弹头	钻钢筋混凝土2.4 m	试验研究
美国　战术导弹的新型穿甲弹头	200	装药比为30%~35%			试验研究
法国　迪兰达尔反跑道钻地炸弹			由助推火箭将炸弹加速到250 m/s	钻入混凝土爆炸,破坏面积达到200 m²	20世纪80年代装备
西班牙　BRFA混凝土侵彻炸弹			助推火箭加速	钻混凝土0.6 m,破坏面积达180 m²	20世纪80年代装备

续表2.6

弹　　种	质　量/kg	装药量或当量	撞地速度或加速与穿甲方式	钻地深度或破甲厚度	装备或试验研究时间
美国　AN - MK穿甲炸弹	457～721	63.5～95 kg		钻混凝土3.45 m	20世纪80年代装备
美国　AN - M和M103半穿甲炸弹	468～925	69～252 kg		钻混凝土2.13 m	20世纪80年代装备
美国　高速穿甲炸弹	457～721		火箭加速	钻钢筋混凝土8.24 m	试验研究
美国　制导穿甲炸弹	457～721			能钻入工事内爆炸	试验研究
美国　钻地炸弹	295		助推器加速，783 m/s	钻土 57 m	1969年试验
美国　钻地炸弹	295		助推器加速，843 m/s	钻土 64 m	1975年试验
美国　钻地炸弹	105		助推器加速，706 m/s	钻土 67 m	1975年试验
美国　GBU - 28重型制导钻地炸弹	2 132	295 kg		钻土 30 m,钻混凝土 6 m	1991年海湾战争使用
美国　GUB - 15重型制导钻地炸弹	1 140	429 kg		钻混凝土 3 m	20世纪80年代装备
美国　小型制导深钻地炸弹	113	22.7 kg		钻透混凝土0.9 m后钻土170 m;钻钢筋混凝土 18 m	1996年试验2004年装备

续表 2.6

弹　　种	质　量/kg	装药量或当量	撞地速度或加速与穿甲方式	钻地深度或破甲厚度	装备或试验研究时间
美国　重型制导深钻地炸弹	454			钻土 90 m,钻混凝土 18 m	试验研究2005 年装备
美国　攻坚弹药计划			由穿甲弹药、主弹药、火箭加速装置及制导系统组成	钻混凝土 4.5 m	1979 年试验
美国　高技术常规深钻地武器系统(由"三叉戟Ⅱ"导弹改装而成)	投掷重量 2 800	由 3~7 个装药量为 100 kg左右的多弹头组成	靠高速冲击力等方法深钻地	钻土 90 m,钻混凝土 18 m	试验研究
美国　GBU-28钻地炸弹后继型	900~1 360 kg		火箭加速2 040 m/s	能钻透深地下工事	试验研究2005 年装备

复习思考题

1.什么叫小跨度与大跨度整体式结构？在设计中有什么区别？

2.炮、航弹及核武器有哪些破坏效应？

3.现代战争中有哪些高技术武器？各有什么特点？

第三章 射弹侵彻与核爆动荷载计算

第一节 射弹的冲击破坏作用

防护结构要考虑炮炸弹、航弹及导弹的冲击破坏作用,从结构上来说,有"局部"冲击破坏和"整体"冲击破坏两种方式。局部冲击破坏是指在结构冲击点附近所出现的目标材料的破坏现象,如侵彻、震塌和贯穿都属于局部冲击破坏,它对结构整体不产生破坏作用。而整体冲击破坏是指在结构受冲或爆炸过程中,使某一构件或单元以至全部结构出现的破坏现象,包括变形、裂缝、倒塌等。

一、射弹破坏效应及荷载

射弹对结构的破坏机理很复杂,它往往与射弹的特性、材料性质、命中方式与条件有关,在一定条件下防护结构一旦被射弹命中,其局部与整体作用同时存在,如果射弹的特性、命中条件等根据其工程设防标准已经限定,则其结构厚跨比 H_r/l_0 的大小控制着局部作用与整体作用设计。

我国有关规范中规定:$H_r/l_0 \geqslant 1/4$ 被认为是整体小跨度结构,按局部作用设计,不考虑整体作用;当 $H_r/l_0 < 1/4$ 时,考虑按整体作用控制设计。整体式小跨度结构通常是国防工程中的战斗工事或坑道头部结构等,整体式大跨度结构大多为工业与民用的人防工程。

对破坏现象的分析与描述也涉及更为复杂的因素,在工程实践中人们认可的往往是经验总结的方法。近年来有诸多理论上的分析以及依赖于计算机技术的应用,为研究破坏机理提供了更为先进的条件,但仍处在发展过程中。

1.侵彻深度经验公式

在各国防护结构设计的侵彻深度计算公式中,"别列赞"公式是人们十分熟悉的公式,其表达式为

$$h_q = \lambda_1 \lambda_2 K_q \frac{P}{d^2} V \cdot \cos \frac{1+n}{2} \alpha \tag{3.1}$$

式中 h_q —— 侵彻深度(m);

λ_1—— 弹形系数；

λ_2—— 弹径系数；

K_q—— 材料抗侵彻屈服系数；

P—— 射弹质量(kg)；

d—— 射弹直径(m)；

V—— 撞击速度(m/s)；

α—— 射弹命中角(°)，即弹的轴线与目标表面法线的夹角；

n—— 偏转系数。

式(3.1)是俄国科学家于1912年根据加农炮和榴弹炮对混凝土、钢筋混凝土和装甲炮塔共进行783次射击试验结果多次修正而成的，是目前广泛采用的基本方法。

对于侵彻深度计算公式还有如1978年Kar公式、1980年的Degen公式、1982年的Haldar-Miller公式、1983年的Hughes公式、1994年的Forrestal公式、1999年的FFI公式等。这些公式都有各自的适用条件与范围，在该适用条件内是有一定准确性的。

2.双层介质中的侵彻公式

如果射弹冲击为多层不同介质材料，弹丸就会侵彻双层介质。

当 $h_{q1} \leqslant h_1$ 时：

$$h_q = h_{q1} \qquad (3.2)$$

当 $h_1 \leqslant \dfrac{K_{q2}}{K_{q1}} < h_{q2} \leqslant h_1 \dfrac{K_{q2}}{K_{q1}} + h_2$ 时：

$$h_q = h_1 + h_{q2} - h_1 \dfrac{K_{q2}}{K_{q1}} \qquad (3.3)$$

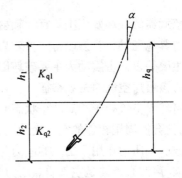

式中　h_q—— 双层介质中的总侵彻深度(m)；

h_1—— 第1层介质厚度(m)；

h_2—— 第2层介质厚度(m)；

h_{q1}—— 第1层介质的侵彻深度(m)；

h_{q2}—— 第2层介质的侵彻深度(m)；

K_{q1}—— 第1层介质材料的侵彻系数；

K_{q2}—— 第2层介质材料的侵彻系数。

图3.1　常规武器在双层介质中的侵彻

表中数值是500 kg及750lb航爆弹对土(岩)体的侵彻深度和破坏半径。

表 3.1　航爆弹对土(岩)体的侵彻深度和破坏半径

m

土(岩)体的名称	500 kg 航爆弹		750 lb 航爆弹	
	侵彻深度	破坏半径	侵彻深度	破坏半径
碎石土	3.25	4.65	3.75	5.00
粉　土	4.05	4.90	4.65	5.30
粉质粘土	5.70	5.30	6.50	5.75
粘　土	5.70	5.30	6.50	5.75
岩　体	0.00	3.30	0.00	3.50

在工程实践中,对于防航爆弹局部破坏作用整体式钢筋混凝土结构则按有关规范(GB 50225—2005)进行设计,此种结构一般为国防工程中工事。对于大量建造的抗航炮弹冲击的整体大跨度工程则采用成层式结构,即采用在工程上部设置遮弹层的方法来抵抗炸弹的袭击。

二、核武器破坏效应及其荷载

核武器的破坏效应主要有光辐射、冲击波、放射性沾染与早期核辐射四种杀伤因素。地下结构对其他三种较容易取得防护效果,而对核爆冲击波的防护是极其重要的,特别是钻地核武器也主要是以冲击震动为主要破坏因素,这里仅对冲击波的杀伤破坏因素进行分析。

1.核爆炸空气冲击波特征

自然界空气处于相对静止状态时的参数为某一特定值,当由某种原因使某点空气受到扰动时,就会使周围相邻的空气接续性发生变化,这种压缩及运动状态在空气中传播被称为空气中的波。如压力作用下出现的应力与应变关系很小或在弹性范围内,就称这种波为弹性波(广义声波,声波),声波是空气质点压力与密度发生了微小的变化。如果这种压力是一个有限幅度,这种波的传递就会产生冲击波,空气冲击波是空气前界面处压力的突跃状态的传播。

核爆炸的巨大能量产生的高温高压气团使被压缩的空气骤然上升到数百亿个大气压,形成几百米至几公里的空气压缩区,这一压缩区以很高的速度向外传播。在压缩区向外迅速传播时,就出现压缩区后面的“真空”带,称为稀疏区。压缩区的外表面是陡峻的快速向外膨胀的阵面,称波阵面。冲击波传播速度为每秒几百到几千米,这就是核爆炸冲击波。核爆炸冲击波在传递过程中,随着距离范围的扩大而不断衰减,最终能量耗尽而消失在大气中。

核爆炸冲击波遇地面后会出现一系列的物理现象。当核爆炸冲击波距地面一定高度爆炸时,垂直地面的冲击波阵面首先碰撞地面称为入射冲击波(ΔP);之后即出现冲击波的反射称为反射冲击波(正反射),而与地面成夹角的冲击波又称斜反射,因为入射冲击波的波阵面为球形,垂直地面的波阵面先到达并反射,由于反射冲击波是在已被入射波压缩和加热过的空气中传播,其速度及压力 $\Delta P_反$ 都比 ΔP 大得多,因此,反射波与入射波会出现在地面处相交的一点 $(\overset{\frown}{AA'})$,$\overset{\frown}{AA'}$ 的 $\Delta P_反 > \Delta P$,其速度 $D_反 > D_阵$,见图 3.2。图 3.2 中 O 点为爆心,H 为爆高,O' 为以地面为分界的地面下相对爆心 O 点的对称点,该图所反映的是 $H \approx H'$,所以从爆心点到 A' 点的水平距离为 $H\tan\alpha_合$。在 A 与 A' 点入射波与反射波的波阵面和地面的交角 (α) 接近某一点且几乎为零。

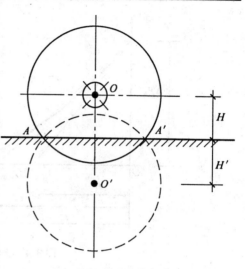

图 3.2 入射波的正反射

核爆炸冲击波的物理现象表明,当波阵面在不断扩大过程中,反射波波阵面速度压力大于入射波,因此,反射波的传播会赶上入射波并与之合并为单一的冲击波,称为合成冲击波。在 $H\tan\alpha_合$ 的范围内称规则反射区,之外的部分称为不规则反射区。图 3.3 为核爆炸冲击波的运动过程。

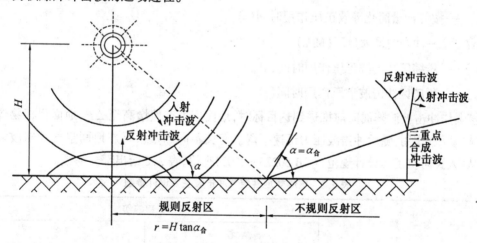

图 3.3 核爆炸冲击波的运动过程

2.核爆炸冲击波参数

防护结构必须能抵抗核爆冲击波的压力,因而,了解作用于地面的冲击波参数是重要的。核爆冲击波参数根据核武器当量 Q、爆高 H、距爆心投影点的距离 r、爆炸方式(空爆、地爆、地下爆炸)的不同而不同。在工程设计中,根据战术技术等级要求,地面冲击波超压是给定的(图3.4)。

图 3.4 中的各项意义如下:

$\Delta P(t)$——冲击波压力变化曲线(MPa);

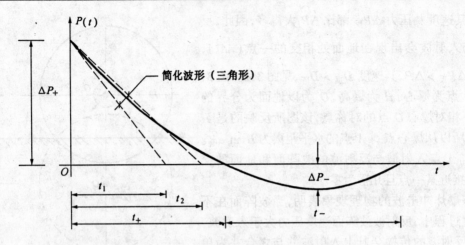

图 3.4　核爆炸冲击波压力作用曲线

ΔP_+——冲击波峰值压力(MPa);

t_1——按切线简化等效正压作用时间(s);

t_2——按等冲量简化等效正压作用时间(s)。

ΔP_-——冲击波最大负压(MPa);

t_+——压缩区冲击波正压作用时间(s);

t_-——稀疏区冲击波负压作用时间(s);

核爆炸冲击波波阵面向前推进到达目标时,地面压力突然增高至 ΔP,地面目标物体遭受冲击波"动压"作用,随后冲击波压力迅速下降。有关不同当量核爆炸地面空气冲击波设计参数可从《人民防空工程设计规范》(GB 50225—2005)查得,表 3.2 给出部分参数。

表 3.2　核爆炸地面空气冲击波主要设计参数

参　　　数	工程等级	
	6	5
负压峰值/MPa	0.010	0.011
正压作用时间/s	1.42	1.19
按等冲量简化等效正压作用时间/s	1.04	0.78
按切线简化等效正压作用时间/s	0.70	0.49

3.土(岩)体压缩波

(1) 土(岩)体压缩波特征

核爆炸冲击波作用于地面时,不仅从地面反射形成反射冲击波,而且还会压缩土壤并使这种受压的状态逐次向下传播,在土壤中传播的波就称为压缩波。

由试验得知,土中压缩波的波形呈现为有升压时间的峰值压力随作用时间而逐渐减少的特点。这表明土的最大变形不在最大应力到达的瞬时出现,而在其最大压力下降的时间内出现。

土壤的结构及其物理力学性质决定了压缩波波形及其特征。图 3.5 为土壤应力应变曲线,图 3.6 为压缩波峰值压力随时间变化规律。图 3.5 中说明土壤在 OA 段呈线弹性阶段,该阶段是土颗粒间粘结力的微小改变;AB 段为应变软化阶段,表现为土壤骨架结构的重新排列组合,所说的密实即在此阶段;B 之后的阶段为应变硬化阶段,表现为新土壤结构的变形由颗粒的压缩而产生。显然,密实后的土壤可承受较大压力。上述特点表明土壤的变形首先为弹性变形,之后为塑性变形,也可以说是大压力滞后于小压力,而且压力增长时间随深度的增加而增长。防护工程结构一般考虑峰值压力等级均处于应变软化阶段,近似取土介质的应力应变关系力学模型如图 3.7 所示。

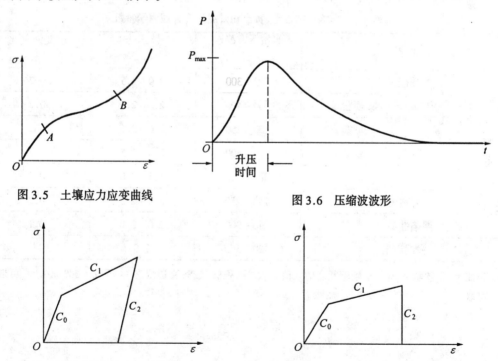

图 3.5　土壤应力应变曲线　　　　　图 3.6　压缩波波形

图 3.7　土介质力学模型

图 3.6 中 C_0 为土(岩)体起始压力波速(弹性波速),C_1 为土(岩)体峰值压力波速,塑性波速,对于受地面冲击波作用的半无限体而言,核爆压缩波传播的弹性波速公式为

$$C_0 = \sqrt{\frac{E_0}{\rho}} \tag{3.7}$$

式中　　C_0—— 起始压力波速(m/s)；

　　　　E_0—— 有侧限的弹性模量；

　　　　ρ—— 土体的密度；

$$\gamma_C = C_0/C_1 \quad 或 \quad C_1 = C_0/\gamma_C \tag{3.8}$$

其中　　γ_C—— 波速比；

　　　　C_1—— 峰值压力波速(m/s)。

(2) 波速比与应变恢复比

非饱和土的波速比 γ_C 可通过表3.3、表3.4确定；对于岩体完整的波速比 γ_C 取1.0,岩体破碎时的 γ_C 取 $1.3 \sim 1.4$。

土体应变恢复比 δ 可通过表3.3、表3.4确定；对于岩体完整的应变恢复比 δ 可取1.0,对于有节理的坚硬岩体,δ 可取0.9;当岩体为软岩时,可取0.8。

表3.3　非饱和粘性土、黄土和淤泥质土物理力学参数

土 的 类别		起始压力波速 $c_0/(\mathrm{m \cdot s^{-1}})$	波速比 γ_c	应变恢复比 δ
粉土		$200 \sim 300$	$2.0 \sim 2.5$	0.2
粘性土(粉质粘土、粘土)	硬塑	$300 \sim 400$	$2.0 \sim 2.5$	0.2
	可塑	$150 \sim 250$	$2.0 \sim 2.5$	0.1
	软塑	$300 \sim 500$	$2.0 \sim 2.5$	0.1
老粘性土		$300 \sim 400$	$1.5 \sim 2.0$	0.3
红粘土		$150 \sim 250$	$2.0 \sim 2.5$	0.2
湿陷性黄土		$200 \sim 300$	$2.0 \sim 3.0$	0.1
淤泥质土		$120 \sim 150$	2.0	0.1

注:粘性土:坚硬状态 c_0 可取硬塑状态的大值,γ_c、δ 同硬塑状态;流塑状态 c_0 可取 1 500 m/s,γ_c 可取 1,δ 可取 1。

表 3.4　碎石土、非饱和砂土物理力学参数

土 的 类 别		起始压力波速 $c_0/(\mathrm{m \cdot s^{-1}})$	波速比 γ_c	应变恢复比 δ
碎石土	卵石、碎石	300 ~ 500	1.2 ~ 1.5	0.9
	圆砾、角砾	250 ~ 350	1.2 ~ 1.5	0.9
砂土	砾砂	350 ~ 450	1.2 ~ 1.5	0.9
	粗砂	350 ~ 450	1.2 ~ 1.5	0.8
	中砂	300 ~ 400	1.5	0.5
	细砂	250 ~ 350	2.0	0.4
	粉砂	200 ~ 300	2.0	0.3

注:碎石土、砂土土体密实时,c_0 应取大值,γ_c 应取小值。

(3) 饱和土的物理力学参数

试验及理论分析表明,土壤水气含量影响压缩波传递的速度。如饱和土中压缩波波速约为 1 600 m/s,当该土中有 10% 的空气时,波速可降低至 200 m/s 左右,随着深度的变化其升压时间也有变化等,这都说明土的物理力学性能影响压缩波荷载的大小。一般的规律是含水量越大则波速越快,而含气量越大则波速慢。从工程的观点来看,大多数土壤为不完全饱和土,而完全饱和土的变形特性并不由土来决定,而是水起作用。不完全饱和土的变形特性较为复杂,当爆炸压力比较小时应力应变曲线凸向应力轴,为应变软化关系,随着压力增大,曲线凸向应变轴,呈应变硬化关系,因此,在应力应变曲线上会出现拐点——分界应力点,该点处界限压力值与土的含气量有关。

饱和土的物理力学参数的计算式为

$$P_0 = 20\,\alpha_1 \tag{3.9}$$

式中　P_0——饱和土界限压力(MPa);

α_1——饱和土含气量(%)。

饱和土含气量应按实测资料确定。如无实测资料时,可取 1.0% ~ 1.5%。地下水位常年稳定时,宜取下限值,或按下式确定,即

$$\alpha_1 = n(1 - S_r) \tag{3.10}$$

式中　n——土的孔隙度;

S_r——土的饱和度。

当地面空气冲击波超压值小于等于 0.8 倍的界限压力时,起始压力波速度可按表 3.4 确定;波速比 γ_c 可取 1.5;应变恢复比 δ 可取非饱和土的相应值。

当地面空气冲击波超压峰值大于界限压力时,起始压力波速可取 1 500 m/s,波速比可取

1.0,应变恢复比 δ 取 1.0。

当地面空气冲击波超压峰值大于 0.8 倍界限压力,且小于界限压力时,起始压力波速 γ_C 和应变恢复比 δ 可按线性内插取值。

(4) 土(岩) 体压缩波动荷载

土中压缩波波形简化为三角形,其地面冲击波超压峰值压力为 Δp_m,升压时间为 t_{0h},压缩波降压时间 t_{02} 取地面冲击波等冲量等效降压时间 t_2,压缩波峰值压力 p_n,p_n 与 Δp_m 成正比,与计算深度 h 成反比,根据理论分析与多次试验整理,对核爆炸冲击波感生的土中压缩波也可简化为有升压平台形波形(图 3.8)。

土(岩) 体中的压缩波公式为

$$P_h = \left[1 - \frac{h}{C_1 t_2}(1 - \delta) \right] \Delta p_m \qquad (3.11)$$

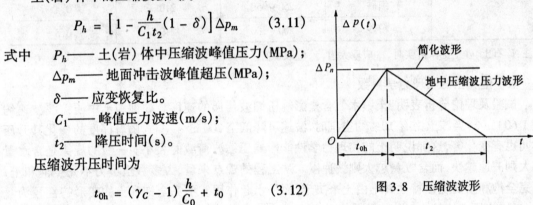

图 3.8　压缩波波形

式中　　P_h——土(岩) 体中压缩波峰值压力(MPa);

Δp_m——地面冲击波峰值超压(MPa);

δ——应变恢复比。

C_1——峰值压力波速(m/s);

t_2——降压时间(s)。

压缩波升压时间为

$$t_{0h} = (\gamma_C - 1)\frac{h}{C_0} + t_0 \qquad (3.12)$$

式中　　t_{0h}——压缩波升压时间(s);

γ_C——波速比;

h——土(岩) 体的计算深度(m);

t_0——地面冲击波峰值超压升压时间(s),可取 $t_0 = 0$;

C_0——起始压力波速(m/s)。

第二节　　核爆动荷载

核爆动荷载作用下的结构通常为整体式大跨度浅埋地下工程。如浅埋单建式人防工程或附建式地下结构,结构构件的厚跨比 $H_r/l_0 < \frac{1}{4}$。

一、核爆动荷载

对于抗力级别不高的人防工程采用等效静载法进行设计时,其周边的荷载按同时作用设计,荷载作用如图 3.9 所示。图 3.9 中的 P_{C1} 为顶盖所受到的压缩波荷载,P_{C2} 为侧墙所受到的压缩波荷载,P_{C3} 为底板所受到的压缩波荷载,P_{C1}、P_{C2}、P_{C3} 可按下式求得

$$P_{C1} = KP_h \tag{3.13}$$

$$P_{C2} = \xi P_C \tag{3.14}$$

$$P_{C3} = \eta P_{C1} \tag{3.15}$$

式中　P_{C1}、P_{C2}、P_{C3}—— 结构顶盖、外墙、底板的动荷载
　　　　　　　（MPa）;

　　　P_C—— 压缩波平均峰值压力（MPa）;

　　　K—— 顶盖综合反射系数;

　　　ξ—— 侧压系数,可查表 3.5;

　　　η—— 底压系数。非饱和土可取 0.7 ~ 0.8(覆土厚度
　　　　　　小或为多层结构时,取下限值);饱和土可取
　　　　　　0.8 ~ 1.0(含气量不大于 0.1% 时,可取上限
　　　　　　值)。

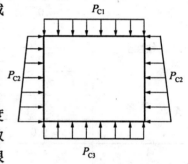

图 3.9　压缩波作用荷载

表 3.5　侧压系数 ξ

土　的　名　称		ξ
碎石土		0.15 ~ 0.25
砂土	地下水位以上	0.25 ~ 0.35
	地下水位以下	0.70 ~ 0.90
粉土		0.33 ~ 0.43
粘性土	坚　硬	0.20 ~ 0.40
	可　塑	0.40 ~ 0.70
	软塑、流塑	0.70 ~ 1.0

注:① 密实的碎石土及非饱和砂土,宜取下限值;

　　② 非饱和粘性土的液性指数为下限值时,侧压系数宜取下限值;

　　③ 含气量不大于 0.1% 的饱和土,宜取上限值。

顶板综合反射系数是依据一维波理论提出的公式并结合试验研究基础上确定的。由于压

缩波与土体中结构的动力相互作用的复杂状态,其结构顶盖的动荷载受压缩波参数、土介质性质和结构特征等多种因素耦合影响,在顶盖覆土中呈现复杂的波动过程。通过一系列系统分析,最大动荷载位于某一埋置深度处,该处的覆土厚度被认为是最不利覆土厚度(h_m),结构不利覆土厚度按表 3.6 确定。

表 3.6　防核武器的抗力级别为 5 级及以下的人防工程结构不利覆土厚度 h_m　　　　m

土的类别　　l_0/m　　$[\beta]$	1.0	1.5	2.0	2.5	3.0	5.0
粘性土 ≤ 2.0	1.00	1.00	1.00	1.00	1.00	1.00
3.0	1.06	1.14	1.28	1.32	1.46	1.80
4.0	1.18	1.42	1.64	1.76	1.98	2.40
5.0	1.30	1.70	2.00	2.20	2.50	3.00
6.0	1.60	1.93	2.34	2.63	2.88	3.72
7.0	1.80	2.19	2.63	2.94	3.25	4.15
8.0	2.00	2.44	2.91	3.25	3.63	4.58
≥ 9.0	2.20	2.70	3.20	3.60	4.00	5.00
砂土 碎石土 饱和土 ≤ 2.0	1.00	1.00	1.00	1.00	1.00	1.00
3.0	1.10	1.26	1.42	1.50	1.64	2.40
4.0	1.30	1.58	1.86	2.10	2.32	3.20
5.0	1.50	1.90	2.30	2.70	3.00	4.00
6.0	1.82	2.23	2.65	2.97	3.38	4.72
7.0	2.05	2.49	2.93	3.32	3.75	5.15
8.0	2.28	2.74	3.22	3.66	4.13	5.58
≥ 9.0	2.50	3.00	3.50	4.00	4.50	6.00

注:① h_m 为结构不利覆土厚度;

　　② l_0 为顶板净跨,对双向板和壳体结构应取短方向净跨,对多跨结构应取最大短边净跨;

　　③ $[\beta]$ 为顶盖允许延性比。

表 3.6 中的 l_0 为结构净跨,$[\beta]$ 为顶盖结构允许延性比,h_m 为结构不利覆土厚度。对于多跨结构,l_0 取其中较大的净跨,对于双向板、壳体结构,l_0 应取较小边长。当净跨为下限值时,h_m 应取下限值;当净跨为中间值时,h_m 应取线性内插值。当净跨大于表 3.6 中的数值时,应按表中最大净跨所对应的结构不利覆土厚度取值。饱和土、碎石土中结构不利覆土厚度可按砂土确定。

顶板综合反射系数按下述方法确定：

当顶盖覆土厚度为零时,综合反射系数可取 1.0;

当顶盖覆土厚度小于结构不利覆土厚度时,K 可按线性内插确定;

当顶盖覆土厚度等于或大于结构不利覆土厚度,且为非饱和土时,可按表 3.7 确定。

表 3.7 顶盖覆土厚度等于或大于结构不利覆土厚度时的 K

基础形式	覆土厚度 /m						
	1	2	3	4	5	6	7
箱形、筏形、壳形基础	1.45	1.40	1.35	1.30	1.25	1.22	1.20
条形或独立基础	1.42	1.30	1.20	1.15	1.10	1.05	1.00

注:① 本表适用于低抗力级平顶结构;

② 对于双层或多层结构,应取相应抗力级别单层结构的 1.05 倍;

③ 对于非平顶结构,取表中数值的 0.9 倍,并不应小于 1.0。

当顶盖覆土厚度等于或大于结构不利覆土厚度,且为饱和土时,综合反射系数按下列规定确定:

(1) 当顶盖处压缩波峰值压力大于界限压力时,平顶结构的综合反射系数可取 2.0;非平顶结构的综合反射系数可取 1.8;

(2) 当顶盖处压缩波峰值压力小于等于 0.8 倍界限压力时,综合反射系数可按非饱和土确定;

(3) 当顶盖处压缩波峰值压力大于 0.8 倍界限压力,且小于界限压力时,综合反射系数可按线性内插确定。

核爆动荷载压力波形

当按等效静载法设计人防工程时,作用于结构上的压力波的波形可按有升压时间的平台形确定。作用在顶盖和外墙上动压力的升压时间按式(3.12)计算

由于作用于底板的动压力波形的升压时间较长,可近似将动荷载视为静荷载作用,即取底板动力系数 $K_{d3} \approx 1$。对于抗力级别较高的工程其结构动荷载可按有关规范的规定进行计算。

二、结构动力计算

1. 等效静载法

一般人防工程结构动力计算,可采用等效静荷载法,并可按单自由度的弹性或弹塑性工作阶段进行计算。对于复杂结构,可将其简化为基本结构或构件,分别计算出等效静荷载后,按静荷载作用下的结构内力的计算方法来计算原结构的内力。

结构周边上的等效静荷载可按下列公式计算

$$q_1 = K_{d1}P_{C1} \tag{3.16}$$

$$q_2 = K_{d2}P_{C2} \tag{3.17}$$

$$q_3 = K_{d3}P_{C3} \tag{3.18}$$

式中　　q_1、q_2、q_3——顶盖竖向、外墙水平、底板竖向等效静荷载;

　　　　K_{d1}、K_{d2}、K_{d3}——分别为顶盖、外墙、底板的动力系数;

　　　　P_{C1}、P_{C2}、P_{C3}——分别为顶盖、外墙、底板的核爆动荷载。

2. 构件工作阶段的允许延性比[β]

钢筋混凝土结构或构件的工作阶段的允许延性比是按下述方法确定的。

当人防工程使用要求较高且密闭防水要求较严时,可按弹性工作阶段设计,允许延性比应取 1.0;对一般人防工程且有密闭或防水要求的,可按弹塑性工作阶段设计;对战时无人员掩蔽且无密闭和防水要求的,应按弹塑性工作阶段设计。允许延性比可按表 3.8 确定。

表 3.8　允许延性比[β]

使用要求	受力状态			
	受弯	大偏心受压	小偏心受压	轴心受压
一般人防工程且有密闭或防水要求	3.0	2.0	1.5	1.2
战时无密闭无防水要求的人防工程	5.0	3.0		

3. 结构或构件的动力系数

结构或构件的动力系数应根据结构工作状态、等效单自由度体系自振圆频率和压缩波波形确定。当土中掘开式人防工程的抗力级别为较低等级(见有关规定)及以下,且顶盖覆土厚度小于或等于结构不利覆土厚度的两倍时,钢筋混凝土结构的动力系数可按表 3.9 直接查取。

表 3.9　结构动力系数

结构部位	允许延性比[β]				
	1.5	2.0	2.5	3.0	5.0
顶　盖	1.50 ~ 1.40	1.33 ~ 1.20	1.25 ~ 1.15	1.20 ~ 1.05	1.11 ~ 1.00
外　墙	1.35 ~ 1.26	1.20 ~ 1.08	1.13 ~ 1.04	1.08 ~ 1.00	1.00
底　板	1.20	1.00			

注:当顶盖覆土厚度为 0 时,顶盖和外墙的动力系数取大值;当顶盖覆土厚度为不利覆土厚度的 2 倍时,顶盖和外墙的动力系数取小值;当顶盖覆土厚度小于不利覆土厚度的两倍时,顶盖和外墙的动力系数取线性内插值。

三、截面设计

1. 极限状态设计表达式

人防工程结构除核爆动荷载按前述方法确定外,其他如静活荷载的确定方法以及结构或构件承载能力的计算均应按现行国家颁布的有关规范及标准执行。

人防工程结构设计现行规范采用以概率论为基础的极限状态设计方法,结构可靠度用可靠指标 β 度量,采用以分项系数的设计表达式进行设计。

人防工程结构或构件的截面设计,应符合下列表达式的要求,即

$$\gamma_0(\gamma_G S_{GK} + \gamma_Q S_{QK}) \leqslant R \tag{3.19}$$

$$R = R(f_{cd}, f_{yd}, \alpha_k \cdots)$$

式中　　γ_0——结构重要性系数,可取 1.0;

γ_G——永久荷载分项系数,当其效应对结构不利时,可取 1.2;有利时可取 1.0;

S_{GK}——永久荷载效应标准值;

γ_Q——核爆动荷载分项系数,可取 1.0;

S_{QK}——核爆动荷载效应标准值,可按抗力等级选取的核爆动荷载进行计算确定;

R——结构构件的承载能力函数;

f_{cd}——在动荷载作用下混凝土轴心抗压强度设计值;

f_{yd}——在动荷载作用下钢筋抗拉强度设计值;

α_k——几何参数的标准值,当几何参数的变异性对结构性能有不利影响时,可另增加一个附加值。

式(3.19)中的结构重要性系数 $\gamma_0 = 1$ 是基于人防工程的抗力级别已体现其重要性,因此 $\gamma_0 > 1$ 没有必要。核爆动荷载分项系数 $\gamma_Q = 1$ 是考虑了其荷载性质是偶然荷载,偶然作用的代表值不乘分项系数,此外,人防工程设计的结构构件可靠度水准比民用规范规定的低得多,故 γ_Q 不宜大于1。再者核爆动载也是重要荷载,故 γ_Q 也不宜小于1。因此,γ_Q 取大于1或小于1都是不合适的。

2. 截面设计中的其他调整因素

(1) 板的抗弯承载能力。当计算梁板体系中板的抗弯承载能力,且板的周边支座横向伸长受到约束时,跨中截面的计算弯矩值乘以折减系数 0.7;当计算板柱结构平板的抗弯承载能力,且板的横向伸长受到约束时,其跨中截面的计算弯矩值可乘以折减系数 0.9;当在设计中已考虑了板的轴力影响时,可不再乘折减系数。

这是因为梁板体系和板柱结构中板的内力计算,一般要考虑内力塑性重分布。当板的周边支座横向伸长变形受到约束时,板内产生拱效应,产生板平面内推力,这种力对板的抗弯承载

能力是有利的因素,为简便仅从跨中截面对弯矩予以折减,而不直接分析其板平面内的推力对弯矩的影响。

(2) 按等效静荷载法,进行梁、柱斜截面受剪承载能力验算,混凝土及砌体在动荷载作用下强度设计值应乘以折减系数 0.8;进行墙柱受压截面承载能力验算时,混凝土及砌体在动荷载作用下轴心抗压强度设计值应乘以折减系数 0.8。

(3) 按等效静载对钢筋混凝土受弯构件斜截面承载能力验算时,混凝土受剪承载能力项应按下式修正,即

$$V_{cd} = \psi_c \psi_1 V_c \tag{3.20}$$

对于大于 C30 的混凝土强度等级的影响修正系数 ψ_c 按下式确定,即

$$\psi_c = (\frac{f_{C30}}{f_c})^{\frac{1}{2}} \tag{3.21}$$

对于跨高比影响修正系数按下述规定解决,当 l/h_0 不大于 8 时,取 $\psi_1 = 1.0$;当 l/h_0 大于 8 时,ψ_1 按下式计算,即

$$\psi_1 = 1 - \frac{1}{15}(\frac{l}{h_0} - 8) \tag{3.22}$$

式中 V_{cd}—— 动载作用下混凝土构件斜截面承载能力修正值(N);

    ψ_c—— 混凝土强度等级影响修正系数;

    ψ_1—— 跨高比影响修正系数,当 $\psi < 0.6$ 时取 0.6;

    V_c—— 混凝土构件斜截面受剪承载能力设计值(N),对均布荷载宜取 $0.07 f_{cd} b h_0$;

    f_{cd}—— 动载作用下混凝土轴心抗压强度设计值(N/mm²);

    b—— 矩形截面宽度、T 形和 I 字形截面的腹板宽度(mm);

    h_0—— 截面有效高度;

    f_{C30}——C30 混凝土强度轴心抗压强度设计值(N/mm²);

    f_c—— 混凝土轴心抗压强度设计值(N/mm²)。

(4) 按弹塑性工作阶段设计的钢筋混凝土结构或构件,受拉钢筋配筋率不宜超过 1.5%,当必须超过时受弯构件或大偏心受压构件的允许延性比应符合下列要求,即

$$[\beta] \leq \frac{0.5}{x/h_0} \tag{3.23}$$

$$\frac{x}{h_0} = (\rho - \rho') \frac{f_{yd}}{f_{cmd}} \tag{3.24}$$

式中 x/h_0—— 混凝土受压区高度与截面有效高度之比;

    ρ—— 纵向受拉钢筋配筋率;

    ρ'—— 纵向受压钢筋配筋率;

    f_{yd}—— 动载作用下钢筋受拉强度设计值(N/mm²);

f_{cmd}—— 动载作用下混凝土弯曲抗压强度设计值（N/mm²）。

上式中的 x/h_0 计算考虑了受压区钢筋对构件延性的有利因素。

(5) 关于荷载组合。在人防工程设计中，有些构件承受静荷载和活荷载，有些构件承受动荷载及静载（如柱、外围护构件等），对于承受动荷载作用下的构件应考虑材料强度提高系数，如果不承受动荷载的构件，如楼板、楼梯可按弹性阶段设计，而且不考虑材料强度提高系数，这样考虑是较为合理的。

复习思考题

1. "别列赞"公式的表达式是什么？公式各项的意义是什么？

2. 核爆炸空气冲击波与土中压缩波有哪些物理参数，其各项意义是什么？

3. 岩土中压缩波是如何计算的？

4. 如何求解地下结构周边核爆炸土中压缩波荷载？

第四章　附建式结构

第一节　附建式结构特点和类型

开发地下空间应用较早的是附建式结构,即在地面建筑首层以下埋在土中的空间结构称为附建式结构,又称人防地下室。自从一二次世界大战之后,各国都颁布法规,大量建造"防空地下室"。在我国,防空地下室也是人防工程建造的重点,不仅如此,伴随高层建筑建设,地下空间部分也越建越深,这不仅满足结构要求,同时也满足防护的需要。

一、附建式结构特点

附建式结构建设不同于一般地下室,又不同于单建式地下室。它的主要特点如下:

(1) 对地面来说,可节省建设用地,特别对繁华地区更为明显。

(2) 由于地面人员可迅速转移地下,当地面建筑受到灾害破坏时可起到保护人员的作用。

(3) 同单建式地下空间建筑相比,具有节约土地和造价的优越性。

(4) 增加使用空间,扩大空间容积率,建造方便,又能增强上部建筑的整体性能。

(5) 由于附建式结构埋在土中,因而开挖土方量大,且受土压力及水压力作用,还直接承受上部建筑物荷载,因此,它所承受的力较大。

(6) 当有防护等级要求时,其建筑结构、设备等构造较普通结构复杂,又要考虑上部建筑物倒塌荷载以及出入口的布局。

(7) 附建式结构与地面建筑为一个整体,设计时受地面建筑规划、平面布局影响较大。设计中统一考虑结构特征、轴网、管线、工程水文地质、基础类型等。

二、附建式结构的荷载

附建式结构的荷载主要有以下几项:

(1) 静、活荷载　上部结构传来的静载及活载,如上部结构自重及人员、家具设备重量。当有风荷载时对地下结构也会产生影响,一般情况下不予考虑。

（2）动荷载　原子核爆炸的杀伤破坏因素所产生的瞬间动荷载,在核爆动载作用下,钢筋混凝土结构可以按弹塑性阶段设计。

核爆动载作用值比平时静载高出许多,结构短时间变形不会危及结构安全,且能完全满足结构在静载作用下的刚度和整体性,因此,结构不必单独进行结构变形的验算。在控制延性比的条件下,不再进行结构构件裂缝开展验算;对于有特殊要求的平战功能转换工程,在平时使用阶段仍按常规结构构件设计需要处理。

考虑到核爆冲击波在土中传播所形成的压缩波对土层的瞬间荷载作用,对一定深度范围内结构周围土层将产生弹性和塑性的压缩变形,作用结果将使结构不均匀沉陷的可能性相对减少,而结构的整体沉陷将不影响结构的正常使用,因此,不必单独验算地基变形。对于大跨度地下室采用条形基础或单独基础的情况可另行考虑。

（3）地面首层对动荷载的影响　附建式与单建式结构设计的区别在于是否考虑地面结构的防护作用。对于较低防护等级的附建式结构,如上部建筑层数不小于二层,其底层外墙为钢筋混凝土或砌体承重墙,且任何一面外墙墙面开孔面积不大于该墙面面积的50%,上部为单层建筑,其承重外墙使用的材料和开孔比例符合前述条件,且为钢筋混凝土屋盖应考虑地面建筑对核爆冲击波的影响。对于较高防护等级或不符合上述条件的附建式结构,则冲击波荷载按单建式地下空间结构设计(详见有关规范)。

（4）水土压力　由于附建式结构埋在土中,因此,应考虑水土压力对结构的作用。

（5）其他荷载　主要包括地震力荷载;由材料收缩或温度变化所产生的结构内力;由软弱地基或结构刚度差异较大使结构产生不均匀沉降而引起的内力;由施工、装配、制作等因素而产生的荷载式内力;由特殊使用要求如爆炸、火灾等而对结构的影响。一般情况下,这些因素都通过施工及构造等措施来解决。

三、附建式结构形式

1.梁板式结构

梁板式结构即由钢筋混凝土梁和板组成的结构类型。该结构类型多用于混合结构,内外墙均为砖砌体或柱承重,楼板与顶板形式相同。当板跨较小时可不设梁,板跨较大时应设梁,梁的布置根据受力及使用功能要求既可单独设置,也可交叉设置。梁板式结构的主要特点是经济实用、施工方便、技术成熟,可预制装配,也可现浇施工。

对于具有防护等级要求的地下室顶板也有预制－现浇迭合板形式,它解决了顶板的模板问题,也能保证一定的防护能力。所谓迭合板是在预制板上浇筑一层钢筋混凝土板,主要是为解决防护等级要求。梁板式及附建式结构详见图4.1。

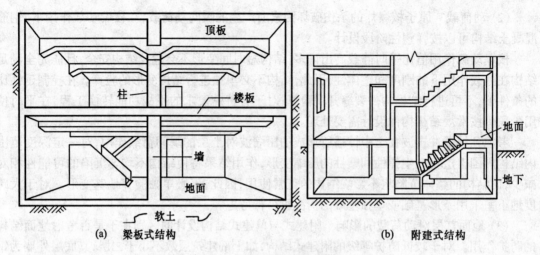

(a) 梁板式结构　　　　　　　　　(b) 附建式结构

图 4.1　梁板式及附建式结构

2.箱形结构

箱形结构是由现浇钢筋混凝土墙及顶板组成的结构类型。其特点是整体性好、强度高,防水防潮效果好,防护能力强,较梁板式结构造价高。常结合高层建筑的箱形基础一同考虑。

箱形结构的受力分析主要有两种方式,一种是将其视为独立的结构进行板式或纵、横、水平向的框架分析;另一种是将其视为箱形基础进行分析,两种分析方法的计算结果是不同的。箱形结构见图 4.2。

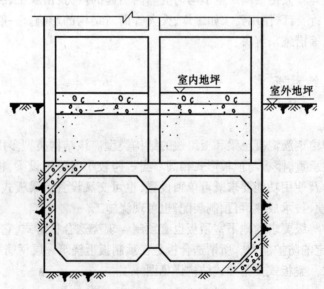

图 4.2　箱形结构

3.板柱结构

板柱结构是由现浇钢筋混凝土柱和板组成的结构形式。板柱结构的主要形式为无梁楼盖体系,该体系有带柱帽和不带柱帽两种,近年来也有使用现浇整体空心板柱体系,柱下既可设独立基础,也可采用筏片基础或桩基础等类型。板柱结构的主要特点是跨度大、净高高、空间可灵活分隔或开敞,适用于车库、贮库、商场、餐厅等建筑。板柱结构见图4.3。

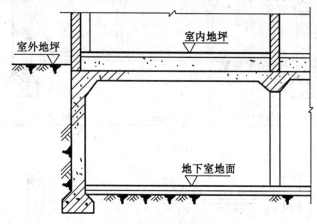

图4.3 板柱结构

4.拱壳结构

拱壳结构是指地下空间的顶板为拱形或折板形结构。该种结构适用于地面建筑为单层大跨的条件,地下室为平战结合两用工程,其主要特点是受力较好,内部空间较高,施工相对复杂。其中结构形式具体有双曲扁壳与筒壳的壳类结构、单跨或多跨的折板结构等,详见图4.4。

5.框架结构

地下室采用框架结构常用于地面建筑为框架结构的情况,它是由钢筋混凝土柱、梁、板组成的结构体系。该结构体系外墙只承重土水压力和动荷载,而不承受建筑的自重和活荷载。基础形式有梁板式、桩、筏片、独立基础等。框架结构形式见图4.5。

6.外墙内框、墙板结构

外墙内框是指外墙为现浇钢筋混凝土结构(图4.6)或砖墙,内部为柱梁组成的框架。墙板结构类似于箱形结构,内外墙均全部为现浇钢筋混凝土墙。该两种结构均可采用有地下连续墙施工方法,把挡土用的挡土墙与建筑用的围护结构结合成一体,节约建筑造价,施工方法先进,详见图4.6。

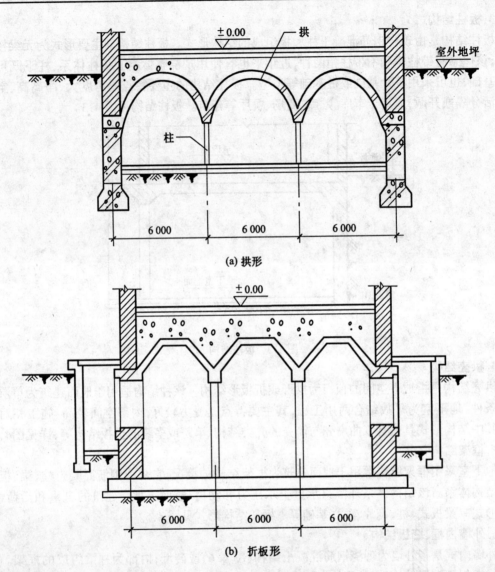

(a) 拱形

(b) 折板形

图 4.4 拱壳结构

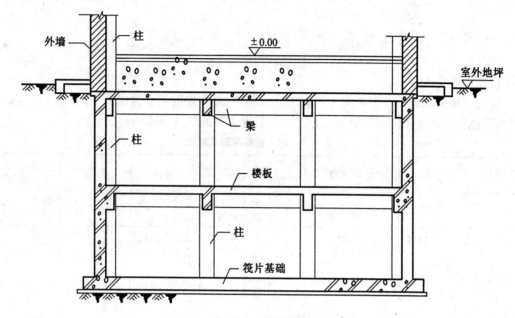

图 4.5　框架结构

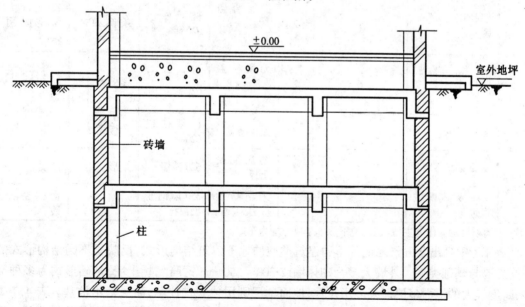

图 4.6　外墙内框结构

四、实践、问题与发展

1. 结构形式

附建式结构基础设计原理同一般地面建筑相同,最大差别是基础标高不同,地下室层数越多,基础越深。表 4.1 为北方地区几个工程项目地下室的结构形式的对比。

表 4.1　地下室结构形式对比

序号	建筑名称	地面层数	地下层数	顶板	侧墙	基础	地面建筑结构形式
1	×××高层住宅	18	1	无粘结预应力梁板	框架柱包620砖	桩	异形柱框剪
2	×××多层住宅	7	1	无粘结预应力	300厚钢筋混凝土	筏片	砖混
3	×××商城	3	1	梁板	620砖墙内框	条形,独立地基为重夯实	砖混
4	健身俱乐部一区	1	2	无梁楼盖7.8 m×8.4 m	框架柱包620砖	条形、独立	22.4 m大跨空间网架
5	健身俱乐部二区	6	2	无梁楼盖7.8 m×8.4 m	框架柱包620砖	梁板式	框架空心板
6	×××住宅	7	2	无梁楼盖	框架柱包620砖	梁板式	砖混
7	×××办公楼	4	2	钢筋混凝土板	620砖墙	条形	砖混
8	×××汽配城宿舍	4	1	无粘结预应力梁板	350厚钢筋混凝土	筏片	框架空心砖

注:上述项目均为作者主持项目,地下除6、7项外均为车库。

表 4.1 中列出北方严寒地区不同建筑类型的地下建筑结构形式,反映了不同结构形式的不同外墙与基础类型。外墙大多为砌体墙或 300～350 mm 钢筋混凝土墙,基础形式为多种类型,跨度较大的地面多层框架多用筏片,地面单层则用独立式柱基,高层则用桩基。表 4.1 中的地下室均为地下车库及商服。施工方法大多为大开挖式。存在的主要问题是片筏式基础采用按规范估计厚度,用钢量较多,计算方法不够精确。

2. 墙板结构

地下空间墙板设计比地面建筑复杂得多,根据深圳国豪建筑有限公司对 30 个工程的调查,地下室墙板的厚度、配筋量、配筋率的变化较大,详见表4.2,墙板厚度最厚与最薄相差1~3倍,最大与最小配筋量相差9倍多,配筋率最高与最低相差9倍多,实地调查,这些工程的地下室墙板没有出现工程质量和设计质量问题。上述这些差异由设计方法的不同或其他因素而造成的,因此,高层建筑地下室墙板设计有待于深入研究。

表4.2　高层建筑地下室壁板调查一览

序号	建筑物名称	层数		总高度/m	总建筑面积/m²	结构形式	地下室壁板						
		地上	地下				高度/m		壁板厚度/cm	壁板配筋			混凝土强度
							最高	最低		外侧竖筋	内侧竖筋	水平钢筋	
1	西苑钣店新楼	23	3	93.51	61 367	剪力墙	13.16	8.63	40.50	φ14@200	φ14@200	φ14@200	C35
2	恒基中心	23	3	90	291 603	框筒	5	4.45	55	φ32@200	φ32@200	φ25@200	C35 50
3	庄胜广场	21	3	85.75	319 425	框筒	13.3	5.3	40、60	φ25@100	φ22@100	φ20@100	C50
4	精品大厦	22	3	81	120 202	框剪、筒	13.5	3.3	35	φ16@200	φ16@200	φ20@200	C40
5	国安大厦	20	2	63.7	14 236	剪力墙	9.43	3.04	30	φ20@140	φ20@140	φ25@140	C40
6	马连道住宅楼	18	1	53.6	10 590	剪力墙	6.59	3.0	20	φ12@150	φ12@150	φ12@150	C30
7	阳光四季住宅楼	20	3	55.4	18 188	剪力墙	9		35	φ18@200	φ18@200	φ14@200	C30
8	阳光四季住宅楼	19	3	59.8	18 001.9	剪力墙	9.4		35	φ16@200	φ12@200	φ16@200	C30
9	炮兵门诊综合楼	10	1	38.4	11 202	框架	5.2		30	φ12@150	φ12@150	φ12@100	C40
10	恒富商业楼	7	1	26.2	11 688	框架	6.8		35	φ14@200	φ14@200	φ14@150	C30
11	汉威大厦	24	2	90.8	131 000	框剪、筒	13.11	3.6	50	φ25@200	φ25@200	φ20@200	C40
12	京润大厦	19	2	65.0	39 618	框剪	9.52	4.14	30	φ22@200	φ22@200	φ16@200	C40
13	物资部大厦	20	1	75.7	56 614	框剪、筒	10.38	3.2	30	φ12@100	φ12@100	φ20@100	C40
14	丰台铁路单身楼	14	2	47	19 410	框剪	8.5	3	30	φ16@150	φ15@150	φ14@150	C30
15	银工大厦	35	4	140.9	72 903	内筒外框	5.2	4.75	70	φ22@200	φ22@200	φ18@200	C45 55
16	商业大厦	48	3	181.5	112 000	筒中筒	13.3		40	φ18@200	φ18@200	φ14@200	C30

续表 4.2

| 序号 | 建筑物名称 | 层数 | | 总高度/m | 总建筑面积/m² | 结构形式 | 地下室壁板 | | | | | | |
| | | 地上 | 地下 | | | | 高度/m | | 壁板厚度/cm | 壁板配筋 | | | 混凝土强度 |
							最高	最低		外侧竖筋	内侧竖筋	水平钢筋	
17	金龙大厦	主28辅20	2	99.5	86 960	框剪	11.5		45	$\phi20$@150	$\phi20$@150	$\phi16$@150	C40
18	国皇大厦	32	2	110.2	54 624	框剪	7		40~45	$\phi16$@150	$\phi16$@150	$\phi14$@150	C40
19	瑞鹏大厦	15	2	58.1	22 392	框剪	6.1	3.8	40	$\phi12$@200	$\phi12$@200	$\phi14$@200	C30
20	美华大厦	18	2	58.4	10 071	框剪	5.1	4.6	40	$\phi18$@150	$\phi16$@150	$\phi14$@150	C30
21	显锐大厦	20	1	70.15	12 842	框剪	5.5	3.6	40	$\phi14$@150	$\phi14$@150	$\phi14$@150	C30
22	莲花北东区商住楼	25	1	86.9	100 777	框剪	5	3.5	50	$\phi25$@75	$\phi25$@150	$\phi25$@150	C40
23	金利华商业广场	39	3	148	82 474	内筒外框	12	6.9	50	$\phi18$@120	$\phi18$@120	$\phi16$@150	
24	国际大厦	27	3	94.9	30 000	框剪	10.95		50	$\phi16$@200	$\phi16$@200	$\phi16$@200	C30
25	小商品商场	31	2	98.6	140 456	框剪	1.2		40	$\phi22$@150	$\phi22$@150	$\phi22$@150	C40
26	裕宁大厦	33	2	115.4	53 537	框筒	10.8		60	$\phi22$@200	$\phi22$@200	$\phi22$@200	C45
27	柳南小区19号楼	14	2	51.4	25 820	框架	6.95	5.28	30	$\phi12$@200	$\phi12$@200	$\phi12$@200	C30
28	D03住宅	28	1.5	86.8	16 600	剪力墙	5.5		49	$\phi14$@150	$\phi14$@150	$\phi14$@150	C35
29	开源城高层商住楼	28	1	86	69 056	框剪	6.1	3.6	40	$\phi20$@200	$\phi20$@200	$\phi20$@200	C40
30	蔡甸区供电大楼	14	1	52.5	3 600	框架	2.8		30	$\phi12$@200	$\phi12$@200	$\phi12$@200	C30

3.顶板与楼盖

顶板与楼盖主要有普通主次梁板、井字梁板、扁梁加平板、无梁楼板等几种类型。上述类型可适用大开挖法,板柱结构适合逆作法,如哈尔滨华融饭店地下室五层即采用逆作法施工。

根据机械工业部设计研究院对 8.4 m×9.0 m 的柱网几种楼盖设计的技术经济比较结果(表 4.3)得到如下结论:从造价上比较,单向次梁加单向板楼盖最经济,随后依次为塑料模壳、井字梁、无梁楼盖、扁梁加大板,无粘结预应力混凝土造价最高;从材料用量上比较,混凝土用量最少为单向次梁加单向板楼盖,其次为井字梁、塑料模壳、无粘结预应力、扁梁加大板、混凝土用量最多的是无梁楼盖;钢筋用量最少的是无粘结预应力混凝土楼盖,其次是塑料模壳、单向次梁加单向板,普通混凝土无梁楼盖、井字梁与扁梁加大板钢筋用量最多,详见表 4.3。

楼盖及顶盖的结构形式受使用功能影响较大,还受施工方法、楼板开孔、设备管线布置的影响。因此,它是由多种因素进行综合权衡利弊而决定的。

表 4.3　各种楼盖方案经济指标比较

单位面积 楼盖类别	混凝土		非预应力筋		预应力筋		总造价/ (元·m⁻²)
	用量/ (m³·m⁻²)	造价/ (元·m⁻²)	用量/ (kg·m⁻²)	造价/ (元·m⁻²)	用量/ (kg·m⁻²)	造价/ (元·m⁻²)	
井字梁楼盖	0.2	70	38	209			279
单向次梁加单向板楼盖	0.17	60	33.2	183			243
普通钢筋混凝土扁梁加大平板楼盖	0.24	84	38.3	211			295
塑料模壳楼盖	0.21	74	31.7	175			269
普通钢筋混凝土无梁楼盖	0.3	105	33.8	186			291
无粘结预应力混凝土无梁楼盖	0.23	81	7	39	10.5	231	351

注:① 上表中,各种材料的单方造价(包括材料、人工、模板等)按如下数值计算:混凝土 350 元/m³,普通钢筋 5 500 元/t,无粘结预应力钢筋 22 000 元/t。

　　② 在"塑料模壳楼盖"的单位面积总造价中,还包括塑料模壳模板比普通模板造价增加约 20 元/m²。

4.研究与发展

(1) 有待研究的问题

① 防水。由于地下空间结构埋在土中,且大多是在地下水位之下,土质及水质情况复杂,水中含有各种化学元素及各种腐蚀性介质的地表水,常年处于升降变化的水对结构产生水压力,水的渗透与腐蚀会对围护结构的强度与耐久性造成损害。因此,地下建筑防水防潮问题一直是值得研究的重要方面。地下结构防水主要有结构自防水(刚性防水)和建筑防水(外贴柔性防水)两种,主要为防水材料和变形缝处理问题以及构件连接部位构造。

② 计算理论与方法。从地下空间结构的实践来看,从结构构件厚度、配筋等各方面比较而言,同类工程在相近条件下的设计,尽管按统一规范执行,但不同的计算方法所取得的结果却相差很大。地下结构土与结构相互作用关系仍是值得进一步研究的,最终表现在计算理论与模型的准确性,从实践中看是趋于保守的设计与计算。

③ 平战结合与防护。附建式结构应以平战结合为方针,以平时为主是在长期没有战争条件下的一个设计原则。20 世纪 60 ~ 80 年代一提地下建筑就想到“以战时为主”的原则,许多工程都按战时要求设计并具有防护能力,而且安装了大量防护设备(除尘、滤毒、防护门、消波活门等)。若干年之后由于不能定期维护和处在不使用状态下,这些设备大多都报废了,造成很大经济损失。我们认为,在相对和平的年代,地下空间防护建筑仍坚持“平时为主,平战结合”的基本原则,在动荡和紧张时期坚持“战时为主、战平结合”的方针,既做到长期准备,又不失投资－效益准则。长时期和平年代设计非防护能力且能有效地做到一旦进入紧张备战状态能在很短的时间内(如 0.3 ~ 1.0 天)即可将这些工程转换成具有一定防护等级的工程,这就是所谓临战前加固工程,它表现为平时与战时功能的转换,这是一个很有前景的需要长期研究的课题。

④ 深基础沉降及开挖支护。由于附建式结构常同地面建筑相结合,有的高层建筑地下空间规模很大,如有地下街、车库、地铁、综合管线廊道等多种功能,类似小型地下综合体,这必然涉及建筑的不均匀沉降、变形缝设置、施工方法与支护问题。在这些方面固然已取得了很大的进步,但仍存在许多问题,主要表现在:对土的回弹后再压缩的特性研究较少,沉降量计算不准确;施工方法与结构使用阶段的荷载关系不明确;支护结构与土体稳定性的关系不清晰;临时支护结构与使用结构尚需统一;深基础抗浮难以解决等。

⑤ 大型大跨工程。随着地下空间建筑的发展,大型复杂结构与大跨结构在地下空间中的应用逐渐成为事实,这就涉及一系列有关的建筑、结构、设备、施工、设计理论的课题研究,在结构中表现较为突出的问题是施工方法与设计的配合问题。

地下空间工程是 21 世纪建筑发展的重要方向,也是一门新兴的建筑工程学科。除上述有待研究的内容之外,还有岩土力学、岩土与结构共同作用、环境岩土工程学、地震波对地下工程的影响等诸多问题。

(2) 发展

在 21 世纪,地下空间建筑将会成为发展的重点,城市用地的紧张及人类对空间资源的需求,使地下空间将向浅层以下的深层发展。

我国目前建设的地下空间大部分都在浅层范围内,一般为 1 ~ 6 层,在地下街、地下车库、地铁与隧道方面获得了许多经验,但对深层地下空间设计缺乏建设经验。大部分地面建筑没有开发地下空间,对既有的建筑向地下发展的改造技术将是一个重要方面。这些建筑的地下扩展与加深既包括浅层也包括深层,同时,应重点考虑在扩展过程中不影响现有建筑的结构安全,其安全措施包括基础的托换与加固,顶板的形成,地上地下建筑柱网的关系等。

应该说,单建式地下空间建筑相对容易,而在已有地面建筑或地下建筑下继续向深度方向扩展则困难得多,它需要更复杂的结构设计、加固技术及施工方法。我国在这方面尚无经验,在城市土地紧缺的今天,这无疑是一个十分重要的方面。

第二节　附建式结构动荷载及动力计算

附建式建筑当有防护要求时,其顶板应具有相应等级的防核辐射的防护,同时,应能抵抗同样级别的核爆动荷载压力,下面对其防护要求及核爆动荷载计算进行介绍。

一、早期核辐射的防护

具有防护能力的附建式建筑室内对早期核辐射剂量应根据有关要求考虑其剂量限值,一般对于低等级的防护地下室,其室内剂量限值为 $0.1 \sim 5.0$ Gy(戈瑞——人员吸收放射性剂量的单位)的房间或通道可不进行该项验算。

根据有关战术技术要求,低级顶板最小防护层厚度应大于 0.25 m。对于全埋式钢筋混凝土外墙最小防护层厚度 $t_s \geq 0.25$ m,见图 4.7。非全埋式 6 级防空地下室,其室外地面以上的钢筋混凝土外墙厚度不应小于 0.25 m。

附建地下室的顶板有时会高于室外地坪标高,此处将直接承受核爆冲击波作用,因此要求高出地面不得大于 1.0 m。当防护级别提高时,其相应高度缩至 0.5 m 或全埋入地下,见图 4.8。

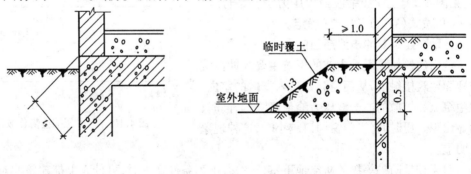

图 4.7　外墙顶部最小防护层厚度　　　　　图 4.8　临战时覆土处理

具有防护等级要求的附建式地下室每个防护单元必须设不少于 2 个对外出口,战时为主要的出入口应远离地面建筑倒塌范围之外。规范规定,出入口距砖混结构建筑的距离必须大于其高度的一半;可不考虑较低防护等级的钢筋混凝土地面建筑倒塌的影响。

二、核爆动荷载

核爆炸地面空气冲击波超压波形,可取在峰值压力处按切线简化的无升压时间的三角形考虑,见图4.9。其防空地下室设计采用的地面空气冲击波最大超压 ΔP_{m} 应按国家现行有关规定确定。

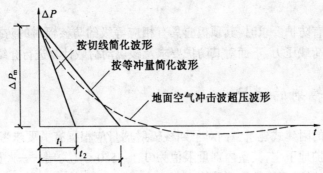

图 4.9　核武器爆炸地面空气冲击波简化波形

ΔP_{m} —地面空气冲击波最大超压(N/mm²);t_1—地面空气冲击波按切线简化的等效作用时间(s);t_2—地面空气冲击波按等冲量简化的等效作用时间(s)

土中压缩波的波形可简化为有升压的平台形,见图4.10。土中压缩波最大压力 P_h 及升压时间 t_{oh} 可按式(3.11)、(3.12)确定。

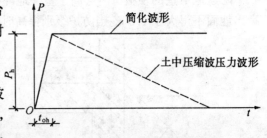

图 4.10　土中压缩波简化波形

1.地面建筑对冲击波超压的影响

地面建筑对核爆冲击波的影响主要是冲击波与地面建筑接触后,从门窗洞口进入宽敞的室内,发生绕流和扩散的冲击波压力峰值将降低,同时,明显出现升压时间,当门窗洞口越小时,这种现象越明显。

对于较低防护等级的防空地下室,当符合下列条件之一时,可计入上部建筑物对地面冲击波超压作用的影响。

(1)上部建筑物层数不少于两层,其底层外墙为钢筋混凝土或砌体承重墙,且任何一面外墙墙面开孔面积不大于该墙墙面积的50%;

(2)上部为单层建筑物,其承重外墙使用的材料和开孔比例符合上述规定,且屋顶为钢筋混凝土结构。

对符合第(1)条规定的防护等级 $\Delta P_{\mathrm{m}} = \times$ MPa 的防空地下室,作用在其上部建筑物底层地面的空气冲击波超压波形,可采用有升压时间的平台形,空气冲击波超压值可取 ΔP_{m},升压时间可取 0.025 s。比其高一级的防空地下室其空气冲击波超压计算值可取 $0.95\Delta P_{\mathrm{m}}$,升压时间可取 0.025 s。

2.地面建筑对地下室迎爆面的土中外墙核爆动荷载的影响

考虑到地面建筑的钢筋混凝土承重墙结构,当地面超压为 0.2 MPa 左右才倒塌,而抗震设防砌体结构当地面超压为 0.07 MPa 左右就会倒塌,必然会使冲击波的峰值压力发生变化(反射、环流)。因此,规范规定,对于 $\Delta P_{\mathrm{m}} = \times$ MPa 的中低防护等级的防空地下室均应计入前述上部结构形式对地面空气冲击波超压值的影响,其影响程度根据不同防护抗力级别见表4.4。

表4.4　土中外墙计算中计入上部建筑物影响采用的空气冲击波超压计算值 ΔP_{m}

ΔP_{m}/MPa	ΔP_{m}/MPa
—	$1.10\,\Delta P_{\mathrm{m}}$
—	$1.20\,\Delta P_{\mathrm{m}}$
—	$1.25\,\Delta P_{\mathrm{m}}$

3.附建式防空地下室核爆动荷载

附建式防护地下室有全埋和部分高出室外地坪的不同设计,均按外部结构(含顶板) 均匀作用核爆冲击波压力考虑。如有高出室外地坪的部分应考虑该部分直接承受核爆冲击波压力,见图 4.11,P'_{C2} 可取 $2\Delta P_{\mathrm{m}}$。

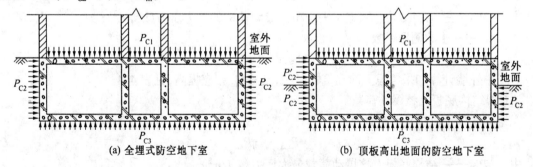

(a) 全埋式防空地下室　　　　(b) 顶板高出地面的防空地下室

图 4.11　结构周边核爆动荷载作用方式

(1) 顶板核爆荷载

作用在防空地下室顶板上的荷载,应包括核爆动荷载、顶板静荷载、防空地下室自重等。

对核爆动荷载,设计时采用一次作用。

全埋式防空地下室结构上的核爆动荷载,可按同时均匀作用在结构各部位设计(图4.11(a))。

当 x 级防空地下室顶板底面高出室外地面时,还应验算地面空气冲击波对高出地面外墙的单向作用(图 4.11(b))。

① 顶板计算中不计入上部建筑影响的防空地下室,其核爆动荷载最大压力 P_{C1} 及升压时间 t_{oh} 的计算为

$$P_{C1} = KP_h \tag{4.1}$$

$$t_{oh} = (\gamma - 1)\frac{h}{V_0} \tag{4.2}$$

式中　　P_{C1}—— 防空地下室结构顶板的核爆动荷载最大压力 (kN/m²);

　　　　P_h—— 顶板深度处压缩波最大压力(kN/m²);

　　　　K—— 顶板核爆动荷载综合反射系数;

　　　　h—— 室内地坪至顶板外表面间的埋置深度(m);

　　　　V_0—— 土的起始压力波速(m/s);

　　　　γ—— 波速比。

② 顶板计算中计入上部建筑物影响的防空地下室的核爆动荷载的最大压力计算式为

$$P_{C1} = KP_h \tag{4.3}$$

$$t_{oh} = 0.025 + (\gamma - 1)\frac{h}{V_0} \tag{4.4}$$

(2) 侧墙的核爆动荷载

侧墙的核爆动荷载计算式为

$$P_{C2} = \xi P_h \tag{4.5}$$

式中　　P_{C2}—— 土中结构外墙上水平均布核爆动荷载的最大压力(kN/m²);

　　　　ξ—— 土的侧压系数;

　　　　h—— 土中结构外墙中点至室外地面的深度(m)。

土中外墙计算如果考虑上部建筑物影响,则 ΔP_m 相应提高,见表 4.4。

(3) 结构底板上核爆动荷载

结构底板上核爆动荷载计算式为

$$P_{C3} = \eta P_{C1} \tag{4.6}$$

式中　　P_{C3}—— 结构底板上核爆动荷载最大压力(kN/m²);

　　　　η—— 底压系数。

由上述可以看出,除考虑地面建筑对顶板的核爆冲击波影响外,其他参数的计算方法同单建式地下结构荷载取值相同(详见第三章第二节)。上述公式中的 K、ξ、η 取值同第三章第二节内容。

(4) 出入口构件的核爆动荷载

出入口内的构件有防护门及门框墙、临空墙(blastproof partition wall),临空墙即防空地下

室中一侧受核爆冲击波作用,另一侧不接触岩土的墙体。

① 作用于临空墙、门框墙最大压力 P_c 的计算。

P_c 可按表4.5直接取值。

表4.5　出入口通道内临空墙、门框墙最大压力值 P_c

出入口部位及形式		ΔP_m/MPa	
		6	5
顶板荷载计入上部建筑物影响的室内出入口		$2.0\Delta P_m$	$1.9\Delta P_m$
室外直通、单向出入口	$\zeta < 30º$	$2.4\Delta P_m$	$2.8\Delta P_m$
	$\zeta \geqslant 30º$	$2.0\Delta P_m$	$2.4\Delta P_m$
顶板荷载未计入上部建筑物影响的室内出入口,室外竖井、楼梯、穿廊式出入口		$2.0\Delta P_m$	$2.0\Delta P_m$

注:ξ 为直通、单向出入口梯段的坡度角。

② 作用于通道内防护密闭门、防爆波活门的设计压力值选用定型产品,按表4.6选用。

表4.6　出入口通道内防护密闭门及防爆波活门设计压力选用值

出入口形式	ΔP_m/MPa	
	6	5
竖井或穿廊式	$3\Delta P_m$	$3\Delta P_m$
直通、单向式	$3\Delta P_m$	$3\Delta P_m$

③ 通道、引道、竖井、扩散室的核爆动荷载的计算。

i) 通道及竖井结构可按土中压缩波产生的核爆动荷载确定;

ii) 无顶板的开敞段通道(引道)可不验算核爆动荷载作用;

iii) 土中竖井结构,无论有无顶板,均按土中压缩波产生的法向均布动荷载计算;

iv) 扩散室与地下室内部房间相邻的隔墙上的最大压力按消波系统余压确定,扩散室与土直接接触的外墙、顶板及底板均可按外部核爆动荷载计算;

v) 防空地下室的室内出入口(包括电梯井),除临空墙、门框墙外,其他与防空地下室无关的墙、楼梯踏步和休息平台等均不计入核爆动荷载作用;

4.结构动力计算

(1) 荷载组合

附建式防空地下室荷载组合考虑作用于结构上的静荷载与核爆动荷载的组合,并考虑地面建筑对其产生的影响,其荷载组合详见表4.7中的规定。

表 4.7　防空地下室结构荷载组合

结构部位	抗力等级	荷 载 组 合
顶板	—	顶板核爆动荷载标准值,顶板静荷载标准值(包括覆土、战时不拆迁的固定设备、顶板自重及其他静荷载)
外墙	—	顶板传来的核爆动荷载标准值、静荷载标准值,上部建筑物自重标准值,外墙自重标准值 核爆动荷载产生的水平动荷载标准值,土压力、水压力标准值
	—	顶板传来的核爆动荷载标准值、静荷载标准值 当上部建筑物外墙为钢筋混凝土承重墙时,上部建筑物自重取全部标准值;其他结构形式,上部建筑物自重取标准值之半;外墙自重标准值 核爆动荷载产生的水平动荷载标准值,土压力、水压力标准值
内承重墙(柱)	—	顶板传来的核爆动荷载标准值、静荷载标准值,上部建筑物自重标准值,内承重墙(柱)自重标准值
	—	顶板传来的核爆动荷载标准值、静荷载标准值 当上部建筑物为砌体结构时,上部建筑物自重取标准值之半;其他结构形式,上部建筑物自重取全部标准值 内承重墙(柱)自重标准值
基础	—	底板核爆动荷载标准值(条、柱、桩基为墙柱传来的核爆动荷载标准值) 上部建筑物自重标准值,顶板传来静荷载标准值,地下室墙身自重标准值
	—	底板核爆动荷载标准值(条、柱、桩基为墙柱传来的核爆动荷载标准值) 当上部建筑物为砌体结构时,上部建筑物自重取标准值之半;其他结构形式,上部建筑物自重取全部标准值 顶板传来静荷载标准值 地下室墙身自重标准值

注:上部建筑物自重标准值系指防空地下室上部建筑物的墙体和楼板传来的静荷载标准值,即墙体、屋盖、楼板自重及战时不拆迁的固定设备等。

(2) 结构动力计算

在核爆动荷载作用下,结构构件的工作状态可用结构构件的允许延性比[β]表示,其计算式为

$$[\beta] = [u_m]/u_e \tag{4.7}$$

式中　　[u_m]——结构构件允许最大变位;

　　　　u_e——结构构件弹性极限变位。

对砌体结构构件,[β] = 1.0;对钢筋混凝土结构构件,密闭防水要求较高的结构构件宜按弹性工作阶段设计,[β] = 1.0;对一般密闭、防水要求的结构构件,宜按弹塑性工作阶段设计,

[β]值按表4.8采用。

表4.8　钢筋混凝土结构构件允许延性比[β]值

受力状态	受弯	大偏心受压	小偏心受压	中心受压
[β]	3.0	2.0	1.5	1.2

在核爆动荷载作用下的地下室顶板、外墙、底板的均布等效静荷载标准值,其计算式为

$$q_{e1} = K_{d1}P_{C1} \tag{4.8}$$

$$q_{e2} = K_{d2}P_{C2} \tag{4.9}$$

$$q_{e3} = K_{d3}P_{C3} \tag{4.10}$$

式中　　q_{e1}、q_{e2}、q_{e3}——作用在顶板、外墙及底板的均布等效静荷载标准值(kN/m^2);

K_{d1}、K_{d2}、K_{d3}——顶板、外墙及底板的动力系数。

结构构件的动力系数 K_d 可按下述方法确定:当核爆动荷载的波形简化为无升压时间的三角形时,K_d 的计算式为

$$K_d = \frac{2[\beta]}{2[\beta] - 1} \tag{4.11}$$

当核爆动荷载的波形简化为有升压时间的平台形时,K_d 可根据结构构件自振圆频率 ω、升压时间 t_{oh} 及允许延性比[β]按表4.9确定。

表4.9　动力系数 K_d

ωt_{oh}	允许延性比[β]				
	1.0	1.2	1.5	2.0	3.0
0	2.00	1.71	1.50	1.34	1.20
1	1.96	1.68	1.47	1.31	1.19
2	1.84	1.58	1.40	1.26	1.15
3	1.67	1.44	1.28	1.18	1.10
4	1.50	1.30	1.18	1.11	1.06
5	1.40	1.22	1.13	1.07	1.05
6	1.33	1.17	1.09	1.05	1.05
7	1.29	1.14	1.07	1.05	1.05
8	1.25	1.11	1.06	1.05	1.05
9	1.22	1.09	1.05	1.05	1.05
10	1.20	1.08	1.05	1.05	1.05
15	1.13	1.05	1.05	1.05	1.05
20	1.10	1.05	1.05	1.05	1.05

用等效静载法进行结构动力计算时,宜将结构体系拆成顶板、外墙、底板等构件分别按单独的等效单自由度体系进行动力分析,即按各构件的自振圆频率 ω、t_{oh}、$[\beta]$ 分别确定动力系数。底板的动力系数 K_{d3} 可取 1.0,扩散室与防空地下室内部房间相邻隔墙的动力系数可取 1.3。

(3) 常用结构等效静荷载标准值

对于大量建造的中低防护等级常用结构,各构件的等效静荷载标准值要按表直接选用。

① 顶板

当防空地下室的顶板为钢筋混凝土梁板结构,且按允许延性比 $[\beta] = 3$ 计算时,顶板的等效静荷载标准值 q_{e1} 可按表 4.10 直接查用。

表 4.10　顶板等效静荷载标准值 q_{e1}　　　　　　　　　kN/m²

顶板覆土厚度 h/m	顶板区格最大短边净跨 l_o/m	抗　力　等　级	
		6	5
$h \leqslant 0.5$	$3.0 \leqslant l_o \leqslant 9.0$	(55)60	(100)120
$0.5 < h \leqslant 1.0$	$3.0 \leqslant l_o \leqslant 4.5$	(65)70	(120)140
	$4.5 < l_o \leqslant 6.0$	(60)70	(115)135
	$6.0 < l_o \leqslant 7.5$	(60)65	(110)130
	$7.5 < l_o \leqslant 9.0$	(60)65	(110)130
$1.0 < h \leqslant 1.5$	$3.0 \leqslant l_o \leqslant 4.5$	(70)75	(135)145
	$4.5 < l_o \leqslant 6.0$	(65)70	(120)135
	$6.0 < l_o \leqslant 7.5$	(60)70	(115)135
	$7.5 < l_o \leqslant 9.0$	(60)70	(115)130

注:表中带括号项为计入上部建筑物影响的顶板等效静荷载标准值。

② 侧墙

如未计入建筑物对外墙的影响,q_{e2} 按表 4.11 查用,当计入土中外墙的影响,其 q_{e2} 按表中规定的数值与 λ 相乘,λ 根据不同等级分别为 $\lambda = 1.1$;$\lambda = 1.2$;$\lambda = 1.25$。对于地下室高出室外地坪的直接承受核爆炸冲击波动载作用的局部,其等效静载标准值 q'_{e2} 取 130 kN/m²。表 4.11 为非饱和土中外墙等效静荷载标准值,表 4.12 为饱和土中钢筋混凝土外墙等效静荷载标准值,表 4.13 为防空地下室钢筋混凝土底板的等效静荷载标准值 q_{e3}。

表 4.11　非饱和土中外墙等效静荷载标准值 q_{e2}　　　　kN/m²

土的类别		抗　力　等　级			
		6		5	
		砌体	钢筋混凝土	砌体	钢筋混凝土
碎石土		15 ~ 25	10 ~ 15	30 ~ 50	20 ~ 35
砂土	粗砂、中砂	25 ~ 35	15 ~ 25	50 ~ 70	35 ~ 45
	细砂、粉砂	25 ~ 30	15 ~ 20	40 ~ 60	30 ~ 40
粉土		30 ~ 40	20 ~ 25	55 ~ 65	35 ~ 50
粘性土	坚硬、硬塑	20 ~ 35	10 ~ 25	30 ~ 60	25 ~ 45
	可塑	35 ~ 55	25 ~ 40	60 ~ 100	45 ~ 75
	软塑	55 ~ 60	40 ~ 45	100 ~ 105	75 ~ 85
老粘土		20 ~ 40	15 ~ 25	40 ~ 80	25 ~ 45
红粘土		30 ~ 45	15 ~ 30	45 ~ 90	35 ~ 50
湿陷性黄土		15 ~ 30	10 ~ 25	30 ~ 65	25 ~ 45
淤泥质土		50 ~ 55	40 ~ 45	90 ~ 100	70 ~ 80

注:① 表内砖砌体数值系按防空地下室净高 ≤ 3 m,开间 ≤ 5.4 m;钢筋混凝土墙数值系按计算高度 ≤ 5 m计算确定;
　　② 砖砌体按弹性工作阶段计算,钢筋混凝土墙按弹塑性工作阶段计算,[β] 取 2.0;
　　③ 碎石土及砂土,密实、颗粒粗的取小值;粘性土、液性指数低的取小值。

表 4.12　饱和土中钢筋混凝土外墙等效静荷载标准值 q_{e2}　　　　kN/m²

土的类别	抗　力　等　级	
	6	5
碎石土、砂土	45 ~ 55	80 ~ 105
粉土、粘性土、老粘性土、红粘土、淤泥质土	45 ~ 60	80 ~ 115

注:① 表中数值系按外墙计算高度 ≤ 4 m,允许延性比[β] 取 2.0 确定;
　　② 含气量 α_1 ≤ 0.1% 时取大值。

表 4.13　钢筋混凝土底板等效静荷载标准值 q_{e3}　　　　kN/m²

顶板覆土厚度 h/m	顶板短边净跨 l/m	抗　力　等　级			
		6		5	
		地下水位以上	地下水位以下	地下水位以上	地下水位以下
$h \leqslant 0.5$	$3.0 \leqslant l \leqslant 9.0$	40	40 ~ 50	75	75 ~ 95
$0.5 < h \leqslant 1.0$	$3.0 \leqslant l \leqslant 4.5$	50	50 ~ 60	90	90 ~ 115
	$4.5 < l \leqslant 6.0$	45	45 ~ 55	85	85 ~ 110
	$6.0 < l \leqslant 7.5$	45	45 ~ 55	85	85 ~ 105
	$7.5 < l \leqslant 9.0$	45	45 ~ 55	80	80 ~ 100
$1.0 < h \leqslant 1.5$	$3.0 \leqslant l \leqslant 4.5$	55	55 ~ 70	105	105 ~ 130
	$4.5 < l \leqslant 6.0$	50	50 ~ 60	90	90 ~ 115
	$6.0 < l \leqslant 7.5$	45	45 ~ 60	90	90 ~ 110
	$7.5 < l \leqslant 9.0$	45	45 ~ 55	85	85 ~ 105

注：① 表中核 6 级防空地下室底板的等效静核载标准值对考虑和不考虑上部建筑影响均使用；
② 表中核 5 级防空地下室底板的等效静核载标准值按考虑上部建筑影响计算，当按不考虑上部建筑影响计算时，可将表中数值除以 0.95 后采用；③ 位于地下水位以下的底板，含气量 $\alpha_1 \leqslant 0.1\%$ 时取大值。

5. 附建式防空地下室其他构件的等效静荷载标准值

（1）门框墙上的等效静荷载标准值 q_e。

q_e 可按表 4.14 确定。

表 4.14　直接作用在门框墙上的等效静荷载标准值 q_e　　　　kN/m²

出入口部位及形式		抗　力　等　级	
		6	5
顶板荷载计入上部建筑物影响的室内出入口		200	380
室外直通、单向出入口	$\zeta < 30°$	240	550
	$\zeta \geqslant 30°$	200	480
顶板荷载未计入上部建筑物影响的室内出入口，室外竖井、楼梯、穿廊式出入口		200	400

注：ζ 为直通、单向出入口梯段的坡度角。

（2）门扇传来的等效静荷载标准值 q_i

q_i 可根据门扇的形式分别按下式进行计算。

① 单扇平板门

$$q_{ia} = \gamma_a q_e a \tag{4.12}$$

$$q_{ib} = \gamma_b q_e a \tag{4.13}$$

式中　q_{ia}、q_{ib}——上下门框和两侧门框单位长度作用力的标准值(KN/m)；

　　　　γ_a、γ_b——上下门框和两侧门框的反力系数,可按表 4.15 确定；

　　　　q_e——作用在防护密闭门上的等效静荷载标准值(KN/m^2)。

表 4.15　单扇平板门反力系数

a/b	0.4	0.5	0.6	0.7	0.8	0.9	1.0
γ_a	0.37	0.37	0.37	0.36	0.36	0.35	0.34
γ_b	0.48	0.47	0.44	0.42	0.39	0.36	0.34

注:a/b 为门扇短边长度与长边长度的比值。

② 双扇平板门

$$q_{ia} = \gamma_a q_e a \tag{4.14}$$

$$q_{ib} = \gamma_b q_e a \tag{4.15}$$

式中　q_{ia}、q_{ib}——沿上下门框和两侧门框单位长度作用力的标准值(KN/m)；

　　　　γ_a、γ_b——沿上下门框和两侧门框的反力系数,可按表 4.16 采用。

表 4.16　双扇平板门反力系数

a/b	0.5	0.6	0.7	0.8	0.9	1.0
γ_a	0.50	0.48	0.47	0.44	0.42	0.40
γ_b	0.60	0.54	0.49	0.44	0.40	0.36

注:a/b 为单个门扇垂直于自由边的边长与中间自由边边长的比值。

(3) 出入口通道内的钢筋混凝土临空墙

出入口通道内的钢筋混凝土临空墙,当按允许延性比$[\beta]$等于 2 计算时,其等效静荷载标准值按表 4.17 采用。

表 4.17　出入口临空墙的等效静荷载标准值　　　　　kN/m^2

出入口部位及形式		抗　力　等　级	
		6	5
顶板荷载计入上部建筑物影响的室内出入口		110	210
室外直通、单向出入口	$\zeta < 30°$	160	370
	$\zeta \geqslant 30°$	130	320
顶板荷载未计入上部建筑物影响的室内出入口,室外竖井、楼梯、穿廊式出入口		130	270

(4) 防护单元隔墙、门框墙水平荷载、防密门设计压力

防护单元隔墙、门框墙水平等效静载标准值及防护密闭设计压力可按表 4.18 采用,图 4.12 为门框墙荷载分布。

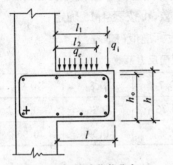

l—门框墙悬挑长度(mm);l_1—门扇传来的作用力至悬臂梁根部的距离(mm),其值为门框墙悬挑长度 l 减去 1/3 门扇搭接长度;l_2—直接作用在门框墙上的等效静荷载标准值分布宽度(mm),其值为门框墙悬挑长度 l 减去门扇搭接长度

图 4.12　门框墙荷载分布

表 4.18　相邻防护单元抗力相同时,隔墙、门框墙的水平等效静荷载标准值及防护密闭门设计压力选用值

部　　位	抗　力　等　级	
	6	5
隔墙、门框墙水平等效静荷载标准值 /(kN·m^{-2})	50	100
防护密闭门设计压力选用值	ΔP_m	ΔP_m

(5) 防空地下室采光窗

① 战时采用挡窗板及覆土的防护方式(图 4.13(a)),挡窗板及采光井内墙的水平等效静荷载标准值按表 4.11 采用。

② 战时采用盖板加覆土防护方式(图 4.13(b))时,采光井外墙水平等效静荷载标准值可按表 4.11 和表 4.12 采用,盖板垂直等效静荷载标准值 $q_c = 1.2K\Delta P_{ms}$

③ 高出室外地坪的外墙采光窗,外墙水平等效静荷载取 130 kN/m²;挡窗板的水平等效静荷载取 150 kN/m²,见图 4.13(c)。

④ 开敞式防倒塌棚架其由空气冲击波动压产生的水平等效静荷载标准值可按表 4.19 采用,由房屋倒塌产生的垂直等效静荷载标准值可取 50 kN/m²,两者应按不同时作用计算。

表 4.19　开敞式防倒塌棚架的水平等效静荷载标准值　　　　　kN/m²

抗　力　等　级	6	5
水平等效静荷载标准值	15	55

6. 内力分析与截面设计

附建式防护结构顶板是由动荷载作用下的荷载组合控制截面设计,当按弹塑性工作阶段计算时,为了防止钢筋混凝土结构的突然性脆性破坏,保证延性起见,应满足下列条件:

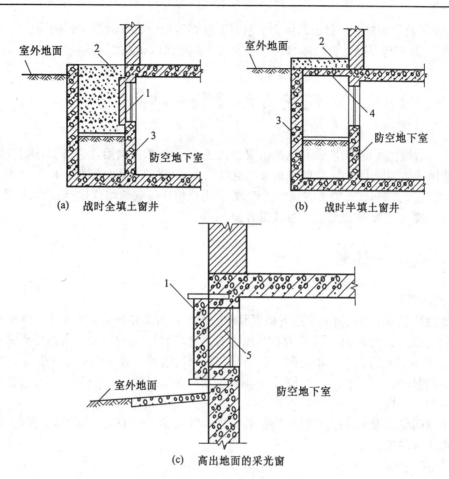

图 4.13 通风采光窗战时封堵

1— 防护挡窗板;2— 临战时填土;3— 防护墙;

4— 防护盖板;5— 临战时砌砖封堵

(1) 对于超静定的钢筋混凝土结构构件(梁、板和平面框架),同时发生最大弯矩和最大剪力的截面,应验算斜截面的抗剪强度。

(2) 受拉钢筋配筋率不宜大于 1.5%,以防止超筋出现的脆性破坏。当大于 1.5% 时,受弯构件或大偏心受压构件的允许延性比$[\beta]$值应满足式(3.23)、(3.24)。

(3) 当板的周边支座横向伸长受到约束时,其跨中截面的计算弯矩值可乘以折减系数 0.7,如果在板的计算中已计入轴力的影响作用,该折减系数可不予考虑。

(4) 如按等效静载法分析计算而得出的内力,在进行钢筋混凝土受弯构件斜截面承载力验算时,需作混凝土强度等级影响的修正。对于均布荷载作用下的梁,尚需作跨高比影响的修正。其修正值 V_{cd} 应按式(3.20) ~ (3.22)计算确定。

(5) 按等效静载法分析得出的内力,进行梁、柱斜截面承载力验算;墙、柱受压构件正截面承载力验算,其相应混凝土及砌体的动力强度设计值应乘以 0.8 的折减系数。

第三节　　梁板式结构

梁板式结构主要由板、次梁和主梁组成,板的四周可支承在次梁、主梁或墙体上。根据工程的不同使用功能和受力特点,主要承重方案有纵墙承重、横墙承重、纵横墙承重、墙柱承重(外墙内框) 等几种方案。当需要大空间而无墙时,可由梁传递荷载给墙或柱,当由墙承重时,开间或进深受到较大限制,优点是经济且施工方便。

一、钢筋混凝土板

1.计算简图

现浇钢筋混凝土板在荷载作用下根据其弯曲情况可分为单向板与双向板,根据支座支承情况有简支和固端支承等。当板长边 l_2 与短边 l_1 之比较大时($l_2/l_1 > 2$),板在受荷时主要沿短边 l_1 方向弯曲,沿长边 l_2 方向弯矩值很小可忽略不计,这种主要沿短边方向受弯的板称为单向板。当板的长边 l_2 与短边 l_1 之比较小($l_2/l_1 \leq 2$),板会在两个方向都产生弯曲,这种双向受弯的板称为双向板。

地下空间结构板大多都是连续的板,对于这种多列双向板可取为两种计算简图,即单向连续板或单块双向板。

(1) 简化为单块连续板

作为单块连续板分析,首先按 $\lambda = l_2/l_1$ 的不同比值确定荷载分配系数 x_1(表 4.20),然后再将作用在板上的荷载 q 分配到 l_1 和 l_2 两个方向上去。分配方法见下式

$$q_1 = x_1 q \tag{4.16}$$

$$q_2 = (1 - x_1)q \tag{4.17}$$

上式表明,两个方向分配荷载是不一样的。分配荷载之后即可按互相垂直的单向连续板进行计算。一般情况下,现浇板边支座为简支,中间支座是弹性固定的,这里可近似地按不动铰支座考虑。当各跨跨度相差不超过 20% 时,可近似地按等跨连续板计算,为求支座弯矩,可取相邻两跨的最大跨度计算;求跨中弯矩时,则取所在该跨的计算跨度。当然,电子计算技术的发展也可以较精确地计算。

(2) 简化为单块双向板

当板的各跨受均布荷载,而跨度与厚度又皆相同时,可近似认为板嵌固于中间支座,简支于边上支座,这样即可按不同支承条件的单块双向板进行计算。计算结果往往与实际有出入。

表 4.20　分配系数 x_1 值

$\lambda = l_2/l_1$	x_1	$\lambda = l_2/l_1$	x_1
0.50	0.058 8	1.10	0.594 2
0.55	0.083 8	1.20	0.674 7
0.60	0.114 7	1.30	0.740 7
0.65	0.151 5	1.40	0.793 5
0.70	0.193 6	1.50	0.835 1
0.75	0.240 4	1.60	0.867 6
0.80	0.290 6	1.70	0.893 1
0.85	0.343 0	1.80	0.913 0
0.90	0.396 2	1.80	0.928 7
0.95	0.448 9	2.00	0.941 2
1.00	0.500 0		

2. 内力计算

（1）单向连续板

$l_2/l_1 > 2$ 或双向板的荷载已分配为两个方向的单向连续板的情况均可按单向连续板进行计算。其计算方法可按弹性理论与塑性理论两种方法，对于防水要求较高的应按弹性理论计算，而对防水要求不高的应按塑性理论计算。如果所计算的板符合《建筑结构静力计算手册》中的条件，可直接通过手册查得内力系数计算，如不符合，可通过结构力学的方法进行计算，如弯矩分配法等。

按塑性法计算连续板分以下两种情况，**等跨或两跨**相差不大于 20% 的情况均可按下列介绍的简化方法进行计算。

所求弯矩公式为

$$M = \alpha_m(g + q)l_0^2 \tag{4.18}$$

所求剪力公式为

$$Q = \alpha_V(g + q)l_n^2 \tag{4.19}$$

式中　α_m、α_V——弯矩和剪力系数，查表 4.21 及表 4.22；

　　　l_0、l_n——连续板计算跨度、净跨；

　　　g、q——作用于单向板上沿跨长上永久与可变均布荷载设计值（kN/m）。

表 4.21　弯矩系数（α_m）

截面	边跨中	第一内支座	中跨中	中间支座
α_m 值	$+\dfrac{1}{11}/\left(\dfrac{1}{14}\right)$	$-\dfrac{1}{14}$	$+\dfrac{1}{16}$	$-\dfrac{1}{14}$

表 4.22　剪力系数（α_V）

截面	边支座	第一跨内 支座左边	第一跨内 支座右边	中间支座边
α_V 值	0.42	0.58	0.50	0.50

其次是**不等跨**的情况可按下述方法进行计算。

按弹性理论求出内力后,将各支座弯矩各减少 30%,然后增加跨中正弯矩,使每跨调整后的两端支座弯矩的平均值与跨中弯距之和不小于相应的简支梁跨中弯矩(图 4.14),即

$$\overline{M_1} + \frac{\overline{M_1^0} + \overline{M_1^{0'}}}{2} \geqslant \frac{q_1 l_1^2}{8} \tag{4.20}$$

式中　　$\overline{M_1}$—— 跨中最大弯矩;

$\overline{M_1^0}$、$\overline{M_1^{0'}}$—— 两支座的最大弯矩;

q_1—— 作用在板上的均布荷载;

l_1—— 板的计算跨度。

如支座弯矩调整过大,可能会出现不满足式(4.20)的情况,此时,可将支座负弯矩少调整一些,如调整 25% ~ 20% 等,以避免由于支座弯矩调整过大而造成跨中正弯矩过分增加。最后,根据调整后的支座弯矩计算剪力值。

(2) 双向连续板

双向连续板(多列双向板)的内力计算如同单向连续板也可分弹性和塑性法两种。按弹性法计算时,可简化为单跨双向板或将荷载分配后再按两个相互垂直的单向连续板计算。

对于等厚不等跨的多列双向板在均布荷载作用下的塑性法可按下述方法进行计算。

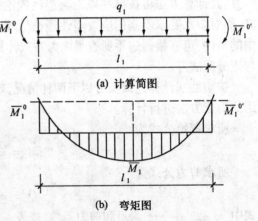

(a) 计算简图

(b) 弯矩图

图 4.14　弯矩图

钢筋混凝土双向板在均布荷载作用下,裂缝不断出现与展开,最后将沿板的周边和板的中部产生塑性铰线。试验表明,在动荷载作用下所产生的塑性铰线与静荷载作用下所产生的塑性铰线相同,其平面分布见图 4.15(a)。

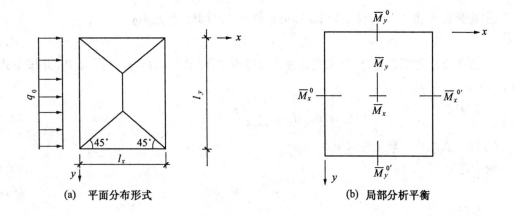

図 4.15　多列双向板

根据图 4.15(b) 取其脱离体进行平衡分析,可得出任何一块双向板的弹塑性理论计算的基本公式为

$$2\overline{M}_x + 2\overline{M}_y + \overline{M}_x^0 + \overline{M}_x^{0'} + \overline{M}_y^0 + \overline{M}_y^{0'} = \frac{q_0 l_x^2}{12}(3l_y - l_x) \tag{4.21}$$

式(4.21) 可写成

$$(\overline{M}_x + \overline{M}_y) + \frac{1}{2}(\overline{M}_x^0 + \overline{M}_x^{0'} + \overline{M}_y^0 + \overline{M}_y^{0'}) = \overline{M}_0$$

$$\overline{M}_0 = \frac{q_0 l_x^2}{24}(3l_y - l_x) \tag{4.22}$$

式中　　$\overline{M}_x$、$\overline{M}_x^0$、$\overline{M}_x^{0'}$——平行于 x 方向的跨中与两支座的弯矩;

　　　　$\overline{M}_y$、$\overline{M}_y^0$、$\overline{M}_y^{0'}$——平行于 y 方向的跨中与两支座的弯矩;

　　　　l_x、l_y——x 与 y 方向板的计算跨度;

　　　　q_0——作用在板上的均布荷载。

比较式(4.22) 与式(4.20),两式的意义是一样的,左端第一项为双向板跨中弯矩,第二项为双向板各支座弯矩和之半,右端项为双向板简支时的跨中总弯矩。

为了给出双向板的跨中及支座弯矩的比例关系,从经济与构造的观点出发,给出以下建议,首先是给出双向板跨中两个方向弯矩之比,$\alpha = M_y/M_x$,取 $\alpha = \lambda^2$,$\lambda = l_x/l_y$;其次是给出各支座弯矩与跨中弯矩之比 $M^0/M = 2$。根据上述建议有 $M_y = \alpha M_x$、$M_x^0 = M_x^{0'} = 2M_x$、$M_y^0 = M_y^{0'} = 2M_y = 2\alpha M_x$。$M^0/M = 2$ 是根据实践经验取得的固定值。

《人民防空工程结构设计手册》则根据前述方法给出不同支座条件的多列双向板在均布荷载作用下,按塑性内力分布计算的内力系数计算方法,见表 4.21。

对于基本区格的计算步骤为

① 根据边长比 $\lambda = l_x/l_y$，求出总弯矩系数 W 并计算总弯矩 M_0

$$M_0 = Wql_x^2 \tag{4.23}$$

② 根据支座弯矩是否已知(简支边为零)，按照边界条件求边界条件系数 B_i，并按下式求出 M_x

$$M_x = B_i\left[M_0 - \sum \frac{(M_x^0) + \lambda(M_y^0)}{2}\right] \tag{4.24}$$

③ 按下式求出其余未知弯矩

跨中弯矩

$$M_y = \alpha M_x \tag{4.25}$$

支座弯矩

$$M_x^0 = 2M_x \tag{4.26}$$

$$M_y^0 = 2M_y \tag{4.27}$$

在多跨连续板中，如跨度和荷载基本相等，可从中间区格开始计算，然后以其支座弯矩作为相邻区格共同边的已知支座弯矩，据此选定相邻区格的边界系数 B_i，循序求出各项未知弯矩，再类推至下一相邻区格。

为了使各区格的支座钢筋统一而方便施工，也可令各区格的支座弯矩等于中央区格的支座弯矩。

如果板的跨度或荷载相差很大，应分区进行计算。在分区交界处的支座宜取其中之较小值，并将其视为相邻区格的已知支座弯矩。

与单向板相邻的区格，可将单向板的支座弯矩作为该区格的已知弯矩。剪力计算根据设计经验，建议在各种支承条件下，两个方向单位板宽的支座剪力取 $0.5ql$，即 $Q_x = Q_y = 0.5ql$，l 为双向板短边长度。

(3) 计算例题

已知某防护地下室为钢筋混凝土箱形基础(图 4.16)，顶板荷载及自重为 130.2 kN/m²，求 1 m 宽顶板的弯矩及剪力。可通过结构静力手册查得系数。

【解】

1. 板 A，计算简图见图 4.17，其 l_x、l_y、λ 为

$$l_x = 3.6 \text{ m} \quad l_y = 4.8 \text{ m}$$

$$\lambda = \frac{3.6}{4.8} = 0.75$$

查相关表得：$\alpha = 0.50$, $W = 0.096$, $B_1 = 0.247$，则

$$M_0/(\text{kN} \cdot \text{m}) = Wql_x^2 = 0.096 \times 130.2 \times 3.6^2 = 161.98$$

$$M_x/(\text{kN} \cdot \text{m}) = B_1 M_0 = 0.247 \times 161.98 = 40.011$$

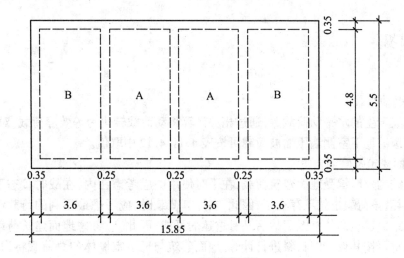

图 4.16　顶板平面图

$$M_y/(\mathrm{kN \cdot m}) = \alpha M_x = 0.50 \times 40.011 = 20.006$$

$$M_x^0/(\mathrm{kN \cdot m}) = 2M_x = 2 \times 40.011 = 80.023$$

$$M_y^0/(\mathrm{kN \cdot m}) = 2M_y = 2 \times 20.006 = 40.012$$

$$Q_x/(\mathrm{kN}) = Q_y = 0.5 \times 3.6 \times 130.2 = 234.36$$

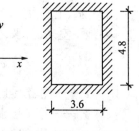

图 4.17　板 A 计算简图

2.板 B,计算简图见图 4.18,其 l_x、l_y、λ 为

$$l_x = 3.6 \text{ m} \quad l_y = 4.8 \text{ m}$$

$$\lambda = \frac{3.6}{4.8} = 0.75$$

通过计算板 A 可知:$M_x^0(\mathrm{kN \cdot m}) = 80.023$

查有关表得:$\alpha = 0.50, W = 0.096, B_3 = 0.309$,则

$$M_0/(\mathrm{kN \cdot m}) = Wql_x^2 = 0.096 \times 130.2 \times 3.6^2 = 161.98$$

$$M_x/(\mathrm{kN \cdot m}) = B_3\left[M_0 - \frac{(M_x^0)}{2}\right] =$$

$$0.309\left[161.98 - \frac{80.023}{2}\right] = 37.688$$

$$M_y/(\mathrm{kN \cdot m}) = \alpha M_x = 0.50 \times 37.688 = 18.844$$

$$M_x^0/(\mathrm{kN \cdot m}) = 2M_x = 2 \times 37.688 = 75.377$$

$$M_y^0/(\mathrm{kN \cdot m}) = 2M_y = 2 \times 18.844 = 37.688$$

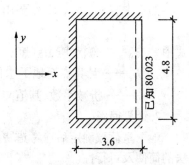

图 4.18　板 B 计算简图

二、侧墙

1. 荷载

(1) 荷爆动荷载

由压缩波产生的水平动荷载,可通过相关计算将动荷载转化为等效静荷载。对于大量建造的低防护等级的地下室侧墙压缩波荷载可按表 4.11、4.12 中取值。

(2) 地面建筑及侧墙自重

附建式结构外墙承受地面建筑荷载,在平时使用中应考虑在内,在战时状态下,地面建筑有可能被破坏,该荷载也就不存在了,因此,在计算荷载时,应考虑最不利的荷载组合状况。考虑到在战时地面建筑即使被毁而战后又有重建的可能,因此,应考虑地面建筑荷载的作用。地下室外墙自重可按其设计的材料进行计算。地面建筑与地下室墙体的总荷载将影响基础的类型与设计。

(3) 水、土压力

对地下室来说,水、土压力是重要的外荷载,其无水的地下土压力计算式为

$$e = \sum_{i=1}^{n} \left[\gamma_i h_i \tan^2\left(45° - \frac{\varphi_i}{2}\right) - 2c\tan\left(45° - \frac{\varphi}{2}\right) \right] \tag{4.28}$$

式中　　e——侧墙上土侧压力;

　　　　γ_i——第 i 层土在天然状态下的容重;

　　　　h_i——第 i 层土层厚度;

　　　　φ_i——第 i 层土层的内摩擦角。

如土中有地下水,则 γ_i 要用浮容重 γ'_i,$\gamma'_i = \gamma_i - 10$。水压力公式为

$$e_W = \psi \gamma_w h_s \tag{4.29}$$

式中　　e_W——侧水压力强度;

　　　　h_s——计算点至地下水位表面距离;

　　　　ψ——折减系数,其值与土壤的透水性有关,砂土 $\psi = 1$,粘性土 $\psi = 0.7$。

2. 计算简图

地下室荷载确定后应考虑更符合实际情况的计算简图,计算简图的确定也要考虑计算方法的简便及可行性。

一般情况下,地下室墙板可根据材料与构造、受力等因素确定其简图,地下室外墙计算简图有以下几种。

对于混合结构可将外墙视为压弯或受弯构件,压弯构件是符合实际情况的,是否考虑竖向所受的力,则应根据该力的大小来确定,当力较小(上部建筑荷载较轻,不起主要作用) 时可不予考虑,反之则必须考虑,计算简图见图 4.19(a)。当砖墙厚度 d 与基础宽度 d' 之比小于 0.7

时,可按上端简支、下端固定计算,当下端基础为整体板时按简支计算。

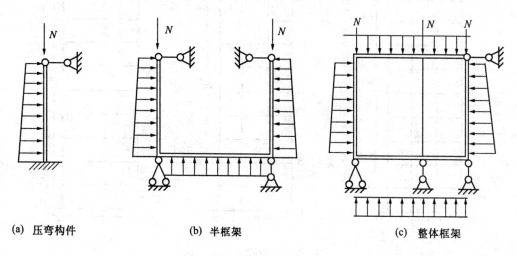

(a)　压弯构件　　　　　　　　(b)　半框架　　　　　　　　(c)　整体框架

图 4.19　地下室计算简图

对于钢筋混凝土结构,则根据侧墙与顶底板的构造因素确定其计算简图,主要有两种考虑方法,一种是将结构拆开作为单个构件计算,另一种是将结构视为一个整体进行计算,见图 4.19(b)、(c)。

根据所确定的计算简图通过结构力学或其他方法解出内力并进行配筋与构造设计,至于采用哪种简图应根据具体结构和特征确定简图类型。需要说明的是,每一种简图均反映受力的主要形式,并非是精确的,有时可能存在很大差别。

单层地下室为箱基,上部结构为框架、剪力墙或框剪结构时,上部结构的嵌固部位可取箱基的顶部,如图 4.20(a)所示;

对于地面建筑与多层地下建筑都是框架结构时(箱基),其简图的确定按不同情况予以解决。图 4.20(b)、(c)为某框架结构简图,当地下层间侧移刚度大于等于地面层间侧移刚度的1.5倍时,可将上下部结构分开计算,即地下层顶部楼板可作为上部结构的嵌固,地下结构以基础顶面作为嵌固,上下结构分开确定各自力学简图,如图 4.20(b)、(c)所示。此时地下室墙间距(L_g)应大于4倍的地下一层结构顶板宽度(B),且不大于50 m(6、7度设防);当无设防时,地下室墙间距大于等于 $4B$ 且应小于等于 60 m;

当8度设防时,$3B \leq L_g \leq 40$ m;当9度设防时,$2B \leq L_g \leq 30$ m。

当达不到上述要求时,可将上下部结构作用整体考虑,结构嵌固在箱基或筏基的顶部。

对于高层建筑地下室作为箱形基础的情况,可将地上结构嵌固在箱形基础的顶面,地下结构按箱形基础进行计算。

当地下结构为框架梁板柱体系时,可分开进行计算。首先将地下框架简化成平面框架在竖向荷载作用下的近似计算法 —— 分层计算法,该方法可忽略框架的侧移,忽略本层上的荷载

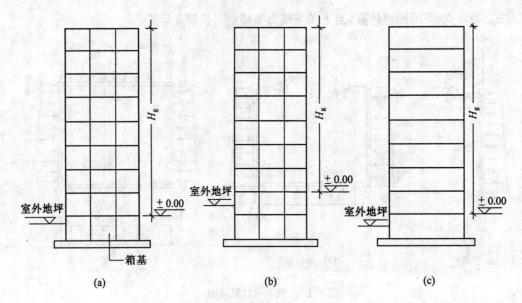

图4.20 采用箱形或筏形基础时上部结构的嵌固部位

对其他各层梁内力的影响。如某地下三层框架采用分层计算法的计算简图,见图4.21。

分层计算法按如下步骤计算:

① 将多层框架分层,以每层的梁与上下柱组成一个层的框架作为计算单元,柱远端假定为固端;

② 各计算单元的内力采用力矩分配法;

③ 底层柱固定端支座,其他各层柱均为互相间弹性连接,为减少误差,除底层柱外,其他各层柱的线刚度均乘以0.9的折减系数,相应的传递系数也改为1/3,底层柱仍为1/2;

④ 用该种方法计算所得的梁端弯矩即为最后弯

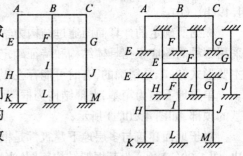

图4.21 分层计算法计算简图

矩。由于同层柱被划分为两个计算单元,所以柱弯矩要进行叠加。此时节点上的弯矩可能不平衡,但误差很小,如需要进一步调整(误差较大且有必要时),要将节点不平等弯矩再进行一次分配,但不再传递。

第二步计算水平荷载作用下的地下结构内力。水平荷载为等效静荷载和水土压力,等效静载可假定成均布荷载。

(3) 截面设计

① 混合结构砌体外墙的高度,当基础为条形时取顶板或圈梁下表面至室内地面的高度;当沿外墙下端设有管沟时,为顶板或圈梁下表面至管沟底面的高度;当为整体基础时,为顶板或圈梁下表面至底板上表面的高度。

② 在核爆动荷载与静荷载同时作用下,偏心受压砌体的轴向力偏心距 e_0 不宜大于 $0.95y$, y 为截面重心到轴向力所在偏心方向截面边缘的距离。当 $e_0 \leqslant 0.95y$ 时,结构构件可按受压承载力控制选择截面。

③ 有关钢筋混凝土板及柱的截面设计在本节前面已有叙述。按弹塑性工作阶段设计外墙可参照前面介绍的顶板计算方法进行。

三、基础

附建式结构基础设计同地面建筑基础设计方法基本相同。当地面建筑与地下建筑连接为一个整体时,则共同考虑基础设计,有的高层建筑把地下室部分直接作为基础设计,即所谓箱形基础,也有把地面地下统一为一个建筑,然后直接在地下室下边再设计基础。箱形基础通常为全现浇钢筋混凝土结构,该基础可作为地下室使用,因此,它既作为基础,又作为地下室。作为箱形基础的地下室规范有特殊的规定。如果把地下室不作为基础,而作为普通地下空间结构设计是其中的另一种方法。单从地下室基础形式来划分,有条形基础、独立基础、桩基础、筏片基础、梁板式基础等几种。具体针对某一工程采用何种类型应根据建筑物的使用性质、荷载、层数、工程水文地质、气候条件、材料与施工方法、基础造价等因素来确定,基础类型选择与设计详见有关书籍及规范。这里主要说明核爆动荷载对基础的影响。

1. 条形基础

条形基础设计对于低防护等级地下室可不考虑核爆炸动荷载的作用,应按正常使用条件下的荷载组合进行设计。这是因为在动荷载作用下,尽管基础底部的地基应力有所增加,但是地基的承载能力也因动荷载的作用而有所提高,因此,按平时使用条件下荷载组合设计的基础宽度已能满足要求。即便在动荷载作用下,基础有可能产生轻微变形也是允许的。所以,不必进行沉陷的验算,可按常规建筑进行基础设计。

对于较高防护等级地下室的地基承载力需考虑核爆炸动荷载作用而予以适当提高。

2. 板式基础

防护结构中钢筋混凝土整体板式基础(含梁板式)应考虑动荷载作用下的地基承载力提高值,提高值的大小同土质的饱和程度及工程防护等级的大小有关。一般来说,防护等级越高则地基反力越大,低防护等级的饱和土且含气量不大于 0.1% 时,非饱和土中覆土厚度小或为多层地下结构时,底板的等效静载是动荷载的 0.8 倍,无论饱和土还是非饱和土,底压系数范围在 0.7～1.0 之间,饱和土取大值,非饱和土取小值。

对于防护等级很高的地下室板式基础,相应的地基反力也很大,此时,必须考虑核爆动荷载作用。

基础底板设计应进行战时和平时两种不同情况进行荷载组合并取其最不利的组合作为设计的依据。对于防水要求较高的底板可按弹性工作阶段计算,对防水要求不高的可考虑塑性变形引起的内力重分布。对地基变形和结构裂缝宽度可按静荷载作用进行验算。

　　基础底板计算简图可按单向或双向连续板,也可以简化为封闭或半封闭的框架,这在上节中已有详细论述。

四、附建式防护结构构造

1.防水要求与构造

　　地下工程防水应从设计、材料、施工、管理四个环节加以严格控制,遵循"防、排、截、堵"相结合,做到多层设防、多种材料复合使用,这样才能保证防水效果。根据《地下工程防水技术规范》(GBJ108—87)的标准要求,我国将其划分为4个防水等级,见表4.23,各类工程的防水等级见表4.24,防水混凝土抗渗等级见表4.25。

表4.23　地下工程防水等级

防水等级	标　　准
一级	不允许渗水,围护结构无湿渍
二级	不允许漏水,围护结构有少量、偶见的湿渍
三级	有少量漏水点,不得有线流和漏泥砂,每昼夜漏水量 <0.5 L/m²
四级	有漏水点,不得有线流和漏泥砂,每昼夜漏水量 <2 L/m²

　　地下工程防水等级根据工程使用性质划分为四级,根据防水标准划分为四级,依据防水标准采用具体的防水构造,通常综合考虑地形、地貌、冰冻线、工程地质、结构与材料等因素确定防水方案。

表4.24　各类地下工程的防水等级

防水等级	工程名称
一级	医院、餐厅、旅馆、影剧院、商场、冷库、粮库、金库、档案库、通信工程、计算机房、电站控制室、配电间、防水要求较高的生产车间 指挥工程、武器弹药库,防水要求较高的人员掩蔽部 铁路旅客站台、行李房、地下铁道车站、城市人行地道
二级	一般生产车间、空调机房、发电机房、燃料库 一般人员掩蔽工程 电气化铁路隧道、寒冷地区铁路隧道、地铁运行区间隧道、城市公路隧道、水泵房
三级	电缆隧道 水下隧道、非电气化铁路隧道、一般公路隧道
四级	取水隧道、污水排放隧道 人防疏散干道 涵洞

地下工程主体防水混凝土是防水的一道重要防线,其最低标准不应小于 0.6 MPa,防水混凝土的设计抗渗等级可根据最大水头与壁厚的比值按表 4.25 选用。

表 4.25　防水混凝土抗渗等级

工程埋置深度/m	设计抗渗等级
< 10	P6
10 ~ 20	P8
20 ~ 30	P10
30 ~ 40	P12

为避免混凝土开裂,混凝土强度等级 C30 已满足要求,关键因素是外加剂的质量及掺入量,混凝土强度过高则易裂。

防水构造宜选用结构自防水 + 附加防水层的双层做法,附加防水层是外贴在结构表面并做好保护层,其做法有防水砂浆、卷材沥青、涂料防水、金属防水等,位置宜设在迎水面或复合衬砌之间。

防水的薄弱部位是各种接缝、孔洞之处,对于水压小于 0.03 MPa,变形量小于 10 mm 变形缝,可用弹性密封材料嵌填密实或粘贴橡胶片;对于大于 0.03 MPa,变形量为 20 ~ 30 mm 的变形缝,应采用埋入式橡胶或塑料止水带;对于穿墙管和预埋件的做法详见《规范》或有关《标准图》。表 4.26 为某地下工程防水方案实例。

表 4.26　某些地下工程的防水方案

工程名称	防　水　方　案
西安钟鼓楼广场及地下工程设计	防水混凝土 + 附加防水层(1.5 mm 厚氯化聚乙烯橡胶防水卷材)
上海人民广场地下商业街	合理的结构配筋、混凝土配方和水泥标号的改进,少设缝;顶板采用自粘性复合防水卷材;出现裂缝,采用化学注浆
郑州火车站广场地下工程	C30 防水混凝土 + 附加防水层(二布六涂阳离子水乳型氯丁橡胶沥青防水涂料)
北京富国海底世界	防水混凝土 + 附加防水层(2 层 4 mm 厚 SBS 改性沥青卷材)
北就地铁西客站	防水混凝土 + 附加防水层(SBS 改性沥青卷材)
北京恒基地下厅	防水混凝土 + 附加防水层(柔性防水卷材)
成都顺成街地下商业街	防水混凝土 + 附加防水层(阳离子氯丁胶乳防水涂料)
哈尔滨红博广场	地质资料所及范围未见地下水,仅作一般防水处理

我国目前地下工程实践中防水效果仍属较好水平,某些工程已达到国际先进水平,也有相当部分工程出现渗漏现象。表 4.27 为国内外部分工程的实测渗漏量。

表 4.27　渗漏量调查

工程名称	渗漏量/[L·(m⁻²·d⁻¹)]
中国上海延安车路隧道	0.024
匈牙利布达佩斯地铁	0.2
新加坡地铁	0.12
德国幕尼黑地铁	0.07~0.2

2.配筋及配筋率

(1) 钢筋混凝土受弯构件宜在受压区配置构造钢筋,其面积不小于受拉钢筋的最小配筋百分率;在连续梁支座和框架节点处,且不小于受拉主筋的 1/3。

(2) 双面配筋的钢筋混凝土板、墙体应设置梅花形排列的拉结钢筋,拉结钢筋的长度应能拉住最外层受力钢筋。当拉结钢筋兼作受力箍筋时,其直径及间距应符合箍筋的计算和构造要求(图 4.22)。

(3) 连续梁及框架在距支座边缘 1.5 倍梁的截面高度范围内,箍筋配筋百分率应不低于 0.15%,箍筋间距不宜大于 $h_0/4$,且不宜大于主筋直径的 5 倍。对受拉钢筋搭接处,宜采用封闭箍筋,箍筋间距不应大于主筋直径的 5 倍,且不应大于 100 mm。

(4) 承受核爆动荷载的钢筋混凝土结构构件,纵向受力钢筋的配筋百分率最小值应符合表 1.11 中的要求。

表 1.12 中的受压钢筋的全部纵向钢筋和一侧纵向钢筋的配筋率以及轴心受拉构件和小偏心受拉构件一侧受拉钢筋的配筋率,应按构件全截面面积计算;受弯构件、大偏心受拉构件一侧受拉钢筋的配筋率,应按全截面面积扣除受压翼缘面积后的截面面积计算。

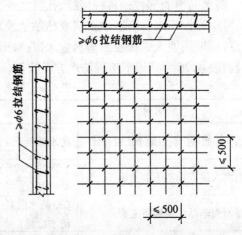

图 4.22　拉结钢筋配制形式

3.圈梁的设置

对于具有一定防护等级的混合结构,为了保证结构的整体稳定性,对叠合板与现浇式顶板应设置圈梁。

(1) 叠合板式顶板结构应沿内、外墙顶同一水平面设一道相互连通的钢筋混凝土圈梁。圈梁高度不小于 180 mm,宽度应同墙厚,上下配置 $3\phi12$ 的钢筋,箍筋直径不宜小于 $\phi6$,间距不宜大于 300 mm。顶板与圈梁的连接处应设置 $\phi8@200$ mm 的锚固钢筋,且伸入圈梁的锚固长度不应小于 240 mm,伸入顶板内的锚固长度不应小于 $l_0/6$(l_0 为板的净跨),见图 4.23。

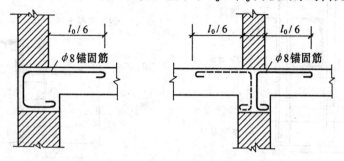

图 4.23　顶板与砌体墙锚固钢筋

(2) 对于现浇钢筋混凝土顶板结构,沿外墙顶部应设置圈梁,内隔墙上的圈梁可以不大于 12 m 间距设置,配筋同叠合板圈梁。

4. 防护密闭门框墙与采光窗洞口

(1) 门框墙

防护密闭门框墙是防护地下室中口部的重要组成部分,要求厚度不应小于 300 mm,受力钢筋直径不应小于 12 mm,间距不宜大于 250 mm,配筋率不宜小于 0.25%。

门框墙的门沿四角内外侧均应加 $2\phi16$ 的斜向构造钢筋,长度不应小于 1 000 mm(图 4.24)。

(2) 采光窗洞口

有防护等级的地下室设采光窗是很普遍的,为了达到战时防护密闭的要求,常在临战前加挡窗板或以覆土进行防护。因此,如为混合结构的砖外墙,在采光窗洞口两侧应设置钢筋混凝土柱,柱上端主筋应伸入顶板,并满足锚固长度要求,柱下端如为条形基础,应嵌入室内地面以下 500 mm(图 4.25(a));当采用钢筋混凝土整体式基础时,应将主钢筋伸入底板,并应满足锚固长度要求,柱断面不应小于 240 mm。

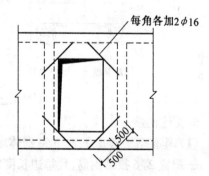

图 4.24　门洞四角斜钢筋

对于不设钢筋混凝土柱的砌体外墙洞口,在洞口两侧每 300 mm 高应加 $3\phi6$ 拉结钢筋,伸入墙身不宜小于 500 mm,另一端应与柱内钢筋扎结(图 4.25(b))。

如外墙体为钢筋混凝土墙,则应在洞口两侧设置暗柱,柱上、下端主筋应伸入顶、底板,并应满足锚固长度要求(图 4.25(c)),且在洞口四角各设置 $2\phi12$ 斜向构造钢筋,长度为 800 mm(图 4.25(d))。

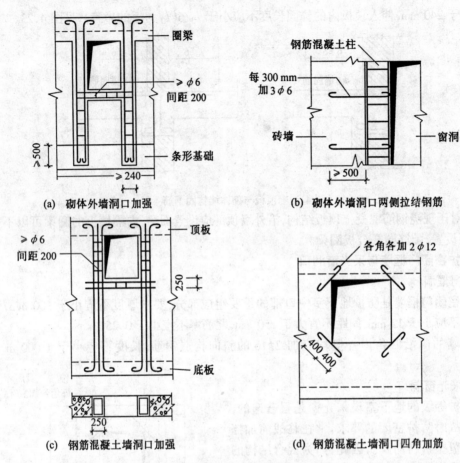

图 4.25　通风采光窗洞口构造

5.其他构造

(1) 具有防护等级的地下室砌体墙转角处及交接处未设构造柱时,应沿墙的高度每隔 500 mm配置 2φ6 拉结钢筋,且每边长度伸入墙内不宜小于 1 m。

(2) 当为混合结构的具有防护等级的地下室的防护密闭段(从第一道防护门至最后一道密闭之间的部分)应采用钢筋混凝土整体结构,以保证其防护密闭要求。

(3) 对于平战结合的平战功能转换(临战加固)工程应进行一次性平战兼顾设计。被加固的结构构件应满足平时和战时两种不同状态下的不同受力设计,包括应急加固部位、措施、方法及具体实施要求。所加固的措施应按非熟练工人在规定时间内即可完成加固施工,不宜采用现浇混凝土;应考虑预制装配构件,并在修建时一次制作完毕,并做好标志,就近存放。

(4)叠合板构造

钢筋混凝土叠合板结构是将装配与现浇两种施工方法施工的结构组合成一个整体,它具有施工快、节约模板、整体性好的特点。叠合板是一种用于防护工程的新型的板的结构形式，清华大学、浙江大学与哈尔滨工业大学（原哈尔滨建筑工程学院）在这方面曾进行了试验研究，在我国的核试验现场对无槽齿叠合板的低等级防护结构做了破坏试验，取得了一定的试验数值和研究成果。

　　叠合板顶板结构分为有槽齿和无槽齿两种类型。有槽齿是指在预制板的两端上表面留有几条 20 mm×（150～200）mm 的凹槽，平行板端方向。无槽齿的叠合板是在预制板表面不做任何特殊处理，见图 4.26。

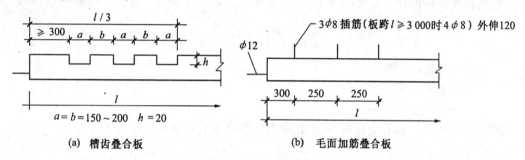

图 4.26　叠合板的形式

　　叠合板较适用于混合结构，跨度不宜大于 4 m，设计中所取的荷载应为顶板的全部荷载，在内力计算中按钢筋混凝土板考虑，可视为共同工作的整体进行截面设计与配筋。当按简支板计算时，主筋全部配置在预制板内，当按连续板计算时，宜采用分离式配筋，即跨中受拉筋配置在预制板内，支座受拉钢筋配置在现浇板内。

　　叠合板的预制部分应做成实心板，板内主钢筋伸出板端不应小于 130 mm，表面应做成凸凹不小于 4 mm 的人工粗糙面；现浇部分的板厚宜不小于预制部分板厚；位于中间墙两侧的两块预制板间应留不小于 150 mm 空隙，并在空隙中加 1φ12 通长钢筋，并与每块板内伸出的主筋点焊且不少于三点。

　　叠合板属于半装配式结构，在俄罗斯，叠合板不仅应用于顶板，同时也应用于侧墙构件。叠合板的应用还处于不断发展中，目前，叠合板构件在我国的应用不是很普及。近十多年来，大多数承载等效静载的顶板均采用钢筋混凝现浇板，因跨度较大，带有装配式的板已使用不多。

　　（5）钢管混凝土柱

　　① 承载能力计算

　　防护结构在动载作用下轴心受压钢管混凝土柱的承载能力按下式计算，即

$$N_0 = A_c f_{cd}(1 + \sqrt{\theta} + \theta) \cdot \psi_1 \tag{4.30}$$

$$\theta = \frac{A_s f_{yd}}{A_c f_{cd}} \tag{4.31}$$

式中　　N_0——钢管混凝土柱的承载能力(N);

　　　　θ——套箍指标;

　　　　A_c、f_{cd}——核心混凝土的截面面积(mm^2)和在动荷载作用下抗压强度设计值(N/mm^2);

　　　　A_s、f_{yd}——钢管的横截面积(mm^2)和在动荷载作用下抗压强度设计值(N/mm^2);

　　　　ψ_1——钢管混凝土柱的稳定系数。

柱的长度与柱的外径之比小于 4 时,$\psi_1 = 1.0$,反之大于或等于 4 时,ψ_1 按下式计算确定,即

$$\psi_1 = 1 - 0.115(l/D - 4)^{1/2} \tag{4.32}$$

式中　　ψ_1——稳定系数;

　　　　l——柱的计算长度(mm);

　　　　D——柱的外径(mm)。

当钢管混凝土柱偏心受压时,其承载能力应乘以折减系数 ψ_e。ψ_e 的计算式为

$$\psi_e = \frac{N_e}{N_0} = \frac{1}{(1 + 1.85 \, e_0/r_c)} \tag{4.33}$$

式中　　ψ_e——折减系数;

　　　　N_0、N_e——轴心和偏心受压时的钢管混凝土柱承载能力(N);

　　　　e_0——柱上端或下端偏心距中的较大值(mm);

　　　　r_c——核心混凝土横截面半径(mm)。

② 构造要求

钢管混凝土柱的设计应满足下述构造要求:钢管壁厚不宜小于 8 mm,外径与壁厚之比宜取 20 ~ 100,混凝土强度等级不应低于 C30;与柱上下端连接的部位应设置连接构造钢筋,该构造钢筋截面面积之和不应低于钢管截面积的 25%,并验算局部受压的承载能力,如果局压不满足时,应在梁或板内设置钢筋网;对于设柱帽的情况,坡度宜大于 45°,柱帽顶部直径 D 与柱直径 d 之比不宜大于 2.5,且在柱帽根部与柱相接 $d/3$ 的区段内设置钢筋网套箍,套箍的体积含钢率不宜低于钢管柱的含钢率,见图 4.27。

(6) 反梁

钢筋混凝土反梁斜截面受剪承载力计算公式为

$$V = 0.4\psi_1\psi_c f_{td}bh_0 + f_{yd}\frac{A_{sv}}{s}h_0 \tag{4.34}$$

$$\psi_1 = 1 + 0.1\frac{l_0}{h_0} \tag{4.35}$$

式中　　V——动荷载和静荷载同时作用下梁斜截面最大剪力设计值(N);

　　　　A_{sv}——配置在同一截面内箍筋各肢的全部截面面积(mm^2);

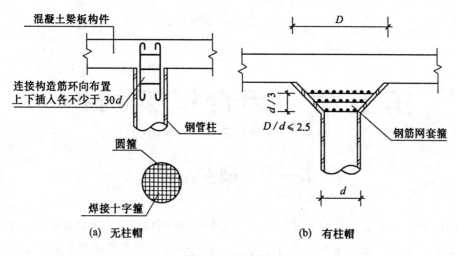

图 4.27　柱端构造图

s—— 沿构件长度方向上箍筋间距(mm)；

h_0—— 梁截面的有效高度(mm)；

b—— 梁的宽度(mm)；

ψ_1—— 梁跨高比影响系数，当 $l_0/h_0 > 7.5$ 时，取 $l_0/h_0 = 7.5$ 时，按式(4.35)计算；

f_{td}—— 混凝土动力抗拉强度设计值(N/mm^2)；

f_{yd}—— 动荷载作用下箍筋抗拉强度设计值(N/mm^2)；

l_0—— 梁的计算跨度(mm)。

反梁的箍筋应符合下式规定

$$V \leqslant 0.4 f_{yd} \frac{A_{sv}}{s} l_0 \qquad (4.36)$$

反梁箍筋体积配筋率应符合下式规定

$$\rho_{sv} \leqslant 1.5 \frac{f_{td}}{f_{yd}} \qquad (4.37)$$

复习思考题

1. 什么是附建式结构,有什么特点?
2. 附建式结构都受哪些荷载? 其各项荷载是如何计算的?
3. 当高层建筑下有地下室时,如何考虑其计算简图?
4. 基础设计中如何考虑土中压缩波荷载?
5. 附建式结构在防水与构造上有哪些主要要求?
6. 什么叫叠合板? 有什么特点及要求?

第五章 闭合框架结构

第一节 概 述

矩形闭合框架结构是由钢筋混凝土墙、柱、顶板和底板整体浇筑的方形空间盒子结构。常用于地下铁道、地下街、地下车库等民用与工业建筑中,采用的施工方法有掘开式、逆作式,属于地下浅埋结构,一般为 5～10 m 左右。此种结构顶板与底板均为水平构件,侧墙为竖向构件,水平构件承受较大的荷载,因而弯矩较大。根据该构件尺寸可将此类结构划分为两个结构体系,一种是框架结构体系,另一种是箱形结构体系,两种结构体系常采用不同的分析方法进行设计。

一、框架结构体系

有些地下工程如地下街、地下铁道等,其水平断面较纵向短得多,如纵向为 L,水平宽度方向单跨为 l,则 $L/l > 2$,此时其两端部边墙相距太远,对框架内力影响十分小而被忽略,如图5.1 所示。

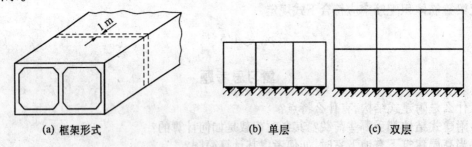

| (a) 框架形式 | (b) 单层 | (c) 双层 |

图 5.1 矩形闭合框架

该框架可以是单层,也可以是多层,水平跨度既可以是单跨,也可是多跨,或多层多跨等几种类型。

对于这种矩形闭合框架的计算方法可在纵向取等跨等层的一个单元(1 m),这样可把空间问题简化为平面问题进行分析,计算简图见图 5.2。

二、箱形结构体系

如果矩形闭合框架的长、宽较接近,就不能忽略两端部墙体的影响,因而可将其视为箱形结构。箱形结构的分析方法是将各组成构件(顶板、侧墙、底板)拆开为单个构件进行计算,板的支承条件按弹性嵌固考虑,人防工程中单建整体式箱形结构可按下述方法作近似内力分析与计算。

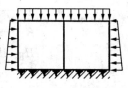

图 5.2　计算简图

1. 确定所受荷载

荷载主要有路面静载与活荷载,土压力、水压力荷载并呈梯形分布,地基反力,人防工程尚需考虑核爆动荷载沿外结构周围作用。

2. 确定计算简图

由于是对箱形结构的近似计算,顶板、底板、侧墙均可视为弹性支承条件件板的计算,因而每块板的荷载性质是相同的。

3. 内力分析

内力分析可采用下述方法进行,首先求出跨中与支座弯矩,根据所求的弯矩进行下一步的结构配筋计算。

跨中弯矩

$$M_{中} = \frac{2K + 3m}{2K + 3} M_0 \tag{5.1}$$

支座弯距

$$M_{支} = \frac{3(1 - m)}{2K + 3} M_0 \tag{5.2}$$

式中　　$M_{中}$ —— 板的跨中弯矩(kN·m);

　　　　$M_{支}$ —— 板的支座弯矩(kN·m);

　　　　m —— 系数,按表 5.1 确定。

表 5.1　系数 m

边长比	b/a	1.0	1.1	1.2	1.3	1.4	1.5	1.6	1.7	1.8	1.9	2.0
短边方向(a)	m_1	0.48	0.48	0.48	0.47	0.46	0.45	0.44	0.43	0.42	0.41	0.41
长边方向(b)	m_2	0.48	0.47	0.46	0.44	0.42	0.41	0.39	0.37	0.36	0.35	0.34

嵌固刚度系数 K 按下式确定

对顶盖

$$K_{顶} = \frac{H}{a} \cdot \frac{H_{顶}^3}{H_{墙}^3} \tag{5.3}$$

对侧墙

$$K_{墙} = \frac{a}{H} \cdot \frac{H_{墙}^3}{H_{顶}^3} \tag{5.4}$$

对底板

$$K_底 = \frac{H}{a} \cdot \frac{H_底^3}{H_墙^3} \qquad (5.5)$$

式中及表中　　b——板长边的长度(m)；

　　　　　　　a——板短边的长度(m)；

　　　　　　　H——墙高(m)；

　　　　　　　$H_顶$、$H_墙$、$H_底$——相应的顶板、墙、底板的厚度(m)。

第二节　矩形闭合框架的计算

一、荷载

地下结构的荷载主要有三类，一类是长期作用在结构上的永久荷载，如结构自重、水土压力等；另一类是结构在使用期间和施工过程中存在的变动荷载，如人群、车辆、设备及材料堆放等荷载；还有一类是偶然荷载，如核爆炸冲击波荷载，其特征是偶然瞬间作用。第三类荷载只有在工程被列为具有防护要求时才考虑，有些地下工程无防护等级要求而不被考虑，在第二章中详细论述了核爆动载的确定方法。

图5.3为浅埋矩形闭合框架的受力简图。

1.顶板上荷载

作用于顶板上的荷载有土压力、水压力、自重、活荷载及核爆炸动荷载。

（1）覆土压力

由于结构为浅埋，土压力即是结构顶板以上全部土的重量，当某层土壤处于地下水中，应采用土的浮容重 γ'_i（$\gamma'_i = \gamma_i - 10$），覆土压力可采用下式计算，即

$$q_土 = \sum_{i=1}^{n} \gamma_i h_i \qquad (5.6)$$

式中　　$q_土$——覆土压力(kN/m²)；

　　　　γ_i——第 i 层土壤或路面材料容重(kN/m³)；

　　　　h_i——第 i 层土壤中路面材料的厚度(m)。

（2）水压力

水压力按下式进行计算

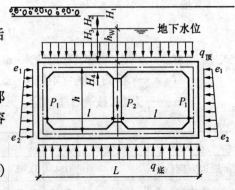

图5.3　闭合框架荷载

$$q_{水} = \gamma_{W} h_{W} \tag{5.7}$$

式中　$q_{水}$—— 水压力(kN/m^2)；

　　　γ_{W}—— 水相对密度，$\gamma_{W} = 10(kN/m^3)$；

　　　h_{W}—— 地下水面至顶板表面的距离(m)。

(3) 顶板自重

顶板自重用下式进行计算

$$q = \gamma d \tag{5.8}$$

式中　q—— 顶板自重(kN/m^2)；

　　　γ—— 顶板材料容重(kN/m^3)；

　　　d—— 顶板的设计厚度(m)。

(4) 顶板所受核爆动荷载

顶板所受核爆动荷载为土壤中压缩波荷载，通过等效静载法按式(3.16)进行计算。

(5) 顶板全部荷载

顶板上全部荷载应为覆土压力、水压力、顶板自重、顶板核爆动荷载等的总和，根据荷载组合原则，静荷载与核爆动荷载的组合为防护工程荷载，如不考虑核爆动荷载可将静荷载与活荷载进行组合，此处活荷载应为汽车等荷载，用下式求得总荷载，即

$$q_{顶} = q_{土} + q_{水} + q + q_1$$

$$q_{顶} = \sum_{i=1}^{n} \gamma_i h_i + \gamma_{W} h_{W} + \gamma d + K_{d1} P_{c1} \tag{5.9}$$

式(5.9)即为顶板所受全部荷载，由于增加了压缩波荷载，所以它是防护结构荷载，当取消 $K_{d1} P_{c1}$ 项荷载时，则成为普通地下非防护结构荷载，但需增加活荷载。

2. 侧墙所受水平荷载

侧墙属于竖向构件，承受由土、水压力传来的荷载，如果是防护结构，还有压缩波荷载。

(1) 水平土压力

$$e = \sum_{i=1}^{n} \left[\gamma_i h_i \tan^2\left(45° - \frac{\varphi_i}{2}\right) - 2c \tan\left(45° - \frac{\varphi_i}{2}\right) \right] \tag{5.10}$$

式中　e—— 侧向土层压力(kN/m^2)；

　　　φ_i—— 第 i 层土的内摩擦角。

(2) 侧向水压力

侧向水压力按下式计算，即

$$e_{W} = \psi \gamma_{W} h \tag{5.11}$$

式中　ψ—— 折减系数，其值依土壤的透水性来确定，砂土 $\psi = 1$，粘土 $\psi = 0.7$；

　　　h—— 从地下水表面至计算点的距离(m)。

(3) 侧墙所受核爆动荷载

对具有防护等级要求的工程才存在此项荷载,对于一般无防护等级要求的地下结构不存在核爆动荷载,此项荷载通过等效静载法按式(3.17)进行计算。

前三项为侧墙所受的水平全部荷载,按下式计算,即

$$q_{侧} = e + e_{\mathrm{W}} + K_{d2}P_{c2}$$

$$q_{侧} = \sum_{i=1}^{n} \left[\gamma_i h_i \tan^2\left(45° - \frac{\varphi_i}{2}\right) - 2c\tan\left(45° - \frac{\varphi_i}{2}\right) \right] + \psi\gamma_{\mathrm{w}}h_{\mathrm{w}} + K_{d2}P_{c2} \tag{5.12}$$

(4) 侧墙上的其他荷载

在侧墙所受的荷载中不仅有水平土压力、水压力及核爆炸动荷载,同时还存在由顶板传来的垂直荷载。

3. 底板上的荷载

底板是地下结构中最下部的构件,该构件直接和地基接触,相对于松软的土壤来说,刚度较大,假定地基反力是直线分布,则作用于底板上的荷载的计算式为

$$q_{底} = q_{顶} + \frac{\sum P}{L} + K_{d3}P_{c3} \tag{5.13}$$

式中　　$q_{底}$ —— 底板所受均布荷载(kN/m²);

$\sum P$ —— 结构顶板以下、底板以上部分边墙柱及其他内部结构传来的自重(kN/m);

L —— 结构横断面宽度(图 5.3)(m);

$K_{d3}P_{c3}$ —— 底板竖向等效静荷载(kN/m²)。

4. 其他影响因素

除上述提到的荷载之外,还有其他对结构有影响的因素,它们分别为温度变化、不均匀沉降、材料收缩等,这些影响因素常通过结构的构造措施予以解决,如设置变形缝、后浇带等。

地震危害也是很大的破坏性灾害之一,对地面结构的危害很大,对地下结构的破坏较轻,有关地震对地下结构方面的作用研究尚不够成熟,很多问题需进一步探讨。

二、计算简图

荷载计算结束之后,需要确定结构的计算简图,结构计算简图的类型应反映结构受力体系的主要特征,同时能简化计算,下面分析几种类型的计算简图。

某些地下工程,如地铁、地下街的结构纵向很长,$L/l > 2$,结构在纵向所受的荷载大小也是相近的,这样的结构可视为属于平面变形问题,计算时可沿纵向截取单位长度(如 1 m 长)作为计算单元,以截面形心连线作为框架的轴线,其计算简图为一个闭合的框架,见图 5.4(a)。

也有些地下结构,当中间墙与顶、底板刚度相差较大时,即中隔墙刚度相对较小,此时可将

中间墙视为上下铰接的立杆,见图 5.4(b)。

　　很多地下结构由于建筑功能要求,中间需设柱和梁,梁支承框架,柱支承梁,这种情况的计算简图见图 5.4(c);图 5.4(d)、(e) 分别为连续梁、柱的计算简图。需要说明的是,整体式闭合框架的顶板、侧墙和底板应为偏心受压构件,并区分大、小偏心进行计算。

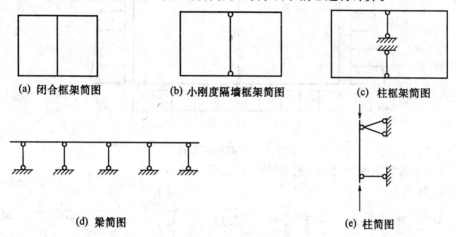

(a) 闭合框架简图　　　　　(b) 小刚度隔墙框架简图　　　　(c) 柱框架简图

(d) 梁简图　　　　　　　　　　　　　　　(e) 柱简图

图 5.4　几种计算简图

　　承受均布荷载的无梁楼盖或其他类型板柱体系,根据其结构布置和荷载的特点,可采用力矩分配法或等代框架法计算承载能力极限状态的内力设计值。对于防护结构,顶板和底板考虑压缩波荷载及其组合,楼板不考虑压缩波荷载。侧墙被视为竖向构件。这种结构常用于地下车库、地下街等结构中,图 5.5 即为二层地下车库的侧墙计算简图。

三、按地基反力为直线分布框架内力计算

　　矩形框架的内力解法有位移法,如果不考虑线位移的影响可用力矩分配法等,这些方法在结构力学中均有详细论述。

　　结构计算的第一步是荷载计算,建立计算简图,当荷载计算完毕之后可能会出现上下荷载方向不平衡,见图 5.6,为了使结构平衡,可在底板的各结点上加集中力予以解决。

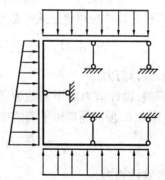

图 5.5　无梁楼盖体系侧墙计算简图

1.设计弯矩

　　通过结构力学的方法求解的是闭合框架杆端轴线的弯矩与剪力,而最不利截面应是弯矩大而截面的高度小的位置,该位置应为侧墙或支座内边缘处的截面,取对应该截面的弯矩为设计弯矩,见图 5.7。

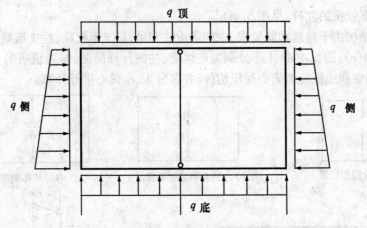

图 5.6　荷载平衡简图

根据隔离体的力矩平衡条件,建立设计弯矩平衡方程,该式为

$$M_i = M_P - Q_P \cdot \frac{b}{2} + \frac{q}{2}\left(\frac{b}{2}\right)^2 \quad (5.14)$$

式中　　M_i—— 设计弯矩;

　　　　M_P—— 计算弯矩;

　　　　Q_P—— 计算剪力;

　　　　b—— 支座宽度;

　　　　q—— 作用于杆件上的均布荷载。

工程设计中也可将上式近似地表达为

$$M_i = M_P - \frac{1}{3}Q_P \cdot b \quad (5.15)$$

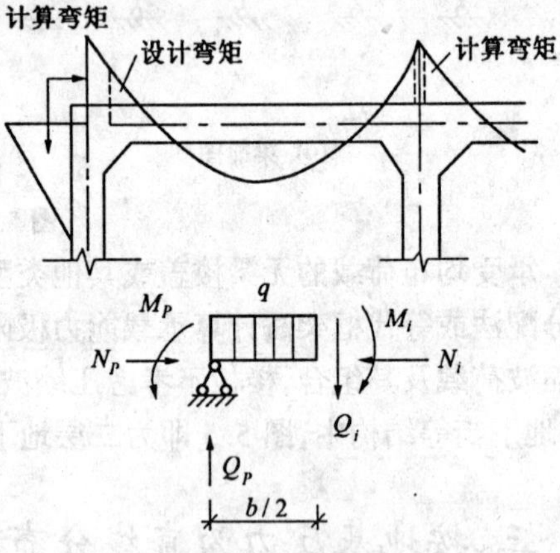

图 5.7　节点弯矩图

2.设计剪力

同理,设计剪力的不利截面仍位于侧墙内边缘处,见图 5.8,根据隔离体平衡条件,设计剪力表达为

$$Q_i = Q_P - \frac{q}{2} \cdot b \quad (5.16)$$

3.设计轴力

由静载引起的设计轴力为

$$N_i = N_P \quad (5.17)$$

N_P 是由静载引起的计算轴力。

由等效静载引起的设计轴力计算式为

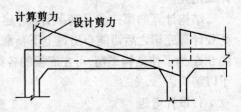

图 5.8　节点剪力图

$$N_i^{等} = N_P^{等} \cdot \zeta \qquad (5.18)$$

式中　　$N_P^{等}$——由等效静载引起的计算轴力;

　　　　ζ——折减系数;对于顶板 ζ 取 0.3,对于底板和侧墙 ζ 取 0.6。

总的设计轴力应为两种轴力之和,即

$$N_i = N_P + N_P^{等} \cdot \zeta \qquad (5.19)$$

四、抗浮验算

当地下工程位于水位较高的土中,为了保证结构不被水浮起,应进行抗浮验算,抗浮的验算式为

$$K = \frac{Q_重}{Q_浮} \geqslant 1.10 \qquad (5.20)$$

式中　　K——抗浮安全系数;

　　　　$Q_重$——结构自重、设备重及上部覆土重之和(kN);

　　　　$Q_浮$——地下水的浮力(kN)。

式(5.20)中的 $Q_重$ 应根据工程实际情况确定,$Q_重$ 所包含的内容以施工中不利工况进行实际分析。

五、双跨对称框架算例(按地基反力为直线分布)

某地下铁道隧道采用闭合框架结构,其平面及剖面图见图 5.9,试计算该结构侧墙及顶板的荷载、内力及配筋。

(一)设计数据

梁截面尺寸:500 mm × 1 000 mm

柱截面尺寸:400 mm × 500 mm

斜托尺寸:300 mm × 300 mm

土的重度:20 kN/m³

土的摩擦角:$\varphi = 28°$

钢筋混凝土的重度:25 kN/m³

水的重度:10 kN/m³

等效静载:顶板 100 kN/m²,侧墙 50 kN/m²,底板 75 kN/m²

(二)截面几何特征计算

沿通道纵向取 1 m 宽计算。

顶板

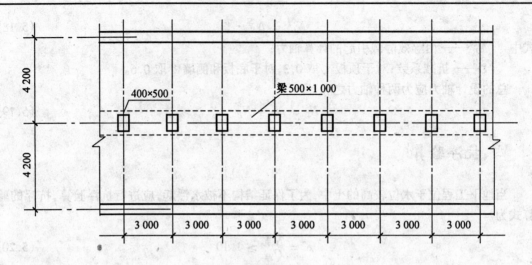

(a) 平面图

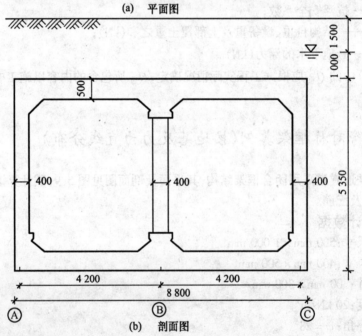

(b) 剖面图

图 5.9　地下铁道隧道平面图

$$A_1 / \text{mm}^2 = 5 \times 10^5$$

$$I_1 / \text{cm}^4 = \frac{1}{12} \times 100 \times 50^3 = 10.4 \times 10^5$$

侧墙

$$A_2 / \text{mm}^2 = 4 \times 10^5$$

$$I_2 / \text{cm}^4 = \frac{1}{12} \times 100 \times 40^3 = 5.33 \times 10^5$$

底板同顶板。

(三) 荷载计算

1. 静载

(1) 顶板上的荷载

覆土压力　$q_1 /(\text{kN} \cdot \text{m}^{-2}) = 20 \times 1.5 + (20 - 10) \times 1 = 40$

水压力　　$q_2 /(\text{kN} \cdot \text{m}^{-2}) = 10 \times 1 = 10$

顶板自重　$q_3 /(\text{kN} \cdot \text{m}^{-2}) = 25 \times 0.5 = 12.5$

$$q_顶 /(\text{kN} \cdot \text{m}^{-2}) = q_1 + q_2 + q_3 = 40 + 10 + 12.5 = 62.5$$

(2) 侧墙上的荷载

土层侧向压力　$\sigma'_1 /(\text{kN} \cdot \text{m}^{-2}) = (\gamma_1 Z_1 + \gamma_2 Z_2)\tan^2(45° - \frac{\varphi}{2}) =$

$$(20 \times 1.5 + 10 \times 1.25) \times 0.36 = 15.3$$

$$\sigma'_2 /(\text{kN} \cdot \text{m}^{-2}) = [20 \times 1.5 + 10 \times (1.25 + 4.85)] \times 0.36 = 32.8$$

水的侧向压力　$\sigma''_1 /(\text{kN} \cdot \text{m}^{-2}) = 10 \times 1 \times 1.25 = 12.5$

$$\sigma'_2 /(\text{kN} \cdot \text{m}^{-2}) = 10 \times 1 \times (1.25 + 4.85) = 61.0$$

$$\sigma_1 /(\text{kN} \cdot \text{m}^{-2}) = \sigma'_1 + \sigma''_1 = 15.3 + 12.5 = 27.8$$

$$\sigma_2 /(\text{kN} \cdot \text{m}^{-2}) = \sigma'_2 + \sigma''_2 = 32.8 + 61.0 = 93.8$$

(3) 底板上的荷载$(\text{kN} \cdot \text{m}^{-2})$

由顶板传来　　62.5

由柱子传来　　$\dfrac{0.4 \times 0.5 \times 3.35 \times 25}{8.8 \times 3} = 0.634$

由侧墙传来　　$\dfrac{0.4 \times 4.35 \times 25 \times 2}{8.8} = 9.886$

由梁传来　　　$\dfrac{0.5 \times 1.0 \times 25}{8.8} = 1.420$

由斜托传来　　$\dfrac{0.3 \times 0.3 \times 25 \times 4}{8.8} = 1.023$

$$q_底 / \text{kN/m}^2 = 62.5 + 0.634 + 9.886 + 1.420 + 1.023 = 75.463$$

则沿通道纵向截取 1 m 长的框架承受的静荷载见图 5.10。

2. 等效静载

等效静载见图 5.11。

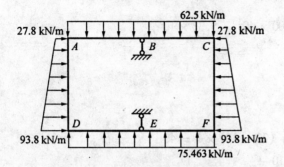

图 5.10　框架承受静荷载示意图

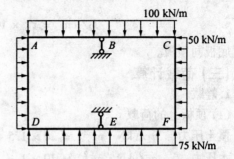

图 5.11　框架承受等效静载示意图

（四）内力计算

内力计算时，忽略了结点线位移的影响。利用对称性，只对框架的一半进行计算，其计算简图见 5.12。

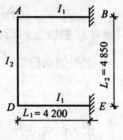

1. 利用力矩分配法计算结点弯矩

计算结果见图 5.13。

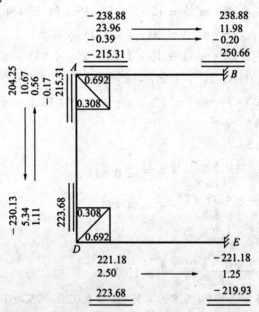

图 5.12　计算简图

图 5.13　力矩分配示意图

2. 内力计算

计算结果见图 5.14。

轴力的计算：可取结点为隔离体，利用已知的杆端剪力，由平衡条件求出杆端轴力。

取 A 结点，由平衡条件得 $F_{AB} = F_{BA} = -240.29 \text{ kN}$，$F_{AD} = -332.84 \text{ kN}$。

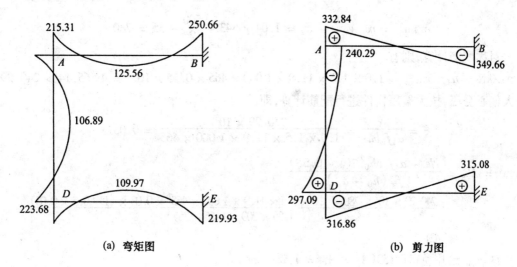

(a) 弯矩图　　　　　　　　　(b) 剪力图

图 5.14　内力计算结果

（五）配筋计算

按现行规范计算配筋，混凝土采用 C25(f_c = 11.9 N/mm²)；受力钢筋采用 HRB335(f_y = f'_y = 300 N/mm²)，箍筋采用 HRB235(f_{yv} = 210N/mm²)。材料强度提高系数，混凝土为 1.5，钢筋为 1.35。a_s = a'_s = 35 mm，ξ_b = 0.55。

（1）顶板配筋计算

跨中：M/kN·m = 125.56

$\quad\quad N$/kN = 240.29

$\quad\quad h_0$/mm = $h - a_s$ = 500 − 35 = 465

$\quad\quad l_0$/mm = 4 200

$\quad\quad e_0$/mm = $\dfrac{M}{N}$ = 125.56 × 10⁶/240.29 × 10³ = 523

因为 e_a/mm = h/30 = 16.7 < 20，故 e_a = 20 mm。

$$e_i\text{/mm} = e_a + e_0 = 20 + 523 = 543$$

$$\zeta_1 = \frac{0.5f_cA}{N} = \frac{0.5 \times 11.9 \times 500 \times 1\,000}{240.29 \times 1\,000} = 12 > 1.0\,取\,\zeta_1 = 1.0$$

因为 l_0/h < 15，故取 ζ_2 = 1.0。

$$\eta = 1 + \frac{1}{1\,400 e_i/h_o}\left(\frac{l_0}{h}\right)^2 \zeta_1\zeta_2 =$$

$$1 + \frac{1}{1\,400 \times \dfrac{543}{465}} \times \left(\frac{4\,200}{500}\right)^2 \times 1.0 \times 1.0 = 1.04$$

$$e/\text{mm} = \eta e_i + \frac{h}{2} - a_s = 1.04 \times 543 + \frac{500}{2} - 35 = 780$$

按对称配筋计算,则有

$$N_b/\text{kN} = \alpha_1 f_c b h_0 \xi_b = 1.0 \times 1.5 \times 11.9 \times 1\,000 \times 465 \times 0.55 \times 10^{-3} = 4\,565.14 > 240.29$$

属于大偏心受压,按大偏压构件进行配筋计算,即

$$\xi = \frac{N}{\alpha_1 f_c b h_0} = \frac{240.29 \times 10^3}{1.0 \times 1.5 \times 11.9 \times 1\,000 \times 465} = 0.03$$

$$A_s/\text{mm}^2 = A'_s = \frac{Ne - \alpha_1 f_c b h_0^2 \xi (1 - 0.5\xi)}{f_y'(h_0 - a_s')} =$$

$$\frac{240.29 \times 10^3 \times 780 - 1.0 \times 1.5 \times 11.9 \times 1\,000 \times 465^2 \times 0.03 \times (1 - 0.5 \times 0.03)}{1.35 \times 300 \times (465 - 35)} =$$

421.3

根据 $\rho_{\min}$ 选用 $\phi 18@150$($A_s = A_{s'} = 1\,527 \text{ mm}^2$)。

两端的计算过程及计算结果同跨中。

(2) 侧墙计算

跨中:

$$M/\text{kN} \cdot \text{m} = 106.89 \qquad N/\text{kN} = 332.84$$

$$h_0/\text{mm} = h - a_s = 400 - 35 = 365$$

$$e_a/\text{mm} = \frac{h}{30} = \frac{400}{30} < 20 \qquad 故取\ e_a = 20 \text{ mm}$$

$$e_0/\text{mm} = \frac{M}{N} = \frac{106.89 \times 10^3}{332.84} = 321$$

$$e_i/\text{mm} = 341$$

因为 $\dfrac{l_0}{h} = 12.1 > 8$,所以需考虑纵向弯曲影响,即

$$\zeta_1 = \frac{0.5 f_c A}{N} = \frac{0.5 \times 11.9 \times 4 \times 10^5}{332.84 \times 10^3} = 7.15 > 1.0 \qquad 故取\ \zeta_1 = 1.0$$

因为 $\dfrac{l_0}{h} < 15$,所以 $\zeta_2 = 1.0$。因此

$$\eta = 1 + \frac{1}{1\,400\, e_i/h_0} \cdot \left(\frac{l_0}{h}\right)^2 \cdot \zeta_1 \cdot \zeta_2 = 1 + \frac{1}{1\,400 \times \dfrac{341}{365}} \times (12.1)^2 \times 1.0 \times 1.0 = 1.11$$

$$e/\text{mm} = \eta e_i + \frac{h}{2} - a_s = 1.11 \times 349 + \frac{400}{2} - 35 = 552$$

$$N_b/\text{kN} = 1.0 \times 1.5 \times 11.9 \times 1\,000 \times 365 \times 0.55 \times 10^{-3} = 3\,583.4 > 324.85$$

所以属于大偏心受压。

$$\xi = \frac{N}{\alpha_1 f_c b h_0} = \frac{332.84 \times 10^3}{1.0 \times 1.5 \times 11.9 \times 1\,000 \times 365} = 0.05$$

$$A_s/\text{mm}^2 = A'_s = \frac{Ne - \alpha_1 f_c b h_0^2 \xi (1 - 0.5\xi)}{f'_y (h_0 - a'_s)} =$$

$$\frac{332.84 \times 10^3 \times 552 - 1.0 \times 1.5 \times 11.9 \times 1\,000 \times 365^2 \times 0.05 \times (1 - 0.5 \times 0.05)}{1.35 \times 300 \times (365 - 35)} = 507$$

选用 $\phi 18@150 (A_s = A'_s = 1\,527\ \text{mm}^2)$。

两端的正截面配筋计算过程与计算结果同跨中。

(3) 底板配筋计算(略)

底板配筋计算方法与顶板配筋计算方法相同,纵向分布钢筋配筋结果详见图 5.15。

(4) 斜托按构造配筋

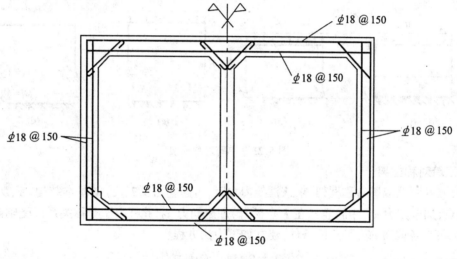

图 5.15　配筋示意图

第三节　　按地基为弹性半无限平面的框架设计

作为平面框架的力学解法,当地下结构的纵向长度与跨度比值 $L/l > 2$ 时为平面变形问题,可沿纵向取 1 m 宽的单元进行计算。当结构跨度较大、地基较硬时,可将封闭框架视为底板,按地基为弹性半无限平面的框架进行计算。这种假定称为弹性地基上的框架,此种力学解法比底板按反力均匀分布计算要经济,也能反映实际的受力状况。

一、框架与荷载对称结构

1.单层单跨对称框架

单层单跨对称框架结构见图 5.21(a),其假定的弹性地基上的框架的力学解可建立图 5.21(b) 的计算简图,由图看出,上部结构与底板之间视为铰接,加一个未知力 x_1,原封闭框架成为两铰框架。由变形连续条件可列出如下的力法方程

$$\delta_{11}x_1 + \Delta_{1P} = 0 \tag{5.21}$$

式(5.21) 方程中的 δ_{11}、Δ_{1P} 可求出,由于是对称的荷载与框架,先求框架点 A 处的角变,再求出底板(基础梁) A 处的角变,A 两处角变的代数和即是 Δ_{1P}。

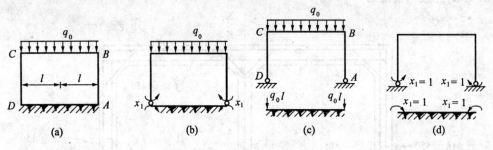

图 5.21　单跨对称框架

2.双跨对称框架

图 5.22(a) 为双跨对称框架,求该框架内力时,可建立图 5.22(b) 的基本结构,A、D 两节点为铰结点,加未知力 x_1,中间竖杆在 F 点断开,加未知力 x_2,此杆由于对称关系仅受轴向力。根据 A、D 和 F 各截面的变形连续条件,建立如下力法方程

$$\left.\begin{array}{l}\delta_{11}x_1 + \delta_{12}x_2 + \Delta_{1P} = 0 \\ \delta_{21}x_1 + \delta_{22}x_2 + \Delta_{2P} = 0\end{array}\right\} \tag{5.22}$$

式(5.22) 中的各系数及自由项可按下述方法求得。Δ_{1P} 是框架与基础梁 A 端两角变的代数和;Δ_{2P} 是框架 F 点的竖向位移与基础梁中点的竖向位移的代数和再除以 2,见图 5.22(c);δ_{11} 是框架与基础梁 A 端两角变的代数和,见图 5.22(d);δ_{22} 是框架 F 点的竖向位移与基础梁中点的竖向位移的代数和再除以 2,见图 5.22(e);δ_{12} 是框架与基础梁 A 端角变的代数和,见图 5.22(e);δ_{21} 是框架 F 点与基础梁中点的竖向位移的代数和再除以 2。

由位移互等定理得

$$\delta_{12} = \delta_{21}$$

上述各系数与自由项可利用表进行计算,框架计算可查表 5.2,基础梁可查有关基础梁系数表。

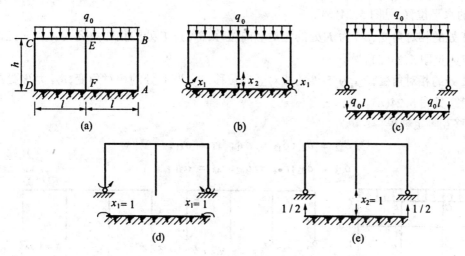

图 5.22　双跨对称框架

3. 三跨对称框架

图 5.23(a) 为三跨对称框架,图 5.23(b) 为该三跨对称框架的基本结构图,A、D 两节点改为铰结点,并加未知力 x_1,中间两根竖杆在 H、F 点断开,加未知力 x_2,根据 A、D、F 和 H 各截面的变形连续条件,并注意对称关系,有如下力法方程

$$
\left.
\begin{aligned}
\delta_{11}x_1 + \delta_{12}x_2 + \delta_{13}x_3 + \delta_{14}x_4 + \Delta_{1P} = 0 \\
\delta_{21}x_1 + \delta_{22}x_2 + \delta_{23}x_3 + \delta_{24}x_4 + \Delta_{2P} = 0 \\
\delta_{31}x_1 + \delta_{32}x_2 + \delta_{33}x_3 + \delta_{34}x_4 + \Delta_{3P} = 0 \\
\delta_{41}x_1 + \delta_{42}x_2 + \delta_{43}x_3 + \delta_{44}x_4 + \Delta_{4P} = 0
\end{aligned}
\right\}
\tag{5.23}
$$

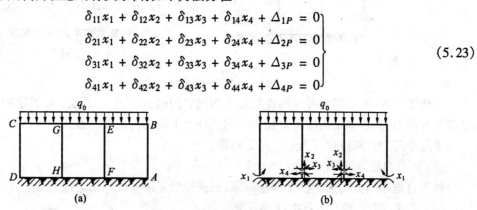

图 5.23　三跨对称框架

式(5.23) 中各系数及自由项的意义可按下述方法求得。Δ_{1P} 是框架与基础梁在截面 A 的相对角变;Δ_{2P} 是截面 F 的相对竖向位移;Δ_{3P} 是截面 F 的相对角变;Δ_{4P} 是截面 F 的相对水平位移,见图 5.24(a)。

δ_{11} 是框架与基础梁在截面 A 的相对角变,δ_{21} 是截面 F 的相对竖向位移,δ_{31} 是截面 F 的相对角变,δ_{41} 是截面 F 的水平位移,见图 5.24(b)。

同上述原理相似,δ_{12} 为 A 处相对角变,δ_{22} 为 F 处相对竖向位移,δ_{32} 为 F 处的相对角变,

δ_{42} 为 F 处的水平位移,见图 5.24(c)。

δ_{13} 为 A 处的相对角变,δ_{23} 为 F 处的相对竖向位移,δ_{33} 为 F 处的相对角变,δ_{43} 为 F 处的相对水平位移,见图 5.24(d)。

δ_{14} 为 A 处的相对角变,δ_{24} 为 F 处的相对竖向位移,δ_{34} 为 F 处的相对角变,δ_{44} 为 F 处的相对水平位移,见图 5.24(e)。

根据位移互等定理得

$$\delta_{12} = \delta_{21}; \delta_{13} = \delta_{31}; \delta_{14} = \delta_{41}$$
$$\delta_{23} = \delta_{32}; \delta_{24} = \delta_{42}; \delta_{43} = \delta_{34}$$

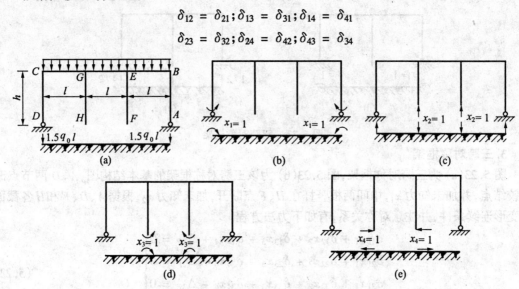

图 5.24　三跨对称框架力学简图

在地下工程中,中间竖杆的刚度往往比两侧墙的刚度小得多,因此,可假定中间竖杆不承受弯矩与剪力,其基本结构图可简化为中间竖杆上下两端为铰接的形式。

单层单跨的计算过程可为如下几个步骤。

(1) 列出力法方程

将闭合框架划分为两铰框架和基础梁,根据变形连续条件列出力法方程。

(2) 求解力法方程中的自由项和系数

求解两铰框架与基础梁的有关角变和位移,解基础梁与两铰框架的角变和位移可采用表进行计算,这样可简化计算过程,两铰框架的角变和位移见表 5.2。

(3) 求框架的内力图

解力法方程,求两铰框架的弯矩可采用力矩分配法等,求基础梁的内力及地基反力可采用查表法进行计算。

表 5.2　两铰框架的角变和位移的计算公式

情形	简　图	位移及角变的计算公式
(1) 对称		$$\theta_A = \frac{M_{BA}^F + M_{BC}^F - \left(2 + \frac{K_2}{K_1}\right) M_{AB}^F}{6EK_1 + 4EK_2}$$
(2) 反对称		$$\theta_A = \left[\left(\frac{3K_2}{2K_1} + \frac{1}{2}\right) hP - M_{BC}^F + \left(\frac{6K_2}{K_1} + 1\right) M\right] \frac{1}{6EK_2}$$
(3)		$$\theta = \frac{q_0}{24EI}\left[l^3 - 6lx^2 + 4x^3\right]$$ $$y = \frac{q_0}{24EI}\left[l^3 x - 2lx^3 + x^4\right]$$
(4)		荷载左段 $$\theta = \frac{P}{EI}\left[\frac{b}{6l}(l^2 - b^2) - \frac{bx^2}{2l}\right]$$ $$y = \frac{P}{EI}\left[\frac{bx}{6l}(l^2 - b^2) - \frac{bx^3}{6l}\right]$$ 荷载右段 $$\theta = \frac{P}{EI}\left[\frac{(x-a)^2}{2} + \frac{b}{6l}(l^2 - b^2) - \frac{bx^2}{2l}\right]$$ $$y = \frac{P}{EI}\left[\frac{(x-a)^3}{6} + \frac{bx}{6l}(l^2 - b^2) - \frac{bx^3}{6l}\right]$$
(5)		荷载左段 $$\theta = \frac{m}{EI}\left[\frac{x^2}{2l} - a + \frac{l}{3} + \frac{a^2}{2l}\right]$$ $$y = \frac{m}{EI}\left[\frac{x^3}{6l} - ax + \frac{lx}{3} + \frac{a^2 x}{2l}\right]$$ 荷载右段 $$\theta = \frac{m}{EI}\left[\frac{x^2}{2l} - x + \frac{l}{3} + \frac{a^2}{2l}\right]$$ $$y = \frac{m}{EI}\left[\frac{x^3}{6l} - \frac{x^2}{2} + \frac{lx}{3} + \frac{a^2 x}{2l} - \frac{a^2}{2}\right]$$
(6)		$$\theta = \frac{m}{EI}\left[\frac{x^2}{2l} - x + \frac{l}{3}\right]$$ $$y = \frac{m}{EI}\left[\frac{x^3}{6l} - \frac{x^2}{2} + \frac{lx}{3}\right]$$

续表 5.2

情形	简　　图	位移及角变的计算公式
(7)	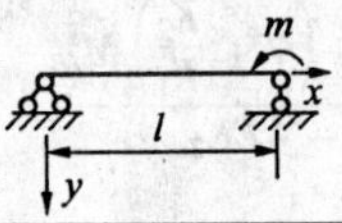	$\theta = \dfrac{m}{EI}\left[\dfrac{l}{6} - \dfrac{x^2}{2l}\right]$ $y = \dfrac{m}{6EI}\left[lx - \dfrac{x^3}{l}\right]$
(8)	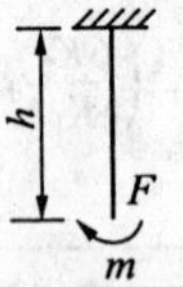	$\theta_F = \dfrac{mh}{EI}$（下端的角变） $y_F = \dfrac{mh^2}{2EI}$（下端的水平位移）
(9)	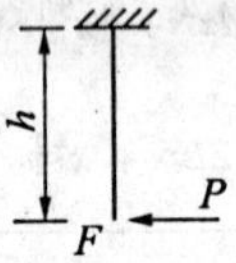	$\theta_F = \dfrac{Ph^2}{2EI}$（下端的角变） $y_F = \dfrac{Ph^3}{3EI}$（下端的水平位移）
说　明	角变 θ 以顺时针向为正。固端弯矩 M^F 以顺时针向为正。$K = \dfrac{I}{l}$ 对称情况求铰 A 处的角变 θ_A 时用情形(1)的公式 反对称情况求铰 A 处的 θ_A 时用情形(2)的公式。但应注意，M_{BA}^F 必须为零方可，否则不能使用该公式。图中所示的 M 和 P 为正方向。 图 A 图 B	

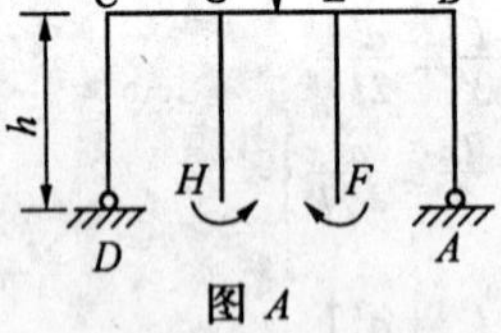

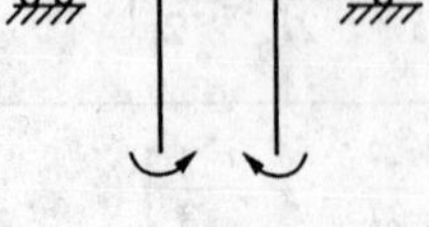

设欲求图 A 所示两铰框架截面 F 的角变，首先求出此框架的弯矩图，然后取出杆 BC 作为简支梁，如图 B 所示。

按情形(4) ~ (7)算出截面 E 的角变 θ_E。

按情形(8)算出截面 F 的角变 θ'_F。截面 F 的最终角变 θ_F 为

$$\theta_F = \theta_E + \theta'_F$$

二、框架对称荷载反对称结构

对于对称框架荷载反对称的结构,其运算步骤与前述对称情况相同。其注意之点是在基本结构中所取的未知力亦应该为反对称,在计算力法方程中的自由项和系数时,求角变和位移仍可使用表格进行计算。

三、双跨对称框架算例

某地下铁道隧道工程尺寸与荷载见图 5.25。底板厚度 500 mm,材料弹性模量 $E = 200 \times 10^5$ kN/m^2,地基弹性模量 $E_0 = 5\,000$ kN/m^2,绘出框架的弯矩图。

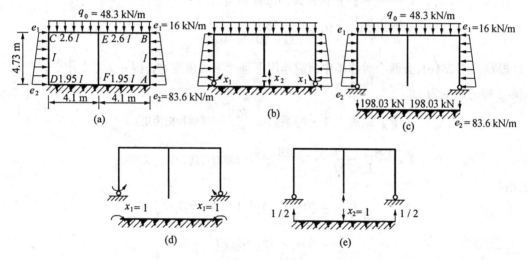

图 5.25　某地铁隧道荷载及力学简图

[解]　根据图 5.25(a) 建立图 5.25(b) 简图,假设 A、D 处的刚结点为铰结,将中央竖杆在底部断开,分别设未知力 x_1 和 x_2。上部结构为两铰框架,下部结构为基础梁。根据变形连续条件,列出力法方程

$$\delta_{11}x_1 + \delta_{12}x_2 + \Delta_{1P} = 0$$
$$\delta_{21}x_1 + \delta_{22}x_2 + \Delta_{2P} = 0$$

(1) 求 Δ_{1P}、Δ_{2P}

根据图 5.25(c) 求两铰框架 A 处角变。求得

$$M_{BC}^F = 270.64 \text{ kN} \cdot \text{m} \qquad M_{BA}^F = -80.24 \text{ kN} \cdot \text{m}$$
$$M_{AB}^F = 105.45 \text{ kN} \cdot \text{m}$$

查表 5.2 中的(1)项,算出两铰框架铰 A 处的角变为

$$\theta'_A = \frac{-80.24 + 270.64 - (2 + 1.5) \times 105.45}{\frac{6EI}{4.73} + \frac{4 \times 2.6EI}{8.2}} = -\frac{70.46}{EI} \quad (逆时针方向,与 x_1 反方向)$$

基础梁 A 端的角变按下述方法计算:首先算出柔度指标 t,忽略 μ 和 μ_0(分别为基础梁和地基的泊松系数)的影响,采用近似公式

$$t = 10\frac{E_0}{E}\left(\frac{l}{h}\right)^3 \tag{5.24}$$

式中　　E_0、E——地基和基础梁的弹性模量;

　　　　　l——基础梁的一半长度;

　　　　　h——梁截面高度。

将图 5.25(a)、(d)中底板参数代入式(5.24)则有

$$t = 10\frac{E_0}{E}\left(\frac{l}{h}\right)^3 = 10 \times \frac{5\,000}{200 \times 10^5} \times \left(\frac{4.1}{0.5}\right)^3 = 1.38(取 t = 1)$$

根据图 5.25(c),查两个对称集中荷载作用下基础梁的角变 θ''_A,因 $\alpha = \xi = \frac{4.1}{4.1} = 1$,故基础梁 A 端的角变为

$$\theta''_A = 表 5.2 中的系数 \times \frac{Pl^2}{EI} \quad (顺时针向为正)$$

则有　　　　$$\theta''_A = 0.252 \times \frac{198.03 \times 4.1^2}{1.95EI} = \frac{430.19}{EI} \quad (顺时针向,与 x_1 反向)$$

由此得

$$\Delta_{1P} = \frac{-70.46 - 430.19}{EI} = -\frac{500.65}{EI}$$

同理求得　　　　　　　　$$\Delta_{2P} = 757.80/EI$$

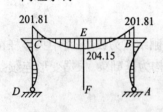
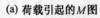

(a) 荷载引起的 M 图

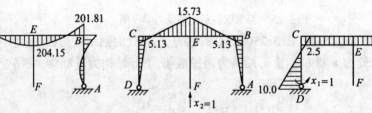
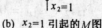

(b) $x_2 = 1$ 引起的 M 图

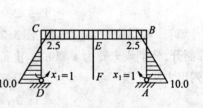

(c) $x_1 = 1$ 引起的 M 图

图 5.26　弯矩图

(2) 求 δ_{11}、δ_{12}

图 5.25(d)两铰框架铰 A 处的角变,由表 5.2 中的(1)项,因 $M^F_{BA} = M^{FF}_{BC} = 0$,$M^F_{AB} = -1$,故得

$$\theta'_A = \frac{-(2+1.5)\times(-1)}{\dfrac{6EI}{4.73}+\dfrac{4\times2.6EI}{8.2}} = \frac{1.380}{EI} \quad (\text{顺时针向,与 } x_1 \text{ 同方向})$$

在图 5.25(d) 中,求基础梁 A 端的角变。因 $t=1$, $\alpha=\xi=1$, 由基础梁查表得

$$\theta''_A = -0.952 \times \frac{1\times4.1}{1.95EI} = \frac{-2.002}{EI} \quad (\text{逆时针向,与 } x_1 \text{ 同方向})$$

因此得

$$\delta_{11} = \theta'_A + \theta''_A = \frac{1.380}{EI} + \frac{2.002}{EI} = \frac{3.382}{EI}$$

同理求得
$$\delta_{22} = 4.138$$

(3)δ_{12} 和 δ_{21}

图 5.25(e) 两铰框架铰 A 处的角变,因 $M^F_{AB}=M^F_{BA}=0$, $M^F_{BC}=-\dfrac{1\times8.2}{8}=-1.025$, 由表 5.2 的情形(1) 得

$$\theta'_A = \frac{-1.025}{\dfrac{6EI}{4.73}+\dfrac{4\times2.6EI}{8.2}} = -\frac{0.404}{EI} \quad (\text{逆时针向,与 } x_1 \text{ 反方向})$$

图 5.25(e) 基础梁 A 端的角变, $t=1$ $\alpha=\xi=1$, 及 $\alpha=0$, $\xi=1$, 由基础梁表, 得

$$\theta''_A = 0.252 \times \frac{-0.5\times4.1^2}{1.95EI} + (-0.218)\times\frac{0.5\times4.1^2}{1.95EI} = -\frac{2.026}{EI} \quad (\text{逆时针向,与 } x_1 \text{ 同方向})$$

由以上的计算结果,得

$$\delta_{12} = \theta'_A + \theta''_A = \frac{-0.404+2.026}{EI} = \frac{1.622}{EI}$$

在图 5.25(d) 中,求出两铰框架 F 点的竖向位移,再求出基础梁中点 F 的竖向位移,将此二者的代数和以 2 除之即为 δ_{21}。根据位移互等定理知 $\delta_{21}=\delta_{12}$。

(4)求未知力 x_1 和 x_2。

将以上求出的各系数与自由项代入力法方程中,则得

$$3.382x_1 + 1.622x_2 - 500.65 = 0$$
$$1.622x_1 + 4.138x_1 - 757.80 = 0$$

解得
$$x_1 = 74.03 \text{ kN} \cdot \text{m}$$
$$x_2 = 153.83 \text{ kN}$$

(5) 求框架的弯矩图

求两铰框架的弯矩图,可将图 5.26(c) 乘以 x_1,图 5.26(b) 乘以 x_2,然后叠加,再与图 5.26(a) 叠加,最终的弯矩图见图 5.27。

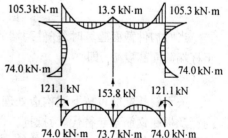

图 5.27 最终弯矩图

第四节　矩形闭合框架构造

地下工程的结构构造应按照《混凝土结构设计规范》（GB 50010—2002）及有关的地下工程规范执行。如不考虑核爆炸动载作用则按一般平时使用的地面与地下建筑结构规范执行。关于伸缩缝间距构造、墙体厚度及材料标号、配筋率等在第一章中已有论述，下面仅对闭口框架有关构造进行介绍。

一、框架斜托构造

在封闭式框架中，根据转角处应力较为集中的特点，常在框架顶底板、中间墙与侧墙交接部位设一斜托，该斜托所用材料不多，加强作用却较显著，见图 5.28。h 为顶板或底板高度，S 为斜托水平向长度，h_1 为斜托与板厚高度，见图 5.29。斜托的尺寸为 $h_2/S \approx 1:3$ 为宜，其斜托的大小常依据框架跨度的大小而定。

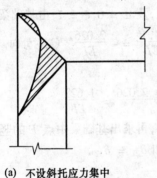 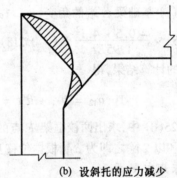

(a)　不设斜托应力集中　　　　　　(b)　设斜托的应力减少

图 5.28　框架转角应力现象

当对构件截面验算时，杆件两端的截面计算高度一般采用 $h + S/3$，同时 $h + S/3$ 的值不大于杆端截面高度 h_1，即

$$h + S/3 \leqslant h_1$$

关于斜托配筋可按下述构造处理。沿斜托方向增加斜向构造钢筋，此斜向构造筋不可用墙内侧及板底钢筋弯起替代。为抵抗转角部位的拉力，保证表面混凝土的质量（防止剥落），在转角部位宜布置一定数量的斜向箍筋，见图 5.30。

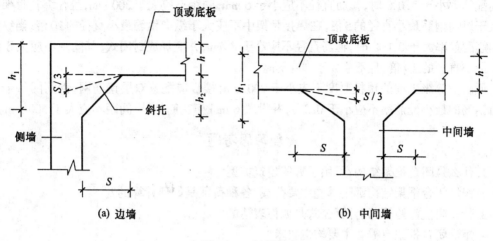

图 5.29　斜托形式

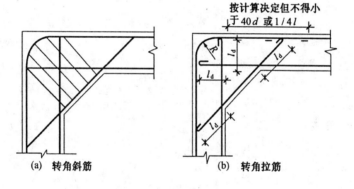

图 5.30　转角构造筋

二、承受动载构件的配筋要求

钢筋混凝土防护结构应采用双面配筋。对受弯构件的计算不需配筋的受压区构造钢筋的配筋率,不宜小于纵向受拉钢筋的最小配筋率。整体现浇钢筋混凝土板、墙、拱每面的非受力钢筋的配筋不宜小于 0.15%,间距不应大于 250 mm。

对连续梁支座及框架、刚架结点,其箍筋体积配筋率不应小于 0.15%;在距支座边缘 1.5 倍截面高度范围内,宜采用封闭式箍筋,箍筋间距不宜大于 $h_0/4$,且不宜大于 200 mm 和主筋直径的 5 倍;受拉钢筋搭接接头长度范围内,宜采用封闭式箍筋,箍筋间距不应大于主筋直径的 5 倍,且不应大于 100 mm。

对钢筋混凝土柱纵向受力钢筋直径不宜小于 12 mm,配筋率不应超过 5.0%。当纵向受力钢筋配筋率小于 3.0% 时,箍筋直径不应小于 6 mm,间距不应大于 300 mm,且在绑扎骨架中不应大于纵向钢筋最小直径的 5 倍,在焊接骨架中不应大于纵向钢筋最小直径的 20 倍;当纵向受力钢筋配筋率大于 3.0% 时,箍筋直径不应小于 8 mm,并应焊成封闭式,其间距不应大于纵向钢筋最小直径的 10 倍,且不应大于 200 mm。

低防护等级工程的楼板厚度不应小于 200 mm,楼板应配置双层钢筋网,钢筋网每个方向受力钢筋的最小配筋率不应小于 0.3% ,并设置 6 mm 梅花筋拉结,间距不应大于 500 mm。

复习思考题

1.什么是闭合框架结构?可用于哪些建筑类型?

2.浅埋闭合框架结构都随哪些主要荷载?各种荷载是如何计算的?

3.什么叫抗浮验算?其计算公式是如何表达的?

4.矩形闭合框架有哪些主要构造要求?

第六章 圆形结构

第一节 圆形结构与盾构施工

在地下工程结构型式中,圆形结构应用十分广泛,特别在岩土性较差的土层中,圆形结构具有受力合理、可机械化施工且能应用于多种建筑。在施工方法上主要有喷射混凝土(图 6.1(a))、钢筋混凝土(图 6.1(b))、整体装配式圆管结构(图 6.1(c))。

(a) 喷射混凝土   (b) 钢筋混凝土   (c) 圆形盾构装配

图 6.1 圆形结构施工型式

圆形结构在建筑功能上具有多种用途,如电力隧道(图 6.2)、铁路隧道(图 6.3)、公路隧道(图 6.4)、水道(图 6.5、6.6)、通信隧道(图 6.7)、煤气管隧道(图 6.8)、城市市政公共管线廊道(图 6.9)等。

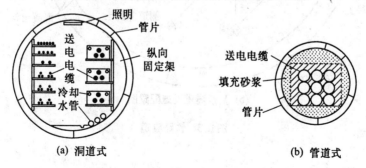

(a) 洞道式   (b) 管道式

图 6.2 电力隧道断面图

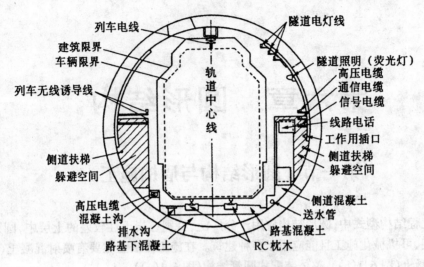

列车电线
建筑限界
车辆限界
列车无线诱导线
侧道扶梯
躲避空间
高压电缆
混凝土沟
排水沟
路基下混凝土

隧道电灯线
隧道照明（荧光灯）
高压电缆
通信电缆
信号电缆
线路电话
工作用插口
侧道扶梯
躲避空间
侧道混凝土
送水管
路基混凝土
RC枕木

轨道中心线

(a) 单线隧道设施配置图

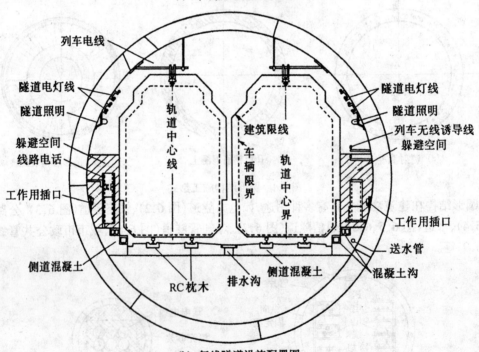

列车电线
隧道电灯线
隧道照明
躲避空间
线路电话
工作用插口
侧道混凝土
RC枕木

轨道中心线
建筑限线
车辆限界
轨道中心界
排水沟
侧道混凝土

隧道电灯线
隧道照明
列车无线诱导线
躲避空间
工作用插口
送水管
混凝土沟

(b) 复线隧道设施配置图

图 6.3 铁路隧道

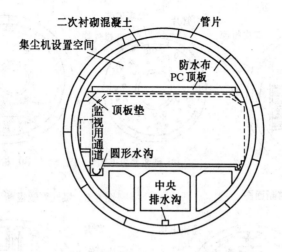

图 6.4　公路隧道断面图(东京湾横断道路断面)

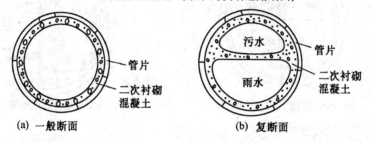

(a)　一般断面　　　　　　　(b)　复断面

图 6.5　下水道隧道断面图

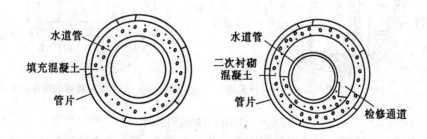

图 6.6　上水道隧道断面图

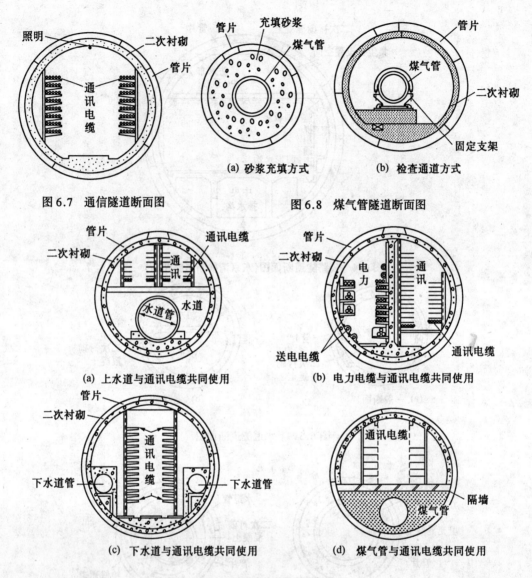

图 6.7　通信隧道断面图　　　　　图 6.8　煤气管隧道断面图

图 6.9　公用隧道的使用实例

图 6.2 中的电力隧道有洞道式和洞内管道式两种作法,后一种作法不利于检修,属于一劳永逸的作法。

图 6.3 中的铁道隧道可用于地下铁道隧道,双圆也可用于地下铁道车站,有单线与复线之分,尺寸净空应根据建筑、设备、电器、车辆、信号等限界来确定。

图 6.4 的公路隧道必然依据公路等级标准及规划的公路建筑限界,除此之外还要考虑维修躲避通道、换气扇或喷气扇设置空间、照明、防火、装修、管理等设施设备、附属用房等空间来

确定其内部净空及道路建筑结构的布局,铁路与公路隧道从施工误差上考虑各取多50～150 mm的半径尺寸,当然具体取多少根据施工条件及水平来决定。

图6.5、6.6中的上下水道有双层衬砌,管片外还增加二次衬砌混凝土或填充混凝土,中心设水道,图6.5中(a)为一般水道断面,(b)为复断面水道,用于分离污水和雨水,复断面水道以楼板上下分离或隔墙左右分离。图6.6中的水道在二次衬砌内又增加了铸铁或钢管水道,以抵抗水压力。

图6.7中的通讯电缆隧道中心留有作业维修空间。图6.8煤气隧道内设煤气管,煤气管为耐压钢管铺设,一次衬大于煤气管半径650～750 mm。

圆形结构主要用盾构法施工,在日本已施工的盾构隧道占世界总施工长度的90%,每年施工的长度约300 km。我国用于地铁工程建设,盾构技术的应用已有40年的历史,目前,在上海、北京、广州、南京、深圳等地都开始了广泛地使用。全国各大城市都拟准备建设地铁,盾构技术应会更加广泛。例如,哈尔滨市轨道一期工程将利用原"7381"隧道,新建车站及连接段均拟采用盾构法施工。举世瞩目的南水北调工程、穿黄隧道施工也预定采用盾构技术。

盾构施工法的主要特点是施工速度快、隐蔽而不影响地面设施和运行,自动化程度高,劳动强度低,尤其适用地质情况较差地段,但与其他施工方法相比,造价高,技术水平高,需要专业设备及技术人员。

盾构施工一次掘进长度在1 400～2 500 m左右,在弯道中曲线半径 $R < 20D$(D 为隧道半径)时,转向困难。盾构施工直径大于12 m时为大型,世界最大直径盾构为14.87 m。

一、盾构的基本构成

盾构施工从其构造上可分为闭胸式、敞开式(图6.10)。

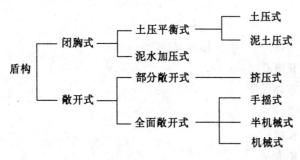

图6.10　盾构的形式

(1)闭胸式盾构是通过一个密封的隔板和开挖面之间形成压力舱,在压力舱内充满泥砂等物质以保持压力舱内的压力,保证开挖面稳定。闭胸式盾构由开挖机、搅拌机、排渣机、控制机组成。主要用于岩土比较差的开挖环境。

(2) 敞开式盾构是全断面或部分断面敞开开挖面开挖的一种类型,以被开挖面的岩土能自力稳定为前提。

盾构机前端为切口环,中部为支承环,后部为盾尾组成,见图 6.11。

盾构外径的计算式为

$$D = D_0 + 2(x + t) \tag{6.1}$$

式中　　D——盾构外径;

　　　　D_0——管片外径;

　　　　x——盾尾空隙;

　　　　t——盾尾壳板厚度。

盾构长度可用"本体长度(l_M)"、"盾构机长度 L_1"、"盾构总长"来表示。其中

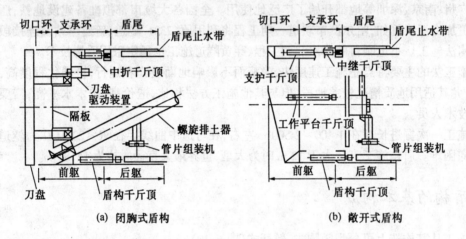

(a) 闭胸式盾构　　　　　　　　(b) 敞开式盾构

图 6.11　盾构的构成

$$L_1 = l_C + l_M \tag{6.2}$$

$$l_M = l_H + l_G + l_T \tag{6.3}$$

式中　　L_1——盾构机长度;

　　　　l_M——盾构机本体长度;

　　　　l_C——刀盘长度;

　　　　l_H——切口环长度;

　　　　l_G——支承环长度;

　　　　l_T——盾尾长度。

盾构总长(L)指盾构前端至后端长度的最大值,见图 6.12。

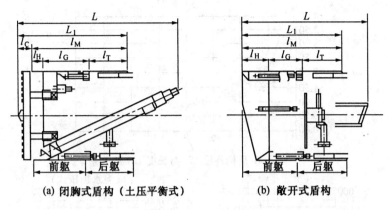

<table>
<tr><td>(a) 闭胸式盾构（土压平衡式）</td><td>(b) 敞开式盾构</td></tr>
</table>

图 6.12　盾构长度

二、盾构机的有关参数

日本的盾构技术是国际上十分先进的,其盾构的某些数据见图 6.13。

从图 6.13 中可以看出,大多 $L/D \approx 1.0 \sim 2.5$;其外径为 $2 \sim 5$ m(D) 的盾构机重量约为 $200 \sim 1\ 000$ kN,外径与重量具有大致线性关系;从外径与覆土厚度的关系看,一般取 $1.0D \sim 1.5D$,大多 $H/D \approx 1.0 \sim 4.0$。从外径上看 $D = 1.5 \sim 14$ m,从重量上看 $G = 180 \sim (7\ 000 \sim 30\ 000)$ kN,从埋深来看 $H = 2 \sim 6$ m最多。盾构最前端是用来切岩土的刀盘,切削方式大多为旋转,还有摆动切削、行量切削,见图 6.14。

盾构机所用的千斤顶其中小截面为 $600 \sim 1\ 500$ kN,大截面为 $200 \sim 4\ 000$ kN,千斤顶的工作速度为 $50 \sim 100$ mm/min。

盾构机在掘进中进行清土 — 传送 — 管片组装机将管片安装就位,这一过程具有较高的自动化程度。管片组装机的起吊力一般为最大管片重量的 $1.5 \sim 2$ 倍;旋转速度为 $250 \sim 400$ mm/s;伸缩速度为 $50 \sim 200$ mm/s,前后滑动距离为 $150 \sim 300$ mm。图 6.15 为日本管片组装机。

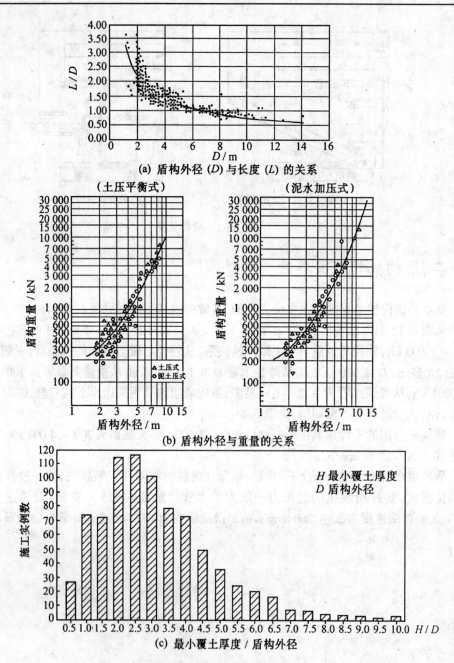

(a) 盾构外径 (D) 与长度 (L) 的关系

(b) 盾构外径与重量的关系

(c) 最小覆土厚度 / 盾构外径

图 6.13 盾构外径与有关参数间关系

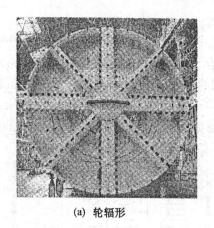

(a) 轮辐形

(b) 面板形

图 6.14　刀盘示意图

(a) 环式管片组装机

(b) 中空轴式管片组装机

图 6.15　管片组装机

第二节　盾构机施工与装配式管片构造

一、盾构施工概况

盾构机的施工是通过竖井来完成有关工作程序的,工作竖井有出发竖井、中间竖井及到达竖井、方向变换竖井。首先将盾构机由竖井放入底部,按设计的高程及路线向前掘进,出发前和到达后应将土进行某种形式的处理,如化学加固或冰结土壁等措施。完成工作任务后,从到达竖井将盾构机运出。

　　施工中根据速度要求,有多台盾构机共同工作的情况,也可两台盾构机正面结合或侧面同已建隧道结合,一般结合地点选择岩土性质好的地点,并对结合部岩土进行加固处理。对于地铁车站或附属建筑物的部分可采用隧道中侧土扩挖的方法,这种侧挖大多并非盾构,而是通过传统的开挖施工方法来完成。

　　在盾构施工方面,不仅有圆形,还有方形、复圆形、椭圆形、矩形等形状,见图 6.16～6.19。

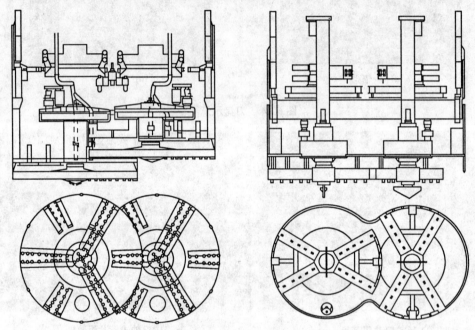

图 6.16　复圆形盾构(双圆形泥水加压式)　　　　图 6.17　复圆形盾构(双圆形泥土加压式)

　　图 6.20 为日本压注混凝土衬砌的特殊施工方法,该方法需要对衬砌、盾构、内模等方面进行研究,应该说是很先进的施工工艺。

　　该施工方法的主要方案是在盾构机的尾部直接浇筑混凝土,是一种非装配化的现场直接浇筑的工法。衬砌是通过混凝土加压千斤顶加压实现的。它能对钢筋混凝土和素混凝土衬砌进行施工,钢筋混凝土衬砌中钢筋设置与混凝土浇筑在盾构机内部完成,在掘进的同时加压衬砌。而素混凝土是伴随盾构的推进,进行浇筑混凝土和加压,同时,进行衬砌修筑和盾尾的填充。由此可以看出,日本的盾构技术是十分先进的,在我国不断学习日本先进盾构技术的过程中,在未来几十年里,我国地下隧道建设必然大量而广泛地采用这些多样先进的盾构技术。

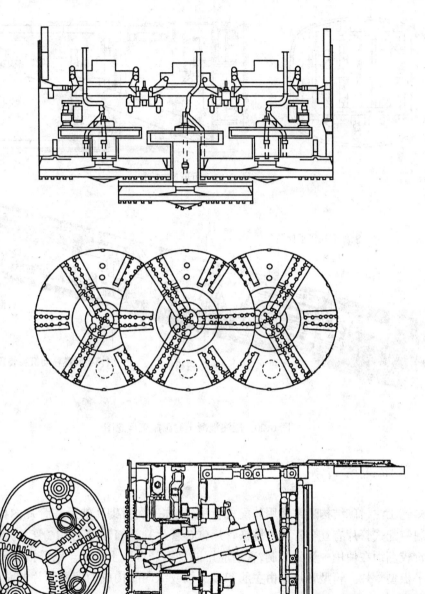

图 6.18   复圆形盾构(3 圆形盾构)

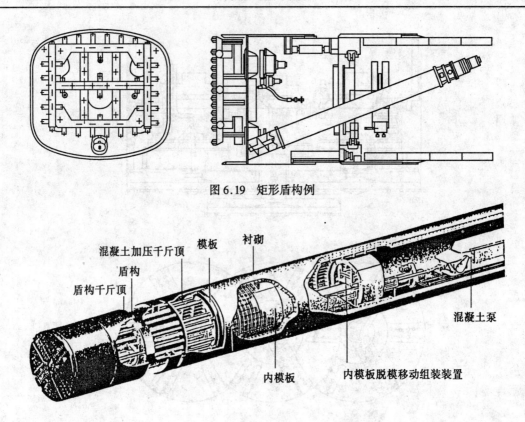

图 6.19　矩形盾构例

图 6.20　压注混凝土衬砌施工概念图

二、装配式管片类型

盾构施工法衬砌结构通常使用装配式管片(又称一次衬砌),然后在管片内再施工二次衬砌。预制装配式管片有复合管片及铸铁管片(DC 管片)、钢筋混凝土(RC 管片)及钢管片。钢管片造价较高而在使用中受到限制,普遍应用的是钢筋混凝土管片。钢筋混凝土管片有箱型管片与平板型管片。箱型管片是由主肋和接头板或纵向肋构成的凹型管片的总称,常适用于大直径断面隧道。

1.钢筋混凝土管片(RC 管片)

钢筋混凝土管片有箱型和平板型管片两种类型。在等量材料条件下,箱型管片比平板型管片抗弯刚度大,常用于大直径隧道,而平板型管片用于断面尺寸较小的隧道。两种管片在等厚度条件下,平板型的抗弯刚度显然优于箱型,但浪费材料,对于地面荷载较大及穿越地面建筑物下基础底土层时,可考虑平板型管片。两种管片应该是各有不同特点,也有结合两种管片优点而制造的管片,上海地铁一号线管片设计就采用了具有箱型与平板型两种优点的改良型管片,详见图 6.21(c)、(d)所示几种管片的型式。

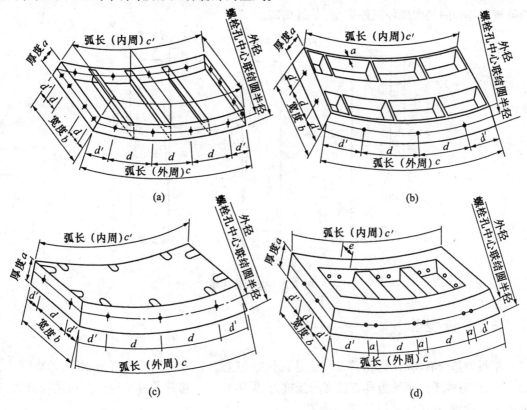

图 6.21 尺寸的量测

2.铸铁管片

铸铁管片采用的是以镁作为球化剂的球墨铸铁管片。铸铁管片具有许多优点,重量轻及强度高、耐腐性能与防水效果好、制造精良等,但较钢筋混凝土管片造价高,采用得不是很普遍。铸铁管片见图 6.21(b)。

3.复合管片

复合管片是指采用了两种以上材料设计的管片,如在平板型钢筋混凝土管片外包钢板或素混凝土管片外包钢板等制成。此种管片造价高,可设计出较高的强度和刚度。目前,还有用桁架、平钢、型钢代替钢筋而设计制成的钢骨混凝土系列的管片,这样可降低造价,提高强度和刚度。这些管片都属于平板型管片的一种,主要使用在对管片质量要求较高的地段,如变形缝、隧道与工作井交界处、旁通道、通风井交界处等。

4.楔型管片环

在圆形隧道的曲线段和修正蛇行(纠偏)施工使用楔型管片环,这种楔型管片环有普通环、单侧楔型环和两侧楔型环三种类型,见图6.22。

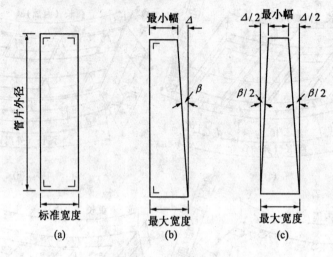

图 6.22　楔型管片环

三、平板型管片

平板型是指有实心断面的管片,适用于小直径隧道,一般由钢筋混凝土制作,单块管片自重较大,对盾构千斤顶顶力具有较强的抵抗力,见图6.23。铸铁管片结构的金属消耗量大,且易发生脆性破坏,因此,近年来采用较少。

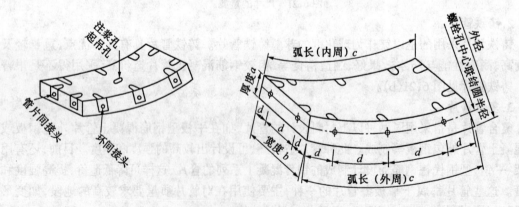

图 6.23　平板型管片

四、装配式钢筋混凝土管片构造

装配式钢筋混凝土管片是由若干管片用螺栓连接拼装而成。

1.管片尺寸及数量

管片宽度尺寸在 0.7~1.4 m 之间,多数为 0.75~0.9 m,常用宽度为 0.9 m。管片厚度根据计算确定,一般可取隧道外径的 4%~6%,钢筋混凝土管片厚度一般取隧道外径的 5%,模数为 50 mm。

管片的数量一般为 4~10 块,小直径隧道以 4~6 块为宜,如地铁隧道采用 6~7 块,即由标准块 A、邻接块 B 和封顶块 K 组成。大直径隧道以 8~10 块为多。

2.管片拼装

管片拼装有通缝与错缝两种。以错缝拼装较普遍,既有利结构刚度,也有利接缝处理。拼装采用环向及纵向螺栓,当隧道直径较大时,可设双排螺栓,外排螺栓抵抗负弯矩,内排螺栓抵抗正弯矩。单排螺栓孔位于管片内侧 $\frac{1}{3}$ 厚度处。螺栓孔比螺栓直径大 3~6 mm。螺栓形式有直、弯、斜插等形式,而以直螺栓应用较普遍。

第三节　圆形结构的计算

圆管结构有整体式和装配式两种,整体式衬砌可为喷射混凝土、钢筋混凝土、素混凝土等材料,结构整体式好,但施工速度慢。日本新型压注混凝土衬砌的方案将会解决这方面的不足。

装配式圆管结构具有很多优越性,其特点及性能在前节中已介绍。

圆管结构的内力分析与计算可根据其施工的不同形式采取不同的算法,它受隧道的用途、围岩状况、目标荷载、管片结构、要求的计算精密的影响,必须认真分析。

一、钢筋混凝土管片设计要求及方法

(1) 按需要验算强度、变形、裂缝限制等。

(2) 衬砌结构经过施工阶段、使用阶段、特殊荷载阶段,应分别对各阶段的强度、变形等指标,根据需要验算并进行不利组合分析。

(3) 圆形结构设计方法有多种,如自由变形的匀质圆环结构、局部变形理论假定抗力结构、弹性地基上圆环结构等。目前衬砌结构计算多采用第一种方法。

(4) 假定有效断面的管片的全宽度与全厚度。大开孔的箱型管片断面假定为"T"形,平板型管片为矩形。箱型管的纵向肋加强了环肋的整体刚度。

(5) 计算管片内力时无附加的挠曲影响。

二、荷载计算

1.施工阶段

盾构推进施工法容易出现比使用阶段更为不利的工作条件,使管片出现开裂、变形、破碎和沉陷等状况,因此,应进行必要的验算并采取相应的措施。

施工阶段的主要问题是:管片拼装时,由于管片制作精度不高,拼装会导致管片开裂等现象;在盾构推进过程中,环缝面上的支承条件不明确或位置不当使管片受到破坏。衬砌背后压注浆因素、盾构过程中土压的不均匀等都是施工中常遇到的问题,上述这些问题都必须经过认真思考,对可能出现的各种不利因素进行分析设计,对那些难以估计到的问题可在施工中进行现场观测并及时提出改进措施。

2.使用阶段

使用阶段的荷载有水土压力、自重等,当有防护等级要求时,尚应包括由核爆动荷载计算的等效静荷载,图6.24为圆形结构的各种荷载示意图。

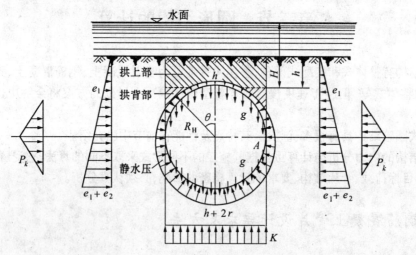

图 6.24　圆形结构荷载示意图

(1) 圆形结构自重

结构自重作用方向垂直向下,所产生的弯矩占总弯矩的20%,自重的大小为圆环沿管纵向截面面积与材料容重的乘积,其计算式为

$$g = \gamma_h \cdot \delta \tag{6.4}$$

式中　　g—— 自重,通常取 1 m 作为计算单元;

　　　　δ—— 管片厚度,箱型管片可采用折算厚度(m);

　　　　γ_h—— 材料容重(kN/m³),为 25 ~ 26 kN/m³。

(2) 地面荷载 W_0

地面荷载包括路面车辆、建筑物,当隧道管片顶部埋深大于 7.0 m 时,该荷载可不予考虑。当埋深较浅时,即小于 7.0 m,日本资料一般取 10 kN/m²。

(3) 竖向地层压力

竖向地层压力由两个部分组成,即拱上部与拱背部。拱上部地层压力为

$$q_1 = \sum_{i=1}^{n} \gamma_i h_i \tag{6.5}$$

式中　　q_1—— 拱上部地层压力(kN/m²);

　　　　γ_i—— i 层土体重度(kN/m³);

　　　　h_i—— i 层土体的地层厚度(m)。

拱背部的土压力可近似化成均布荷载,其计算式为

$$q_2 = \frac{G}{2R_H} \tag{6.6}$$

$$G = 2\left(1 - \frac{\pi}{4}\right) R_H^2 \gamma_i \tag{6.7}$$

式中　　q_2—— 拱背部土体均布压力(kN/m²);

　　　　G—— 拱背部总地层压力(kN/m);

　　　　R_H—— 圆环计算半径(m)。

竖向地层压力为 $q = W_0 + q_1 + q_2$,如果有水压力还要把水压力考虑之中。

(4) 侧向地层土压力

侧向水平地层压力可按郎金公式计算,即

均匀土压

$$e_1 = q \cdot \tan^2\left(45° - \frac{\varphi}{2}\right) - 2c \cdot \tan\left(45° - \frac{\varphi}{2}\right) \tag{6.8}$$

三角形土压

$$e_2 = 2R_H \cdot \gamma \cdot \tan^2\left(45° - \frac{\varphi}{2}\right) \tag{6.9}$$

式中　　e_1、e_2—— 侧向水平均匀及三角形主动土压(kN/m²);

　　　　γ、φ、c—— 土壤的重度(kN/m³)、内摩擦角(°)及内聚力(kN/m²)。当有多层土层时可取其加权平均值。

$$\gamma = \frac{\gamma_1 h_1 + \gamma_2 h_2 + \cdots + \gamma_n h_n}{h_1 + h_2 + \cdots + h_n} \tag{6.10}$$

$$\varphi = \frac{\varphi_1 h_1 + \varphi_2 h_2 + \cdots + \varphi_n h_n}{h_1 + h_2 + \cdots + h_n} \tag{6.11}$$

(5) 静水压力 q_w

$$q_w = h_i \gamma_w \tag{6.12}$$

式中　q_w——圆环任意点的静水压力(径向作用)(kN/m^2);

　　　γ_w——水容重(kN/m^3);

　　　h_i——地下水位至圆环任意点的高度(m)。

大多情况下,对于水土混合时的水压实际上不考虑,因对孔隙水压的推断尚不准确。

(6) 侧向土体抗力

侧向土体抗力是指圆形隧道在横向发生变形时,地层产生的被动土压。土体抗力大小与隧道圆环的变形成正比,按文克列尔局部变形理论,抗力图形为一等腰三角形,抗力分布在隧道水平中心线上下 45° 的范围内。用下式计算

$$P_k = k \cdot \delta \left(1 - \frac{\sin \alpha}{\sin 45°}\right) \tag{6.13}$$

式中　P_k——侧向土体抗力;

　　　k——抗力系数按表 6.1 取值;

　　　δ——A 点的水平位移(m);

$$\delta = \frac{(2q_1 - e_1 - e_2 + \pi q_1) R_H^4}{24(EI\eta + 0.045\,4kR_H^4)} \tag{6.14}$$

其中　EI——衬砌圆环抗弯刚度(kN·m^2);

　　　η——圆环抗弯刚度折减系数,又称抗弯刚度有效率, $\eta = 0.25 \sim 0.8$。

表 6.1　抗力系数 k 值

地层	优　良　地　基					软　土　地　基		
	非常密实砂	固结粘土	密实砂	硬粘土	一般粘土	松砂	软粘土	非常软弱粘土
N 值	$N \geqslant 30$	$N \geqslant 25$	$10 < N < 30$	$8 \leqslant N < 25$	$4 < N < 8$	$N \leqslant 10$	$2 < N < 4$	$N \leqslant 2$
k 值 /(kN·m^{-3})	5×10^4	4×10^4	3×10^4	2×10^4	1×10^4	1×10^4	5×10^3	0

注:N 为标准贯入度。

土壤地层抗力系数 k 是通过实测获得的,将某一规格刚性板(30 ~ 100 cm)安装在侧壁内,然后利用千斤顶以水平方向向土层顶进,即可画出 $\sigma - y$ 曲线,经过换算而获得 k 值。

侧向土体抗力不考虑管片自重引起的侧向变形,以及在计算松动圈土压时或 $N < 3$ 的软土中的变形。

(7) 竖向土体抗力 K

竖向土体抗力 K 是与垂直荷载相平衡的地基反力,其计算式为

$$K = q_1 + \pi g + 0.2146 R_H \gamma - \frac{\pi}{2} R_H \gamma_W \tag{6.15}$$

式(6.15) 中的 K 在不同情况,如水下土中(q_1、q_2、g、q_W、Q)、土中(q_1、q_2、g、W_0)或土中有水(q_1、g、W_0、q_2、Q)等,其反力应有所不同,Q 为水浮力,计算中常忽略 q_2。

(8) "松动高度"计算理论

竖向土压计算公式通常考虑结构顶部全部土压,这对软粘土层中经实测是较为合适的。但当土质良好,且埋深较大的结构,顶部土压按式(6.5) 计算就不符合实际情况,即在结构顶部形成所谓"松动高度"或"松动圈土"的状况。因此,对于砂或砾石土且覆土厚度与隧道外径相比达到相当深时($H \geq 2.0D$),可按"松动高度"理论计算。用的较为普遍的计算式为美国泰沙基公式及苏联的普罗托季雅柯诺夫公式,见图 6.25。泰沙基公式为

$$q_3 = \frac{B_1(\gamma - c/B_1)}{K_0 \tan \varphi}(1 - e^{-K_0 \tan \varphi \frac{H}{B_1}} + W_0 e^{-K_0 \tan \varphi \frac{H}{B_1}}) \tag{6.16}$$

$$B_1 = \frac{D_c}{2} \cdot \cot(\frac{\pi/4 + \varphi/2}{2}) \tag{6.17}$$

式中　q_3——松动高度内竖向土压(kPa);

D_c——隧道外径(m);

$2B_1$——松动土范围宽度(m);

K_0——水平土压与垂直土压之比(一般 $K_0 = 1.0$);

c——土的粘聚力(kPa);

φ——土的内摩擦角(度);

H——覆土深度(m);

W_0——地面荷载(kPa);

h——松动土高度,$h = \frac{q_3}{\gamma}$。

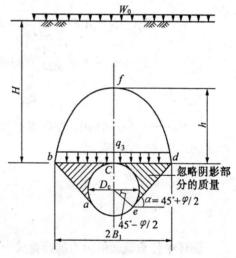

图 6.25　松动覆土压

但是,当 W_0/γ 小于 h 时可使用下式计算竖向土压,即

$$q_3 = \frac{B_1(\gamma - c/B_1)}{K_0 \cdot \tan \varphi} \cdot (1 - e^{-K_0 \tan \varphi H/B_1}) \tag{6.18}$$

普罗托季雅柯诺夫公式为(普氏公式)

$$q_3 = \frac{2}{3}\gamma\,\frac{B_1}{\tan\varphi}$$

三、圆形结构内力计算

1. 按自由变形均质圆环内力计算

在饱和含水软土中的圆形结构由于具有防水要求,在环形接缝及纵向螺栓连接的构造处理上应保证一定的刚度,其荷载分布及计算简图见图6.26。

将图 6.26 中的顶部切开并加一刚臂,结构和荷载均为对称,切口处只有未知弯矩 x_1 和 x_2,剪力为零。利用弹性中心法可简化计算,根据弹性中心处相对角变和相对水平位移等于零的条件,列出下列方程

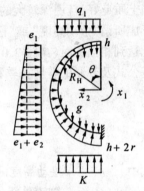

$$\delta_{11}x_1 + \Delta_{1P} = 0 \qquad (6.19)$$

$$\delta_{22}x_2 + \Delta_{2P} = 0 \qquad (6.20)$$

式中　$\delta_{11} = \dfrac{1}{EI}\displaystyle\int_0^{\pi} M_1^2 R_H\mathrm{d}\,\theta = \dfrac{1}{EI}\displaystyle\int_0^{\pi} R_H\mathrm{d}\,\theta = \dfrac{\pi R_H}{EI}$

$$\delta_{22} = \frac{1}{EI}\int_0^{\pi} M_2^2 R_H\mathrm{d}\,\theta = \frac{1}{EI}\int_0^{\pi}(-R_H\cos\,\theta)^2 R_H\mathrm{d}\,\theta = \frac{R_H^3\pi}{2EI}$$

$$\Delta_{1P} = \frac{1}{EI}\int_0^{\pi} M_P R_H\mathrm{d}\,\theta \qquad (6.21)$$

$$\Delta_{2P} = -\frac{R_H^2}{EI}\int_0^{\pi} M_P\cos\,\theta\,\mathrm{d}\,\theta \qquad (6.22)$$

图 6.26　圆环内力计算简图

M_P—— 基本结构中,外荷载对圆环任意截面产生的弯矩。

由式(6.19)、(6.20) 得

$$x_1 = -\frac{\Delta_{1P}}{\delta_{11}} \qquad (6.23)$$

$$x_2 = -\frac{\Delta_{2P}}{\delta_{22}} \qquad (6.24)$$

圆环中任意截面的内力的计算式为

$$M_\theta = x_1 - x_2\cos\,\theta + M_P \qquad (6.25)$$

$$N_\theta = N_P + x_2\cos\,\theta \qquad (6.26)$$

对于自由变形的圆环,在不同荷载作用下任意截面的内力,已编制成内力计算表6.2,将圆环的一半划分为九个截面,计八等分,可按表 6.3 的内力计算公式进行更简单的计算。

按自由圆环进行计算,对地层不能产生弹性抗力时是合适的,在能产生弹性抗力的稳定土层中,上述方法与实际差别较大。

表 6.2　内力计算表

荷载形式	内　　力			水平变位
	弯　　矩	轴　　力	剪　　力	弯矩引起的变位
垂直荷载 $(q_1 + q_w)$	$\left(\dfrac{1}{4} - \dfrac{1}{2}\sin^2\theta\right)(q_1 + q_w)R_H^2$	$\sin^2\theta(q_1 + q_w)R_H$	$-\sin\theta\cos\theta(q_1 + q_w)R_H$	$\dfrac{1}{12}\dfrac{(q_1 + q_w)R_H^4}{\eta EI}$
水平荷载 (e_1)	$\left(\dfrac{1}{4} - \dfrac{1}{2}\cos^2\theta\right)e_1 R_H^2$	$\cos^2\theta e_1 R_H$	$\sin\theta\cos\theta e_1 R_H$	$-\dfrac{1}{12}\dfrac{e_1 R_H^4}{\eta EI}$
水平荷载 (e_2)	$\dfrac{1}{48}(6 - 3\cos\theta - 12\cos^2\theta + 4\cos^3\theta)e_2 R_H^2$	$\dfrac{1}{16}(\cos\theta + 8\cos^2\theta - 4\cos^3\theta)e_2 R_H$	$\dfrac{1}{16}(\sin\theta + 8\sin\theta\cos\theta - 4\sin\theta\cos^2\theta)e_2 R_H$	$-\dfrac{1}{24}\dfrac{e_2 R_H^4}{\eta EI}$
水平向抗力 (P_k)	$\left(0 \leqslant \theta \leqslant \dfrac{\pi}{4}\right)$ $(0.234\,6 - 0.353\,6\cos\theta)\cdot P_k R_H^2$ $\left(\dfrac{\pi}{4} \leqslant \theta \leqslant \dfrac{\pi}{2}\right)$ $(-0.348\,7 + 0.5\sin^2\theta + 0.235\,7\cos^3\theta)e_2 R_H^2$	$\left(0 \leqslant \theta \leqslant \dfrac{\pi}{4}\right)$ $0.353\,6\cos\theta P_k R_H$ $\left(\dfrac{\pi}{4} \leqslant \theta \leqslant \dfrac{\pi}{2}\right)$ $(-0.707\,1\cos\theta + \cos^2\theta + 0.707\,1\sin^2\theta\cos\theta)\cdot P_k R_H$	$\left(0 \leqslant \theta \leqslant \dfrac{\pi}{4}\right)$ $0.353\,6\sin\theta P_k R_H$ $\left(\dfrac{\pi}{4} \leqslant \theta \leqslant \dfrac{\pi}{2}\right)$ $(\sin\theta\cos\theta - 0.707\,1\cos^2\theta\sin\theta)P_k R_H$	$-\dfrac{1}{22}\dfrac{P_k R_H^4}{\eta EI}$
自重 (g)	$\left(0 \leqslant \theta \leqslant \dfrac{\pi}{2}\right)$ $\left(\dfrac{3}{8}\pi - \theta\sin\theta - \dfrac{5}{6}\cos\theta\right)gR_H^2$ $\left(\dfrac{\pi}{2} \leqslant \theta \leqslant \pi\right)$ $\left\{-\dfrac{1}{8}\pi + (\pi - \theta)\sin\theta - \dfrac{5}{6}\cos\theta - \dfrac{\pi}{2}\sin^2\theta\right\}\cdot gR_H^2$	$\left(0 \leqslant \theta \leqslant \dfrac{\pi}{2}\right)$ $\left(\theta\sin\theta - \dfrac{1}{6}\cos\theta\right)gR_H$ $\left(\dfrac{\pi}{2} \leqslant \theta \leqslant \pi\right)$ $\left\{-(\pi - \theta)\sin\theta + \pi\sin^2\theta - \dfrac{1}{6}\cos\theta\right\}gR_0$	$\left(0 \leqslant \theta \leqslant \dfrac{\pi}{2}\right)$ $\left(\theta\cos\theta + \dfrac{1}{6}\sin\theta\right)gR_H$ $\left(\dfrac{\pi}{2} \leqslant \theta \leqslant \pi\right)$ $\{(\pi - \theta)\cos\theta - \pi\sin\theta\cos\theta - \dfrac{1}{6}\sin\theta\}gR_H$	

注：$M = \sum M_i$，$N = \sum N_i$。

表 6.3　　内力系数

截面	应力	外部荷载						
		衬砌自重 g	竖向地层压力 q	水压力	水平均布地层压力	水平△土压力	地层反力	拱背荷载
1	M	$+0.5000gR_H^2$	$+0.2990qR_H^2$	$-0.2500R_H^3$	$-0.2500p_1R_H^2$	$-0.1050p_2R_H^2$	$-0.0490KR_H^2$	$+0.085GR_H$
	N	$-0.5000gR_H$	$-0.1060qR_H$	$+0.7500R_H^2+HR_H$	$+1.0000p_1R_H$	$+0.3130p_2R_H$	$+0.1060KR_H$	$-0.102G$
(15°)	M	$+0.4493gR_H^2$	$+0.2619qR_H^2$	$-0.2240R_H^3$	$-0.2165p_1R_H^2$	$-0.0943p_2R_H^2$	$-0.0454KR_H^2$	$+0.079GR_H$
	N	$-0.4162gR_H$	$-0.0354qR_H$	$+0.7246R_H^2+HR_H$	$+0.9330p_1R_H$	$+0.3020p_2R_H$	$+0.1024KR_H$	$-0.091G$
2	M	$+0.3879gR_H^2$	$+0.2275qR_H^2$	$-0.1939R_H^3$	$-0.1760p_1R_H^2$	$-0.0812p_2R_H^2$	$-0.0409KR_H^2$	$+0.075GR_H$
	N	$-0.3117gR_H$	$+0.0485qR_H$	$+0.6939R_H^2+HR_H$	$+0.8536p_1R_H$	$+0.2888p_2R_H$	$+0.0979KR_H$	$-0.085G$
3	M	$+0.1414gR_H^2$	$+0.0180qR_H^2$	$-0.0457R_H^3$	$-0.0000p_1R_H^2$	$-0.0152p_2R_H^2$	$-0.0180KR_H^2$	$+0.031GR_H$
	N	$+0.2514gR_H$	$+0.4250qR_H$	$+0.5457R_H^2+HR_H$	$+0.5000p_1R_H$	$+0.2062p_2R_H$	$+0.0750KR_H$	$-0.033G$
4	M	$-0.2792gR_H^2$	$-0.1932qR_H^2$	$+0.1396R_H^3$	$+0.1766p_1R_H^2$	$+0.0764p_2R_H^2$	$+0.0164KR_H^2$	$-0.057GR_H$
	N	$+0.8965gR_H$	$+0.8130qR_H$	$+3604R_H^2+HR_H$	$+0.1465p_1R_H$	$+0.0833p_2R_H$	$+0.0400KR_H$	$+0.363G$
(75°)	M	$-0.3938gR_H^2$	$-0.2461qR_H^2$	$+0.1909R_H^3$	$+0.2165p_1R_H^2$	$+0.1063p_2R_H^2$	$+0.0290KR_H^2$	$-0.080GR_H$
	N	$+1.1350gR_H$	$+0.9056qR_H$	$+0.3030R_H^2+HR_H$	$+0.0670p_1R_H$	$+0.0455p_2R_H$	$+0.0274KR_H$	$+0.367G$
5	M	$-0.5700gR_H^2$	$-0.3070qR_H^2$	$+0.2850R_H^3$	$-0.2500p_1R_H^2$	$+0.1250p_2R_H^2$	$+0.0570KR_H^2$	$-0.126GR_H$
	N	$+1.5700gR_H$	$+1.0000qR_H$	$+0.2150R_H^2+HR_H$	$+0.0000p_1R_H$	$+0.000p_2R_H$	$+0.0000KR_H$	$+0.500G$
6	M	$-0.6218gR_H^2$	$-0.2708qR_H^2$	$+0.3190R_H^3$	$+0.1766p_1R_H^2$	$+0.1247p_2R_H^2$	$+0.0940KR_H^2$	$-0.128GR_H$
	N	$+2.0045gR_H$	$+0.9638qR_H$	$+0.1891R_H^2+HR_H$	$+0.1465p_1R_H$	$+0.0631p_2R_H$	$-0.1102KR_H$	$+0.501G$
7	M	$-0.3117gR_H^2$	$-0.0891qR_H^2$	$+0.1558R_H^3$	$+0.0000p_1R_H^2$	$+0.0152p_2R_H^2$	$+0.0891KR_H^2$	$+0.053GR_H$
	N	$+2.0118gR_H$	$-0.7821qR_H$	$+0.3442R_H^2+HR_H$	$+0.5000p_1R_H$	$+0.2938p_2R_H$	$-0.2821KR_H$	$-0.426G$
8	M	$+0.3907gR_H^2$	$+0.2124qR_H^2$	$+0.1954R_H^2$	$-0.1768p_1R_H^2$	$-0.0956p_2R_H^2$	$-0.0360KR_H^2$	$+0.087GR_H$
	N	$+1.5332gR_H$	$+0.4806qR_H$	$+0.6954R_H^2+HR_H$	$+0.8536p_1R_H$	$+0.5648p_2R_H$	$-0.3342KR_H$	$-0.286G$
9	M	$+1.5000gR_H^2$	$+0.5870qR_H^2$	$-0.7500R_H^3$	$-0.2500p_1R_H^2$	$-0.1450p_2R_H^2$	$-0.3370KR_H^2$	$+0.271GR_H$
	N	$+0.5000gR_H$	$+0.1060qR_H$	$+1.2500R_H^2+HR_H$	$+1.0000p_1R_H$	$+0.6870p_2R_H$	$-0.1060KR_H$	$+0.102G$

注: R_H 取圆环轴线半径(实际为外径)。

2. 按局部变形理论假定抗力图形内力计算

衬砌结构在竖向荷载作用下,产生向地层方向的变形,从而引起弹性抗力,弹性抗力的分布规律假定如下,见图 6.27。

(1) 在 $2\varphi = 90°$ 的范围内的顶部为"脱离区",结构变形向内,无弹性抗力,即 $P_k = 0$。

(2) $\dfrac{\pi}{4} \leqslant \varphi \leqslant \dfrac{\pi}{2}$ 的范围内,弹性抗力为

$$P_k = k\delta = -ky_a\cos 2\varphi \tag{6.27}$$

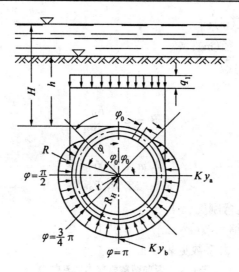

图 6.27 圆环荷载抗力图形

(3) $\dfrac{\pi}{2} \leqslant \varphi \leqslant \pi$ 的范围内,弹性抗力为

$$P_k = k\delta = ky_a\sin^2\varphi + ky_b\cos^2\varphi \tag{6.28}$$

式中 φ—— 结构上任意一点的弹性抗力作用线与垂直轴间的夹角;

    y_a、y_b—— 任意结构水平直径方向与垂直直径方向的位移。

当考虑弹性抗力时,在各种不同荷载作用下圆形结构的内力计算可分别进行,而后叠加。

利用下列四个联立方程可解出四个未知数 x_1、x_2、y_a 和 y_b。

$$\left.\begin{aligned}
x_1\delta_{11} + \delta_1q_1 + \delta_1P_r &= 0 \\
x_2\delta_{22} + \delta_2q_1 + \delta_2P_r &= 0 \\
y_a &= \delta_aq_1 + \delta_aP_k + x_1\delta_{a1} + x_2\delta_{a2} \\
\sum Y &= 0
\end{aligned}\right\} \tag{6.29}$$

各截面上的 M、N 值为

$$M_\alpha = Mq_1 + MP_k + x_1 - x_2R_H\cos\varphi \tag{6.30}$$

$$N_\alpha = Nq_1 + NP_k + x_2\cos\varphi \tag{6.31}$$

利用式(6.30)、(6.31),计算由竖向荷载 q_1、自重 g、静水压力三种荷载引起的圆环各个截面的内力如下。

由竖向荷载引起的弯矩、轴力计算式为

$$M_\alpha = qR_HR_0b[A\beta + B + Cn(1+\beta)] \tag{6.32}$$

$$N_\alpha = qR_0b[D\beta + F + Qn(1+\beta)] \tag{6.33}$$

式中 q—— 竖向荷载(kN/m^2);

R_0—— 圆环外半径(m);

R_H—— 圆环计算半径(m);

b—— 圆环宽度(m);

β、n—— 系数;

$$\beta = 2 - \frac{R_0}{R_H}$$

$$n = \frac{1}{m + 0.064\ 16}$$

$$m = EI / R_H^3 R_0 \kappa b$$

式中　　EI—— 圆环断面抗弯刚度(kN·m²);

　　　　κ—— 土壤介质压缩系数(kN/m³)。

竖向荷载 q 引起圆环内力系数见表 6.4。

表 6.4　竖向荷载引起内力系数表

截面位置 $\alpha/(°)$	系　　　数					
	A	B	C	D	F	Q
0	0.162 8	0.087 2	− 0.007	0.212 2	− 0.212 2	0.021
45	− 0.025	0.025	− 0.000 84	0.15	0.35	0.014 85
90	− 0.125	− 0.125	0.008 25	0	1	0.005 75
135	0.025	− 0.025	0.000 22	− 0.15	0.9	0.013 8
180	0.087 2	0.162 8	− 0.008 37	− 0.212 2	− 0.712 2	0.022 4

由自重引起的内力计算式为

$$M_\alpha = gR_H^2 b(A_1 + B_1 n) \tag{6.34}$$

$$N_\alpha = gR_H b(C_1 + D_1 n) \tag{6.35}$$

由自重 g 引起圆环内力系数见表 6.5。

表 6.5　自重引起的内力系数表

截面位置 $\alpha/(°)$	系　　　数			
	A_1	B_1	C_1	D_1
0	0.344 7	− 0.021 98	− 0.166 7	0.065 92
45	0.033 4	− 0.002 67	0.337 5	0.046 61
90	− 0.392 8	0.025 89	1.570 8	0.018 04
135	− 0.033 5	0.000 67	1.918 6	0.042 2
180	0.440 5	− 0.026 7	1.737 5	0.070 1

由静水压力引起的内力计算式

$$M_a = - R_0^2 R_H b (A_2 + B_2 n) \tag{6.36}$$

$$N_a = - R_0^2 b (C_2 + D_2 n) + R_0 H b \tag{6.37}$$

式中　A_2、B_2、C_2、D_2—— 内力系数,见表6.6。

　　H—— 静水压头(m);

由静水压头 H 引起的圆环内力系数见表6.6。

表6.6　内力系数

截面位置 $\alpha/(°)$	A_2	B_2	C_2	D_2
0	0.172 4	– 0.010 97	– 0.583 85	0.032 94
45	0.016 73	– 0.001 32	– 0.427 71	0.023 29
90	– 0.196 38	0.012 94	– 0.214 6	0.009 03
135	– 0.016 79	0.000 36	– 0.394 13	0.021 61
180	0.220 27	– 0.013 12	– 0.631 25	0.035 09

3.圆环结构内力其他解法

(1) 按多铰圆环计算圆环内力(山本稔法)

山本稔法的基本特征是圆环多铰衬砌结构在主动和被动土压力作用下而产生变形,在变形过程中,铰不发生突变,变形的圆环结构逐渐转变成稳定的结构体系,从而发挥结构的作用。

对于装配式圆环衬砌结构被视为多铰圆环结构体系是符合结构本身特征的,其条件是衬砌外围土壤介质能明确给出土壤的弹性抗力。

山本稔法的分析方法基于以下基本假定:

① 适用于圆形结构;

② 衬砌环结构在转动时视为刚体;

③ 衬砌环外围土抗力按均匀变形式分布,并作用圆环圆心方向,土抗力的计算要满足衬砌稳定性的要求;

④ 土抗力和变位间的关系按文克列尔公式计算;

⑤ 计算中不计土壤与圆环之间的摩阻力。

(2) 计算方法

多铰圆环衬砌结构的计算简图见图6.28。

图6.28中的多铰圆环中,$n-1$个铰由地层约束,剩下一个为非约束铰,位置经常在主动土压力一侧。

衬砌各截面处的地层抗力方程式

$$q_{\alpha i} = q_{i-1} + \frac{(q_i - q_{i-1})\alpha_i}{\theta_i - \theta_{i-1}} \quad (6.38)$$

式中　　$q_{\alpha i}$——相应截面处地层抗力(kN/m^2);

　　　　q_{i-1}——$i-1$ 铰处土层抗力(kN/m^2);

　　　　q_i——i 铰处土层抗力(kN/m^2);

　　　　α_i——以 q_i 为基轴的截面位置;

　　　　θ_i——i 铰与垂直轴的夹角;

　　　　θ_{i-1}——$i-1$ 铰与垂直轴的夹角。

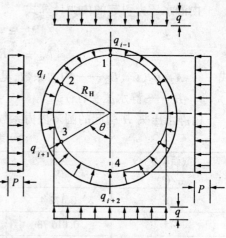

图 6.28　多铰圆环计算简图

在图 6.28 中分别以 1—2、2—3、3—4 取脱离体,利用 $\sum X = 0, \sum Y = 0, \sum M = 0$ 三个平衡方程可解出相应铰处的内力,各铰处未知力方向见表 6.7。

表 6.7　各铰处的未知力及方向

	铰 1	铰 2	铰 3	铰 4
水平力	$\overrightarrow{H_1}$	$\overrightarrow{H_2}$	$\overrightarrow{H_3}$	$\overrightarrow{H_4}$
垂直力		$\uparrow V_2$	$\uparrow V_3$	
抗　力	$q_1 = 0$	q_2	q_3	q_4

相应的简图见图 6.29。

根据图 6.29 可通过建立 9 个方程解出 $q_2 \sim q_4, H_1 \sim H_4, V_2 \backslash V_3$ 等 9 个未知力,相应的方程为

$$\left.\begin{aligned}
& H_1 = H_2 + 0.5PR_H + 0.327q_2R_H \\
& V_2 = 0.866qR_H + 0.388q_2R_H \\
& H_1 = (0.75q + 0.25p + 0.346q_2)R_H \\
& H_2 + H_3 = PR_H + \frac{R_H}{2}(q_3 + q_2) \\
& V_2 = V_3 + 0.089(q_3 - q_2) \\
& H_2 = \left(\frac{P}{2} + 0.173q + 0.327q_2\right)R_H \\
& H_4 = H_3 + 0.5PR_H + 0.327q_3R_H + 0.173q_4 \\
& V_3 = 0.866qR_H + 0.389q_3 + 0.478q_4 \\
& V_3 = \frac{\left(0.5H_3 + \dfrac{PR_H}{8} + 0.375qR_H + 0.328q_3R_H + 0.173q_4R_H\right)}{0.866R_H}
\end{aligned}\right\} \quad (6.39)$$

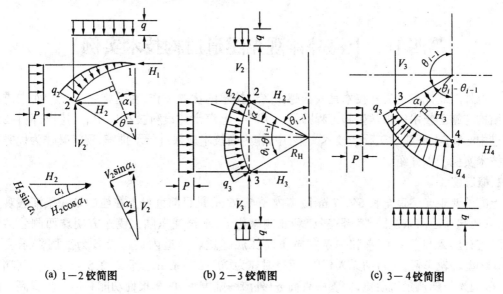

(a) 1—2 铰简图　　　　(b) 2—3 铰简图　　　　(c) 3—4 铰简图

图 6.29　半圆 1 ~ 4 铰力学简图

解上述 9 个方程即可得到 9 个未知数,通过解出的未知数即可计算出各截面处的 M、N、Q 值。各个约束铰的径向位移 $\mu = q/\kappa$,$\kappa(kN/m^3)$ 为土壤的弹性压缩系数。该方法要求各个截面上的 q_i 值与侧面及底面的作用荷载叠加后的数值有一定的控制,不能超越某一容许值。其二是除强度计算外,还得计算其变形和稳定要求。

以上式计算的弯矩和轴力见图 6.30。

(3) 矩阵力法分析圆环内力

此种方法是把结构视为弹性地基上的圆环,其基本要点是:

① 以内接多边形代替圆曲线;

② 用作用在多边形顶点上的集中荷载代替分布的外荷载;

③ 用具有弹性支承的刚性链杆代替弹性地基给结构的支承;

④ 链杆的数目越多则精度越高,一般链杆间的距离对应于 $\pi/8$ 的中心角时,已达到工程所需的足够精度;

⑤ "脱离区"是圆环结构顶部局部区域,由于与弹性地层不接触,因此,不加入链杆,其范围为 $2\theta = 67°30'$,它占 16 边形的三个顶部支承位置;

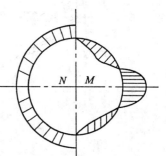

图 6.30　弯矩和轴力图形

⑥ 如果不计结构表面的摩阻力,弹性抗力方向与结构曲率半径方向相同。

此外,还有有限单元法、矩阵力法等方法,可参考有关书籍。

第四节 上海外滩观光隧道盾构技术实例*

上海外滩观光隧道盾构技术是我国越江隧道技术的优秀杰作,对这样一个复杂而先进的工程结构与施工技术应被学生和工程师们所了解。上海市建设科技推广中心、建设部科技发展促进中心在《上海建设工程新技术文集》中,作为新技术成果进行了推荐,现将其作为优秀的盾构技术实例予以介绍。

1.概况

上海外滩观光隧道全长 646.7 m,隧道内径 6.76 m,是目前世界上在建的第一条江底观光隧道,它西起浦西南京东路外滩陈毅广场北侧绿化带,东至浦东陆家嘴东方明珠西侧公共绿地。隧道有出入口竖井两座和一条穿越黄浦江底隧道。隧道内运输设备为法国舒乐公司 SK – 6000 型轻轨车辆,全自动无人驾驶,运行时速为 20 ~ 36 km/h,全程约 2.5 ~ 5 min。其功能为过江、观光与隧道景观游览,完善中央商务(外滩—陆家嘴)的集聚性功能和进一步提高其旅游及商业价值。

观光隧道线路总平面图及剖面图见图 6.31、6.32。

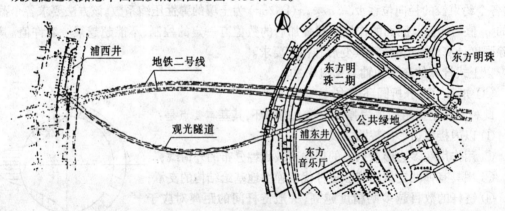

图 6.31 观光隧道线路总平面图

越江隧道采用盾构掘进机施工,由 6 块钢筋混凝土管片组成,管片环宽 1.20 m。隧道纵剖坡度为 48‰,平面最小曲率半径 $R = 400$ m。盾构施工穿越浦东防汛墙和观光平台、黄浦江底、浦西外滩观光平台及地下管线等。在外滩防汛墙跨越段处,观光隧道与地铁二号线两条区间隧道斜交,并从其上部穿越,形成盾构隧道史上少见的"三龙过江"的工况。

---

* 该工程由上海隧道工程股份有限公司、上海市轨道交通设计研究院设计施工,作者对文中内容进行了删减并进行了评价。

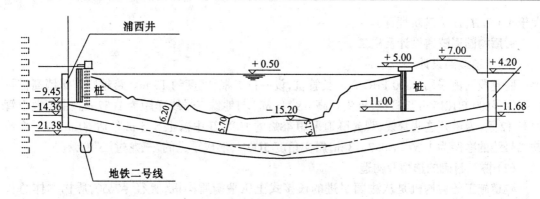

图 6.32 观光隧道纵剖面图

2.竖井

盾构始发井竖井尺寸 17.44 m×26.97 m,开挖深度约 22 m。标准段长 82 m、宽 22.8 m,开挖深度 19.48 m,采用 800 mm 厚地下连续墙作为基坑支护结构,地下墙长度 37 m,入土深比例标准段为 0.9,端头井为 0.675。支撑体系采用 ϕ609 钢管支撑,沿基坑开挖深度从上至下共设置六道标准段、七道端头井。竖井施工采用地下连续墙作围护结构,为避免临江施工及在砂质粉土地层中成槽易塌方的情况发生,采用深层搅拌桩隔水帷幕和井点降水 9 m 两项措施,效果良好。

浦西竖井周边环境极其复杂,基坑东侧为浦西外滩综合改造工程——外滩观光堤、防汛墙空厢结构,竖井距外壁空厢结构外侧最远 13 m,最近处约 1.7 m。距基坑南端约 5 m 处下 24 m 深为地铁二号线的两条区间隧道,2 m 处为陈毅塑像,设计将浦西竖井的基坑变形控制标准定为特级保护。浦西竖井最大埋深 26.11 m,采用 1 m 厚地下连续墙作为超深基坑的支护墙,标准段长 36 m,端头段 42 m。使用阶段在连续墙后浇内衬从一层至三层分别为 0.35 m、0.45 m、0.60 m,作为厚合结构共同受力。

支撑体系采用七道支撑、三道钢筋混凝土支撑、四道 ϕ609 钢支撑。端头井区域设置八道支撑,三道钢筋混凝土支撑,五道 ϕ609 钢支撑,计算方法采用"时空效应"理论分析支护结构,借助修正的二维平面杆系有限元计算模型输入有关参数,求得的地下墙位移变形结果见表 6.8。

表 6.8 位移变形表

部 位	计算结果/cm	实测结果/cm
标准段	2.62	2.71
端头段	3.39	2.96

中山东一路、防汛墙空厢结构、地铁二号线区隧道沉降值经实测分别为 1.18 cm、0.68 cm、0.60 cm,均满足特级保护的相关要求(地下墙最大水平位移 $\leqslant$ 1.4‰H,坑周构筑物最大沉降不

大于 1.0‰H,H 为基坑埋深)。

3.盾构圆形隧道设计及施工

(1)隧道线路设计

跨越段两侧采用 ϕ800 PHC50 m 长管桩,设一排 5 根,宽度约 15 m。跨越段防汛墙高桩平台采用 ϕ800 PHC15 m 长管桩,桩尖标高 – 9.45 m。与地铁二号线净距为 1.57 m。由于地下管线有 12 条,为避开这些管线,观光隧道采用 48‰的坡度,江中覆土 5.5 m 长达 60 m,与下面地铁二号线的净距为 1.57 m 和 2.18 m,斜交角度 51°21′,形成罕见的"三龙过江"的景况。

(2) 隧道衬砌的选型及构造

隧道施工的盾构机是从法国引进的铰接式土压平衡盾构机,直径 ϕ7650,盾构本体总长 8.935 m,分为二段一铰,铰接处离切口 4.9 m,铰接处设 12 台 1 200 kN 千斤顶。最大纠偏量上下为 66.7 mm,水平为 267 mm。盾构顶力由 26 台 2 000 kN 千斤顶提供,最大顶力为 5.2×10^4 kN。

隧道衬砌环的设计分块采用下列形式:衬砌环由 6 块平板型钢筋混凝土管片组成,即 1 块小封顶(F),分块角度为 13.846°;2 块邻接块(L1)、(L2),分块角度均为 69.230 8°;3 块标准块 (B1)、(B2)、(B3),分块角度亦均为 69.230 8°。管片块与块之间,由两根环间螺栓连接,环与环之间由 21 根纵向螺栓连接。环缝不设凹凸榫槽。纵缝设浅凹凸榫槽。衬砌环间通缝拼装,如图 6.33 所示。同时,根据 SK 车厢的通行限界要求,还考虑了进、排风道等设备布置以及隧道内环境景观布置的需要,隧道内径需做到 6.76 m。经过大量的结构分析计算,隧道衬砌的厚度采用 0.36 m,同以前类似的隧道相比,这个厚度也是最薄的。

(3) 圆形隧道的结构设计

① 结构计算模型

上海地区常用的设计计算方法主要有以下几种:

1) 匀质圆环法

由于上海地区的饱和含水软土地层非常深厚,在此地层中修建圆形隧道,地层对结构弹性抗力很小。特别是由于软土的长期蠕变等因素作用,可以将圆环结构假定为自由变形的均质圆环,如图 6.34 所示。

2) 弹性铰法

圆形隧道由单块管片拼装而成,块与块之间由螺栓连接,因此,圆环截面刚度(EI)分布是不均匀的。一般来讲,接头处刚度较低,因此,将接头看做一个"弹性铰"处理。根据英国米尔伍特(Moir Wood)的研究,装配式管片的有效惯性矩为

$$I_e = I_j(4/n)2 + I \tag{6.40}$$

式中　　I_e——有效惯性矩;

　　　　I_j——接头惯性矩(可由试验确定);

　　　　I——管片惯性矩;

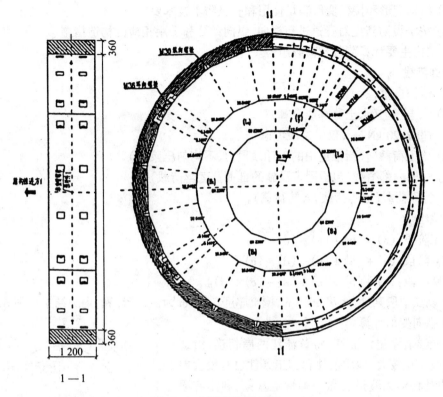

图 6.33　衬砌圆环构造图

n——圆环的接头数。

3）有限单元法

用有限单元法计算圆环的内力分析法可分为两类：一类将圆环假定为弹性介质中的匀质圆环；另一类考虑圆环接头刚度的影响。用有限单元法分析圆环内力，衬砌的分块形式可是任意的。

② 结构计算

1）对圆隧道按自由变形的均质圆环进行计算，并考虑接头刚度的有限单元法进行验算。计算时考虑下列影响因素：

（a）满足施工阶段、正常营运阶段的强度和刚度要求；

（b）管片裂缝宽度小于等于 0.2 mm；

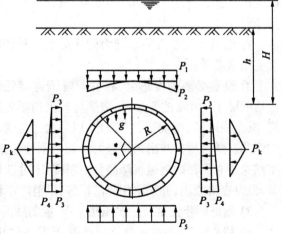

图 6.34　匀质圆环法

（c）结构变形和接缝变形满足使用和一级防水技术要求；

（d）按 7°设防烈度对隧道进行横向、纵向计算和采用相应的构造措施。

2）结构主要计算荷载及荷载组合。

计算荷载

（a）结构自重；

（b）水土压力（水土分算或合算）；

（c）超载：20 kN/m²（仅岸边段考虑）；

（d）施工荷载（包括推进中的千斤顶顶力、不均匀压浆等）；

（e）结构内部荷载（包括固定设施的自重及运营荷载）；

（f）特殊荷载（地震荷载、人防荷载）。

荷载组合

施工阶段：(a) + (b) + (c) + (d)；

运营阶段：(a) + (b) + (c) + (d) + (e)；

特殊阶段：(a) + (b) + (c) + (d) + (e) + (f)。

3）以江中段某处，水深 16.7 m，覆土厚度 7.86 m 为例，经计算，内力结果如图 6.35 所示。

③ 纵向变形计算

观光隧道穿越黄浦江，将黄浦江两岸相连，沿线覆土荷载变化较大，地质条件和施工条件也有较大差别，本设计将整条隧道看做一弹性地基梁，利用有限元程序对其进行计算分析，得出隧道沿纵向不同位置的变形。鉴于隧道纵向不均匀变形，设计时采取以下措施：

1）隧道环间接头防水能力能适应最不利情况下接头防水需要；

2）设置必要的变形缝，在井与隧道连接处设置三道间隔 4 ~ 10 m 的变形缝，以适应较大的不均匀沉降，其余视地形、地质等因素而定，以适应适量的不均匀沉降。隧道衬砌与出入口竖井之间为刚性连接，施

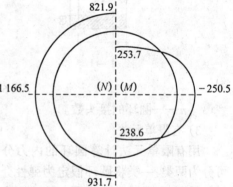

图 6.35　内力图
M：弯矩（kN·m），内侧受拉为"+"
N：轴力（kN/m），受压为"+"

工结束建立严格的隧道沉降测量控制网，定时进行监测，随时掌握隧道纵向变形情况，发现异常，及时查清原因，并采取相应的措施，以消除不利影响。

3）做好同步注浆及二次压浆工作，控制隧道变形。

4）精心施工，减少土体扰动范围，降低土体再固结而产生的隧道沉降。

5）施工过程中，及时反馈沉降测试资料，调整施工参数，合理安排施工顺序，有效控制隧道沉降。

（4）地面沉降预估

在软土地层中修建隧道会产生地面变形，形成"沉降槽"。地面变形量常作为盾构隧道设计和施工的控制条件，土压平衡盾构隧道的地面变形量通常控制在 $-30 \sim +10$ mm，目前，确定地面变形量的方法主要有三种。

① 经验公式法

根据 R.B.Peck 提出的盾构施工引起地面沉降的估算方法，当地层损失在隧道长度上均匀分布，而沉降的土体体积没有明显变化时，则地面沉降槽曲线近似高斯曲线。根据隧道沉降槽断面的正态分布曲线，可得到距离隧道中心线 x 处的地面沉降为

$$\delta = \delta_{max} \cdot \exp[-x^2/2i^2] \tag{6.41}$$

式中　x——地面某点到隧道中心线的距离；

　　　i——沉降槽宽度参数，是土壤条件、隧道半径 a、隧道中心埋深 z 的函数。

在饱和塑性粘土中，盾构施工引起的弹性状态下，相对地层损失约为 0.2% ~ 0.6%，通常可以忽略；而在塑性状态下，相对地层损失则随稳定系数（N_t）的增加而迅速增加，甚至达到 30% ~ 90%。

开挖面土体稳定系数 N_t 按下式求出

$$N_t = [(P_z - P_a)/S_u] \cdot \eta \tag{6.42}$$

式中　P_z——开挖面中心处土体竖向压力；

　　　P_a——隧道施工中用气压或其他加压法施加于开挖面的侧压力；

　　　η——折减系数；

　　　S_u——土体不排水抗剪强度。

② 弹性理论法

弹性理论法主要是把隧道周围地层视为弹性介质，用桩孔扩张理论计算地面变形。这个方法比较简单，但是将土层视为弹性介质显然是不现实的。

③ 有限元法

有限元计算中主要存在以下两个问题：

1）土体参数的选取；

2）土层的各向异性问题。

外滩观光隧道浦西、浦东分别穿越南京东路外滩和陆家嘴金融贸易区两个繁华地段，因此对该隧道进行地面沉降预估就显得更加重要。特别是隧道穿越浦西外滩防汛墙时，观光隧道和地铁二号线区间隧道同时从一个预留孔穿过，两者净距仅为 1.57 m，该设计利用三维有限元程序对该地段进行模拟计算。

4.φ7650 铰接式土压平衡盾构掘进机主要技术性能

圆隧道掘进由浦东竖井北端始发，至浦西竖井南端进洞，全长 646.7 m，采用从法国引进

的土压平衡盾构(二手设备)掘进施工。ϕ7650铰接式土压平衡盾构经修复和改进后,达到了原设计的施工性能,ϕ7650土压平衡盾构示意图见图6.36。

盾构的主要技术参数见表6.9。

(1)盾构掘进施工及参数控制

① 盾构开挖面土压设定的控制

盾构正面的土压设定对地表沉降控制十分重要,正面土压还必须与进出土量、掘进速度、顶力、纠偏量相匹配。由于隧道埋深、覆土、周边环境不同,盾构推进的参数也有所不同。

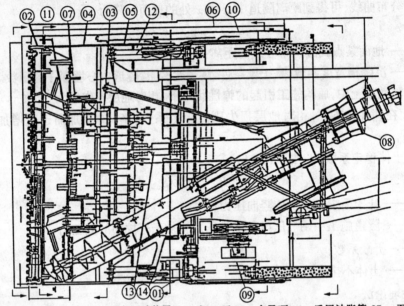

01—盾构铰接装置 02—刀盘 03—刀盘驱动装置 04—切口环 05—支承环 06—盾尾油脂管 07—刀盘密封
08—螺旋机 09—拼装机 10—盾壳 11—盾构隔仓 12—盾构推进千斤顶 13—盾构铰接油缸 14—盾构铰接拉杆

图6.36　ϕ7650铰接式土压平衡盾构示意图

盾构大刀盘为幅条式,开口率63%,土压力经实推段监测调整,土压力值与主动土压力值相接近。螺旋输送机的出土量、土压力、转速相匹配。盾构掘进速度为4 cm/min,日进尺达8 m/d,盾构掘进引起的沉降控制在+1～-3 cm之间。隧道沿线的构筑物和地下管线得到了保护。

表 6.9　盾构的主要技术参数

部位名称		性能参数	部位名称		性能参数
盾构外径		ϕ7 650	环形回转	提升千斤顶	2 × 26 t
盾构本体长度		8 935 mm		平移千斤顶	1 × 11 t
26 台主千斤顶	每台顶力	200 t		插销千斤顶	1 × 1.7 t
	千斤顶行程	1 950 mm		夹持(撑脚)千斤顶	2 × 11 t
大刀盘	外径	7 660 mm		回转角度	正负 210
	转速	0 ~ 1.5 r/min	铰接千斤顶	数量	12 台
	额定扭矩	600t·m		每台顶力	120 t
	最大扭矩	800t·m		行程	220 mm
螺旋输送机	外径	ϕ900 mm	铰接转向范围	水平方向	正负 2
	排土量	274.8 m³		垂直方向	正负 0.5
盾尾密封	钢丝刷型	2 道	盾构后续车架		5 节
	弹簧钢板型	1 道	总功率		约 1 100 kW

② 盾构隧道与地铁隧道叠交施工

盾构叠交施工前,先对地铁隧道下卧层进行注浆加固,还对地铁隧道设置了土压力、衬砌应力、圆环变形、隧道变形的监测点,并对叠交隧道的相互影响进行了观测。在施工中,根据监测数据及时调整施工参数,安全穿越了叠交隧道区域。

③ 盾构进洞及邻近构筑物保护

盾构穿越黄浦江底后,进入外滩观光平台的防汛墙,然后进入浦西竖井。由于观光平台区域受地铁隧道施工的扰动,土体不稳定,观光隧道盾构掘进实施信息化施工,根据对观光平台的沉降监测数据,及时调整盾构施工参数,使沉降最终控制在 3 cm 以内,确保了防汛墙和观光平台的安全。

盾构靠近接收进洞口时,在洞门混凝土上开设观察孔加强对土体变形的观测,并控制好土压力设定值。当盾构设备切口距高洞口 0.2 ~ 0.5 m 时,盾构设备停推,掏空盾构设备土舱内的泥土,然后凿除洞口混凝土,使盾构设备安全进入竖井洞口,土体不塌方,地面沉降极小。

盾构设备自浦东竖井出洞至浦西竖井进洞,掘进工期 100 d,日均掘进 6 ~ 8 m/d,隧道轴线控制良好,地面沉降控制较好。

5.结论

上海外滩观光隧道盾构工程于 1999 年 6 月开工,历时 18 个月,完成两座竖井和一条隧道的施工。该项工程地处复杂的特殊地段环境,其超深基坑支护、二维杆系有限元计算模型方法、盾构施工方法及管片结构选择等都处于我国领先地位。盾构叠交隧道地层数学模型在观光隧道工程中成功的运用,为我国越江隧道工程建设积累了经验,并在多项技术中创造了奇迹,对今后隧道工程设计与施工具有积极的指导意义。

复习思考题

1.圆形结构都用于哪些地下工程类型?

2.什么是盾构,它有什么特点?

3.盾构施工的管片有哪几种类型? 有什么构造要求?

4.圆形结构承受哪些荷载? 各种荷载是如何计算的?

5.圆形结构内力计算有几种方法?

6.什么叫土体抗力,它有什么作用特点? 是如何计算的?

第七章　拱形结构

第一节　概　述

拱形结构是地下空间结构中采用较多的一种类型,经常用于暗挖及深埋的形式,又称隧道式结构。此种结构形式的建筑用途十分广泛,可用于各种类型的工业与民用建筑,如车间、地下铁道、地下街与人防工程等;军事建筑中各种弹药库、地下工事、飞机库、交通隧道等。由于拱结构具有良好的受力性能,在很久以前,人类就曾利用拱的原理挖掘地下空间用于贮藏物品或作战工事。

一、拱结构类型

拱结构的形式有多种多样,从材料上划分有砌筑类的拱,如砖、石或砌块;有现浇或预制类的钢筋混凝土的拱;还有利用岩石或软土的良好性能直接开凿出的拱;对岩石稳定性不太好而对其进行加固的喷锚结构的拱;有半地下的钢结构大跨拱等等。

从拱结构的形式上划分,主要有直墙拱、曲墙拱、落地拱。由于拱的几何特性,其几何特征又可根据其曲线变化有多种形式,如割圆拱、半圆拱、三心圆拱、抛物线拱等等。图7.1所示为曲墙拱、直墙拱、落地拱三种类型。

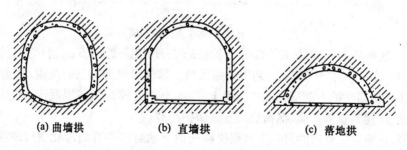

(a) 曲墙拱　　　　(b) 直墙拱　　　　(c) 落地拱

图7.1　拱结构形式

曲墙拱的特点是墙与拱及底板均带有曲线特征,拱圈与侧墙间无明显的界限,侧墙为曲墙、基础是支承在地基的反曲拱。从受力上看,由于结构为曲线断面,所以,在承受地层力方面具有优越性,在使用方面可为建筑功能打造宽阔的空间,无论是高度还是宽度方向,很适合于某种功能的建筑类型,如地下交通隧道两侧墙及拱顶中需埋设管线较多(风、水、电等),即可充分利用上拱内的空间。

直墙拱由拱圈、直墙和底板组成,拱圈支承在侧墙上,底板为水平钢筋混凝土或素混凝土板,直墙拱较曲墙拱内部空间狭窄,但施工方便,并可采用多种材料建造,如墙可为砖石砌筑,拱圈为预制钢筋混凝土,跨度较小的人行通道也可直接用砖砌成拱,这样造价很低,耐久性差。

落地拱是直接将拱圈落入地基上,内部空间好像没有墙的感觉,由于净宽尺寸较大,可建造成大场地的库房、影剧院、运动场或飞机库等。因此,它更适合一些具有独特功能要求的建筑,这样的拱不仅应用于地下空间结构,即使地面的一些建筑,落地拱也是应用较多的类型。

近几十年来,拱结构在我国地下空间工程中的应用已有较大的发展,云贵高原西部元江—磨黑高速公路16合同(K342+375)~(K342+655)之间的280 m双跨连拱结构隧道,隧道单跨净跨10.53 m,净高7.2 m,单跨采用单心圆,边墙为曲线,中墙为直线,中墙厚2 m,隧道总净宽23.05 m,最大开挖跨度24.65 m,最大埋深74 m。隧道位于石英砂岩夹紫色泥岩中,强风化厚度17.9 m,隧道支护为WTD25锚杆$L=300$ cm,间距$S=100\times100$ cm,C25喷射混凝土20 cm,ϕ8钢筋网20×20 cm,二次衬砌为50 cm厚C25钢筋混凝土,见图7.2。

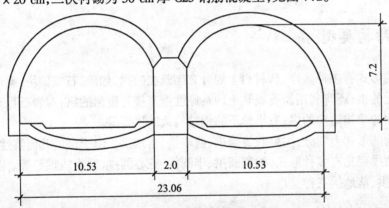

图 7.2　元江—磨黑高速公路隧道断面

图7.3为福州乌山通道,总长100 m,暗挖法施工,开挖跨度10.6 m,通道为直墙拱形结构,净跨度9 m,净高4.5 m,使用功能为地下公路通道。该通道拱部为三心圆拱,直边墙高2 m,结构为复合衬砌,初期支护为钢格栅网喷混凝土,二次支护为模筑钢筋混凝土,主要荷载考虑为土压力、自重、地面建筑静荷载、活荷载及5级防护荷载。

图7.4为我国汕头修建的第一座利用裸洞的地下水封储存石油液化气(LPG)工程。工程包括丙烷和丁烷两组洞库,马蹄形断面,宽18 m,高22 m,丙烷储气洞埋深为海平面以下115 m,丁烷储气洞埋深为海平面以下55 m。丙烷储洞可保证洞周水压为115 m水头值,丁烷储洞洞周水压为45 m水头值,从地下水封原理角度讲,达到了地下储气水封的要求。

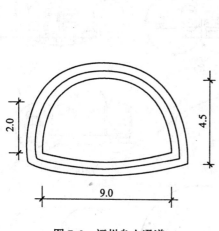

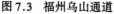

图 7.3 福州乌山通道

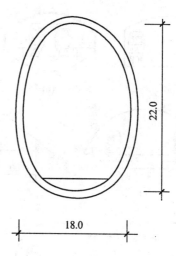

图 7.4 地下水封储气洞库

拱式结构有直墙拱、单拱、双拱、落地拱等多种类型(图 7.5),其主要特点是受力合理,适合深埋,拱顶上部空间可充分利用。图 7.5(b)、(c)、(d)、(j)、(k)、(l)下部反拱可用于管线通道;(a)、(b)、(d)、(j)、(m)为直墙拱,(c)、(g)、(h)、(i)、(k)、(l)为圆拱,(e)、(f)为落地拱,其中(g)、(l)带有多拱组合;(a)、(e)、(g)、(h)、(i)、(k)、(l)、(m)为岛式站台,(b)、(c)、(d)、(f)、(j)为侧式站台。

拱形结构大多为钢筋混凝土结构。某些拱,如直墙拱也可做成混合结构,可将直墙部分采用砖墙,底板为普通混凝土地面,基础做成混凝土或刚性基础。拱跨度小可直接砌砖拱,适用一些小型的地下通道等,跨度大必须做成钢筋混凝土拱。

图 7.5 中单跨拱为(a)、(b)、(e)、(f)、(i),双跨拱为(c)、(h)、(j),三跨连续拱为(d)、(g)、(k)、(l)、(m)。

北京地铁西单车站全部采用拱结构,全长 260 m,共设 5 个出入口、两个通风道及两个临时通风竖井。车站采用岛式站台,主体结构为三拱两柱双层结构。上层为站厅层,下层为站台层,站台宽 16 m,车站宽度为边跨高 12.77 m,中跨高 13.45 m。

图 7.6 为西单地铁车站平面图,图 7.7(a)为三跨双层连续拱(26.04 m)车站断面,(b)为二跨(15.0 m)双层连续拱通风道,(c)为单跨单层(12.4 m)拱出入口衬砌断面图。

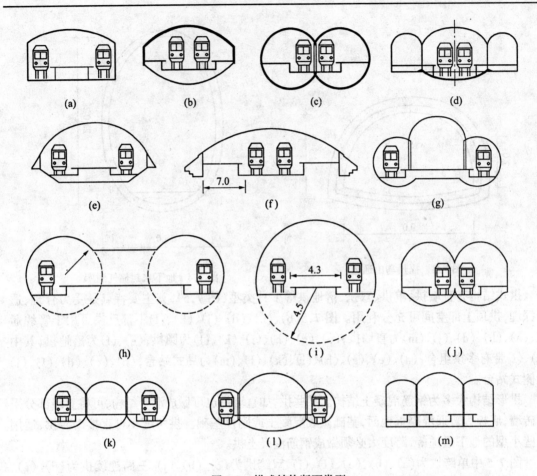

图 7.5　拱式结构断面类型

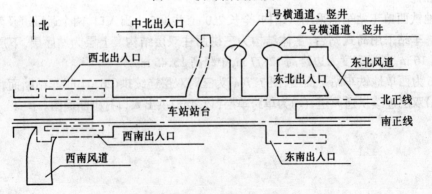

图 7.6　西单车站平面图

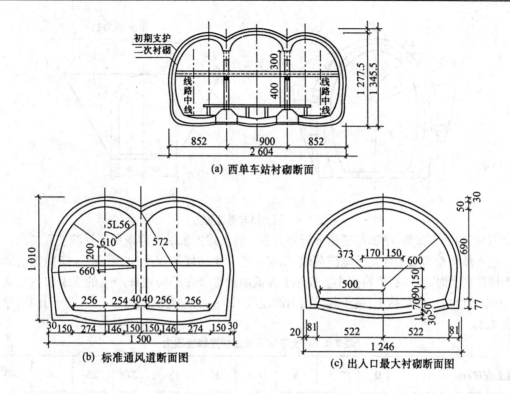

(a) 西单车站衬砌断面

(b) 标准通风道断面图

(c) 出入口最大衬砌断面图

图 7.7　北京西单车站

二、拱结构荷载及其特点

　　拱结构承受的荷载同其他地下结构所承受的荷载基本相同,由于大多为深埋结构,所以,与浅埋荷载有一定的差别。相同的是拱结构所承受的荷载也是土层压力、水压力、核爆动荷载等。不同的拱结构埋置较深与较浅时,其土压力分析原则有变化,如埋置较浅,拱顶土压力可取全部覆土压力,如埋置较深,很可能形成所谓土体压力拱效应,这样就不应取拱顶全部覆土高度作为荷载,当拱侧墙为曲墙时,会出现地层的弹性抗力,见图 7.8。

　　根据土层压力拱理论,显然,压力拱的形成与土的物理力学性质、拱结构的跨度与高度、埋深等因素密切相关。从概念上来说,不稳定的土层对一定跨度并在浅埋条件下,不易形成压力拱效应。反之,如土质较好且埋深较大的一定跨度拱结构,则易形成压力拱,松散及松软的饱和土即便深埋也不易形成压力拱效应。因此,对于是否形成压力拱来确定浅埋或深埋的界线是十分重要的。

　　土层压力的分析与计算是十分复杂的问题,这种复杂性源于土体的复杂自然状态,实际从理论上较准确地评价土层压力也是很困难的,经验的获取非常重要。从研究与应用角度,目

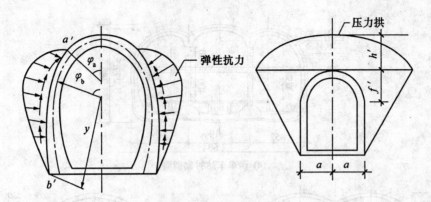

图 7.8　压力拱与弹性抗力

前,主要采用的有试验、测试与理论分析等方法。将上述方法结合起来更能反映实际情况。

地下结构动荷载主要是压缩波荷载,压缩波的大小与埋深成反比,因此,一定防护抗力结构当埋深较大时,其动载值将变小。表 7.1 为低防护等级在不同埋深产生的压缩波值变化情况,表中数值按非饱和粘土,粘土起始压力波速取 120 m/s,应变恢复比 $\delta = 0.1$ 进行计算,结果见表 7.1。

表 7.1　粘土不同深度压缩波峰值压力

覆土深度/m	0	2.5	5	7.5	10	15	20	25	30	40
压缩波峰值压力/MPa	0.05	0.046 8	0.043 8	0.040 6	0.037 5	0.031 3	0.025	0.018 8	0.012 5	0

由表 7.1 可看出不同深度压缩波压力变化情况。当埋深达 40 m 时,压缩波峰值压力为零,当埋深为零时,压缩波峰值压力与冲击波峰值压力相等,在 30 m 范围内压力都是较大的,取含气量为 1.5%,饱和土的界限压力 $P_0 = 0.2$ MPa,地面冲击波超压峰值小于 0.8 P_0,起始压力波速取 200 m/s,波速比 $\gamma_C = 1.5$,应变恢复比 $\delta = 0.3$,设饱和土深为从地下 2.5 m 始至5.0 m,则该处压缩波压力在 0.045 ~ 0.043 3 MPa 之间,设地下土质在 5.0 ~ 10.0 m 之间为细砂土层,则该处压缩波峰值压力为 0.041 6 ~ 0.038 3 MPa 之间。上述分析表明,土质变化并未使压缩波峰值压力降低很大,如 10 m 处为粘土时,$P_h = 0.037$ 5 MPa;5.0 ~ 10.0 m 为细砂土时,$P_h = 0.0383$ MPa;即使在 20 m 处为卵石层时,$P_h = 0.024$ 6 MPa;深度 20 m 处为粘土时,$P_h = 0.025$ MPa,其数值是十分接近的。

第二节　土压力及稳定性

拱结构施工要了解土应力的变化,主要是了解原始未扰动土的应力平衡状态和开挖后土应力的变化情况。通过土体开挖前后的应力变化了解土的稳定性,可以科学地制定出施工方案,保障地下结构的施工安全。

一、土体开挖前后应力状态及其变形

原始土体任一点应力处于平衡的状态,其变形为相对静止阶段。在土体的自重压力作用下,垂直地层压力为

$$P_z = \gamma H = \sum_{i=1}^{n} \gamma_i h_i \tag{7.1}$$

式中　　P_z——垂直地层压力;

γ_i——第 i 层土层重度;

h_i——第 i 层土层厚度;

H——土体任一质点所处的深度。

由于土体任一质点的侧向变形为相对静止状态,则有侧向应力 P_x 和 P_y,P_x 和 P_y 相等,并用下式表示

$$P_x = P_y = \zeta P_z = \zeta \sum_{i=1} \gamma_i h_i \tag{7.2}$$

式中　　ζ——侧压系数。

由于 $\varepsilon_x = \varepsilon_y = 0$,地层为连续的各项同性的直线变形体,因此有

$$\zeta = \frac{\mu}{1-\mu} \tag{7.3}$$

式中　　μ——单轴受压时的侧向膨胀系数,又称泊桑比,$\mu \approx 0.15 \sim 0.5$。

假设土体为密实状态,当结构埋深较大,而且结构高跨比在 $0.65 \sim 1.2$ 之间时,一般可近似地将土体视为直线变形体,应用弹性理论分析地下结构洞周边土应力状态可近似按圆形土洞计算公式计算,见图 7.9。其应力之间的关系式为

$$\left. \begin{aligned} \sigma_r &= \frac{1}{2} P_z \left[(1+\zeta)(1-\alpha^2) + (1-\zeta)(1+3\alpha^4-4\alpha^2)\cos 2\theta \right] \\ \sigma_\theta &= \frac{1}{2} P_z \left[(1+\zeta)(1+\alpha^2) - (1-\zeta)(1+3\alpha^4)\cos 2\theta \right] \\ \tau_{r\theta} &= -\frac{1}{2} P_z (1-\zeta)(1-3\alpha^4+2\alpha^2)\sin 2\theta \end{aligned} \right\} \tag{7.4}$$

式中　　σ_r、σ_θ、$\tau_{r\theta}$—— 径向应力、切向应力和剪应力
　　　　　　　　　　（kN/m²）；

　　　　r—— 所计算点的极距(m)；

　　　　θ—— 所计算点的极角；

　　　　α—— 距离度，$\alpha = \dfrac{a}{r}$；

　　　　a—— 洞室折算半径(m)；

　　　　ζ—— 地层的侧压系数；

　　　　P_z、P_x—— 地层的垂直应力和侧向应力
　　　　　　　　（kN/m²），$P_x = \zeta P_z$；

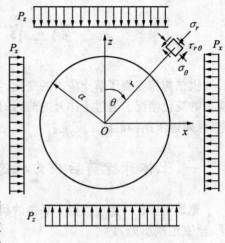

图 7.9　土洞应力状态

当 $r = a$ 时，$\alpha = 1$，则 $\sigma_r = 0$，$\tau_{r\theta} = 0$，而 σ_θ 随 θ 和 ζ 而变。当 $0 \leq \zeta < 1/3$ 时，土洞顶、底部附近将产生拉应力，当 $\zeta \geq 1/3$ 时，整个土洞周边只产生压应力，此值随 ζ 减少而增大，当 $\zeta = 0$ 时，σ_θ 为最大压应力，即 $\sigma_\theta = 3P_z$。

　　利用复变函数中的保形变换方法也可计算常用直墙拱顶结构洞体周边切向应力近似计算公式，见图 7.10。其切向应力为

$$\sigma_\theta = \gamma(\alpha + \zeta\beta)(H + KR) \tag{7.5}$$

式中　　σ_θ—— 洞周边切向应力(kN/m²)；

　　　　γ—— 土体的平均重度(kN/m³)；

　　　　α、β—— 计算点的应力系数，查表 7.2；

　　　　K—— 跨度系数，查表 7.2；

　　　　ζ—— 土体侧压力系数；

　　　　h—— 土洞的高度(m)；

　　　　R—— 土洞跨度之半(m)；

　　　　H—— 覆土厚度(m)。

式(7.4)、(7.5)中正号表示压应力，负号表示拉应力。

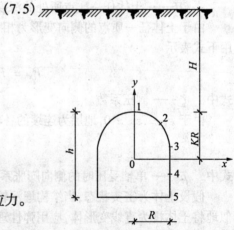

图 7.10　计算简图

表 7.2　α、β、K 系数表

半跨高比	高跨比	1		2		3		4		5		K
R/h	$h/2R$	α	β	α	β	α	β	α	β	α	β	
1.00	0.5000	− 0.9280	+ 2.5400	+ 1.7524	− 0.0770	5.4254	− 0.2106	5.4252	− 0.2106	5.4252	− 0.2106	0.6161
0.70	0.7143	− 0.9714	+ 2.9163	+ 1.4335	0.5339	2.7482	− 0.8982	3.1439	− 0.6553	3.6359	0.3412	0.8284
0.60	0.8333	− 0.9762	+ 3.0536	+ 1.1530	0.8783	2.3131	− 0.8975	2.5824	− 0.7284	3.5037	0.7096	0.9509
0.50	1.0000	− 0.9758	+ 3.2137	+ 0.8131	1.2639	2.1908	− 0.9001	2.1704	− 0.7654	3.4704	1.8451	1.1145
0.45	1.1111	− 0.9736	+ 3.3255	+ 0.6212	1.4994	2.2502	− 0.8898	1.9628	− 0.7835	3.5827	1.3652	1.2327
0.40	1.2500	− 0.9687	+ 3.4274	+ 0.4458	1.7531	2.3569	− 0.8224	1.8105	− 0.7932	2.4990	4.0506	1.3676
0.35	1.4286	− 0.9622	+ 3.5595	0.2674	2.0586	2.4112	− 0.5884	1.6639	− 0.8027	1.2286	4.7732	1.5443
0.30	1.6667	− 0.9540	+ 3.7312	0.0755	2.4482	2.1890	− 0.0169	1.5173	− 0.8114	0.2020	4.6026	1.7921

说明：① 表中 4 点系墙中点。5 点附近应力变化剧烈，因位于洞底，故并不危险，一般不必验算。

② 表中符号规则："−"表示拉应力，"+"表示压应力。从表中看出，洞顶有可能出现拉应力，但当侧压力系数在 0.333 以上时，则各点可能均为压应力。

二、土洞的局部稳定性评价

应用力学计算方法评价土洞的局部稳定性，利用极限平衡原理建立强度条件。

1. 当洞顶出现切向拉应力 σ_θ 时

当洞顶出现切向拉应力 σ_θ 时，即 $0 \leqslant \zeta < 1/3$，土洞顶部的拉应力为 σ_θ，见图 7.11(a)，则

$$P_c = c \cdot \cot \varphi$$

$$\sin \varphi = \frac{BC}{AB} = \frac{\frac{1}{2}\sigma_\theta}{P_c - \frac{1}{2}\sigma_\theta}$$

化简后得

$$\sigma_\theta = \frac{2c\cos \varphi}{1 + \sin \varphi} = [R_e] \tag{7.6}$$

式中　R_e——土体抗拉极限强度。

当某点 $\sigma_\theta < [R_e]$ 时，该点为稳定状态；

当某点 $\sigma_\theta = [R_e]$ 时，该点为极限平衡状态；

当某点 $\sigma_\theta > [R_e]$ 时，洞顶将发生拉裂而掉块。

2. 当土洞周边出现切向压应力时（图 7.11(b)）

当土洞周边出现切向压应力时，设土洞周边切向压应力为 σ_θ，则

$$\sin \varphi = \frac{BC}{AB} = \frac{\frac{1}{2}\sigma_\theta}{P_c + \frac{1}{2}\sigma_\theta}$$

化简后得

$$\sigma_\theta = \frac{2c\cos \varphi}{1 - \sin \varphi} = [R_a] \tag{7.7}$$

式中　　R_a—— 土体的抗压极限强度。

当某点 $\sigma_\theta < [R_a]$ 时，该点处于稳定状态；

当某点 $\sigma_\theta = [R_a]$ 时，该点处于极限平衡状态；

当某点 $\sigma_\theta > [R_a]$ 时，将产生剪切破坏而剥落。

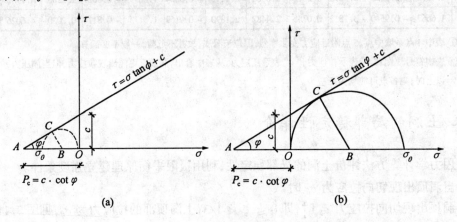

图 7.11　应力图

3. 当介质空间内部有径向压应力 σ_r 和切向压应力 σ_θ 时

当 $\sigma_\theta > [R_a]$ 时，为了确定土体内 P 是否达到极限平衡的范围，预测失稳的大致范围，就需研究这种极限平衡状态条件。一般在开挖洞室后应力重分布的范围内，切向应力 σ_θ 是最大主应力，在径向压应力 σ_r 作用下，地层会向内产生变形以至塌落，见图7.12(a)。根据图7.12(b)所示的极限平衡状态，则有

$$\sin \varphi = \frac{BC}{AC} = \frac{(\sigma_\theta + P_c) - (\sigma_r + P_c)}{(\sigma_\theta + P_c) + (\sigma_r + P_c)} = \frac{\sigma_\theta - \sigma_r}{\sigma_\theta + \sigma_r + 2P_c} \tag{7.8}$$

当某点 $\dfrac{\sigma_\theta - \sigma_r}{\sigma_\theta + \sigma_r + 2P_c} < \sin \varphi$ 时，该点处于稳定状态；

当某点 $\dfrac{\sigma_\theta - \sigma_r}{\sigma_\theta + \sigma_r + 2P_c} = \sin \varphi$ 时，该点处于极限平衡状态；

当某点 $\dfrac{\sigma_\theta - \sigma_r}{\sigma_\theta + \sigma_r + 2P_c} > \sin \varphi$ 时，该点处于蠕动的不稳定状态。

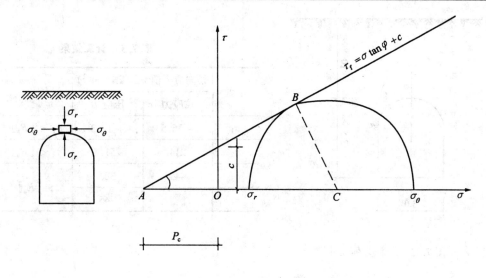

(a) 应力方向　　　　　(b) 径向压应力与切向压应力

图 7.12　应力图

【例 7.1】 某半圆直墙土洞的几何尺寸见图 7.13。土体力学指标 $c = 80$ kN/m², $\varphi = 26°$, $\zeta = 0.3$, $\gamma = 16.5$ kN/m³。试评价土洞周边的稳定性。

［解］ 1. 利用式(7.6)、(7.7) 求出土体的强度指标

$$[R_e]/(kN/m^2) = \frac{2c \cdot \cos \varphi}{1 + \sin \varphi} = \frac{2 \times 80 \times 0.9}{1 + 0.438} = 100$$

$$[R_a]/(kN/m^2) = \frac{2c \cdot \cos \varphi}{1 - \sin \varphi} = \frac{2 \times 80 \times 0.9}{1 - 0.438} = 256$$

2. 计算洞周边应力

洞周边应力计算结构见表 7.3。

计算结果表明,在拱洞的 1、2 点土体为稳定状态,因为 $\sigma_1 < [R_e]$, $\sigma_2 < [R_a]$。而在拱脚和侧墙中由于 σ_3、σ_4 都大于 $[R_a]$,将产生剪切破坏。因此,施工时不宜采用全断面开挖,宜采用先拱后墙法施工,应注意和预防拱脚侧墙中的土的稳定情况(局剖剥落俗称片帮),保证施工的安全可靠。

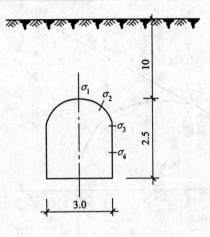

图 7.13　土洞几何尺寸

表 7.3　计算结果

位置	切向应力值 $\sigma_\theta/(\mathrm{kN \cdot m^{-2}})$		评价
	拉应力	压应力	
σ_1	-16.5	-12.3	$\sigma_1 < [R_e]$
σ_2	214	251.8	$\sigma_2 < [R_a]$
σ_3	445	386	$> [R_a]$
σ_4		445	

三、土层压力荷载

　　作用于拱结构的土层压力荷载有拱顶垂直土层压力 q 和作用于侧墙上的水平土层压力 e、还有底部土层压力 q_0,底部压力是由下向上作用。在工程设计中,一般不考虑底部压力,但当粘性土持力层的下部遇到承压水的地层时,会由开挖后粘性土层膨胀和承压水地层上鼓产生"隆起"现象,这时必须考虑底部地层压力的作用。土层压力分析有三种方法,松散体理论、弹性理论和弹塑性理论。

　　松散体理论是假定土层为均质连续的松散介质,以研究其应力状态的理论,这种理论是目前土层压力计算中普遍应用的一种方法。

　　弹性理论假定土体是连续、均质和各向同性的直线变形体。

　　弹塑性理论假定土是弹塑性粘性体,近似地视土体为弹塑性体,采用弹塑性理论估算土层压力的一种方法。

1. 垂直土层压力

（1）松散体理论

　　松散体理论把土层视为均质连续的松散介质,以该理论解决拱结构顶部的土层压力,应以工程埋深是否能保证结构拱顶部形成压力拱为分界,当不能形成压力拱时,将拱顶土层全部计入土层压力的土柱理论,如埋置较深以至形成压力拱时,则以压力拱形成范围内的土层计入土层压力(普氏压力拱理论)。显然,这里可以压力拱形成与否为分界线,当不能形成压力拱被视为浅埋,反之则为深埋。

（2）土柱理论

　　土柱理论适用于如下的一些条件:埋深很小的工程;不稳定的土层,如流砂、松软的粘土、淤泥等土质松散状况,其垂直土层压力随深度而增加,见图7.14。

由图7.14可计算作用于结构上的全部土层重量,即

$$q = \gamma H \qquad (7.9)$$

如果覆土厚度增加或土质较好时,由于土柱两侧摩阻力和土的内聚力的牵制作用,所计算的结果较前一种完全无阻力的土柱压力小,见图7.15。

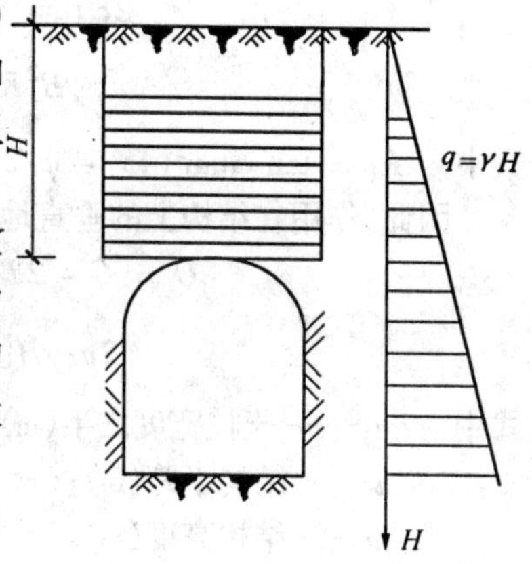

图7.15所示地下拱结构上方沿滑动面 AB、CD 在 J、K 处形成土柱 $GHJK$,其土柱重量为 G、滑动面的夹角为 $45° - \varphi/2$,土柱两侧阻止下滑的夹制力为 T,则作用于结构上的土层压力是全部土柱重量减去两侧夹制力,该式表达为

$$Q = G - 2T \qquad (7.10)$$

式中　T——摩擦力和粘结力之和。

作用在土柱侧面处任一点上的夹制力为

$$t = c + e_z \tan \varphi \qquad (7.11)$$

式中　e_z——距地面深度 z 处一点上的侧压力(kN/m^2),按朗金公式得

$$e_z = \gamma z \tan^2(45° - \varphi/2) - 2c\tan(45° - \varphi/2) \qquad (7.12)$$

式中　c、φ——地层的内聚力和内摩擦角;

　　　　γ——为地层的容重。

将式(7.11)积分得土柱侧面的总夹制力 T 为

图7.14　土层压力

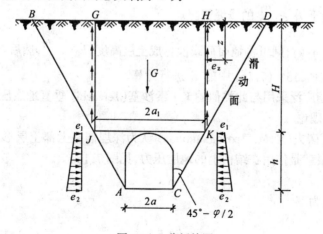

图7.15　分析简图

$$T = \int_0^H t\mathrm{d}z = \int_0^H (c + e_z\tan\varphi)\mathrm{d}z = cH + \frac{1}{2}\gamma H^2\tan\varphi\tan^2(45° - \varphi/2) -$$

$$2cH\tan\varphi\,\tan(45° - \varphi/2) =$$

$$\frac{1}{2}\gamma H^2 K_1 + cH(1 - 2K_2) \tag{7.13}$$

式中　$K_1 = \tan\varphi\tan^2(45° - \varphi/2)$，$K_2 = \tan\varphi\tan(45° - \varphi/2)$。

因此，作用在结构上的垂直地层压力的总值为

$$Q = G - 2T = 2a_1\gamma H - \gamma H^2 K_1 - 2cH(1 - 2K_2) =$$

$$2a_1\gamma H\left[1 - \frac{H}{2a_1}K_1 - \frac{c}{a_1\gamma}(1 - 2K_2)\right] \tag{7.14}$$

式中　a_1——土柱宽度之半(m)，$a_1 = a + h\tan(45° - \varphi/2)$；

　　　a——结构半跨(m)；

　　　h——结构高度(m)。

作用在结构顶部的垂直均布压力 q 为

$$q = \gamma H\left[1 - \frac{H}{2a_1}K_1 - \frac{c}{a_1\gamma}(1 - 2K_2)\right] \tag{7.15}$$

式(7.15)即为考虑摩擦力和内聚力的土柱理论计算公式。

当不考虑内聚力的影响时，$c = 0$，其垂直均布压力 q 为

$$q = \gamma H\left[1 - \frac{H}{2a_1}K_1\right] \tag{7.16}$$

式(7.16)即为考虑摩阻力的土柱理论计算公式。

式(7.16)适用于 $H \leqslant \dfrac{a_1}{K_1}$ 的浅埋情况。

当有地面荷载 q_0 时，则可将地面荷载换算成土层高度，$h_0 = \dfrac{q_0}{\gamma}$，然后与埋深 H 叠加起来，以 $(H + h_0)$ 代替式(7.15)、(7.16)中的 H 进行计算。

目前，欧美各国广泛采用与此类似的 K·泰沙基(Terzaghi)垂直地层压力计算公式。

2.普氏压力拱理论

普洛托季亚可诺夫(М.М.Протодьяконов)认为深埋洞室上部土层形成一个抛物线压力拱，拱内土体的重量就是作用在结构上的地层压力，见图7.16。

(1)计算简图

压力拱的矢高为

$$h_0 = \frac{a_1}{f_k} \tag{7.17}$$

压力拱半跨为

$$a_1 = a + h\tan(45° - \varphi/2) \tag{7.18}$$

垂直地层压力为

$$q = \gamma h_0 \tag{7.19}$$

$$\Delta q = (h' + f')\gamma - \gamma h_0 \tag{7.20}$$

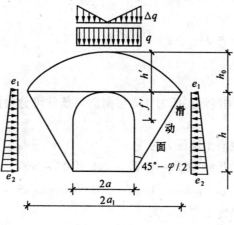

图 7.16 受力图

式中　f_k——地层竖固系数;

h'——拱脚外边缘的压力拱高度(m);

$$h' = h_0\left(1 - \frac{a^2}{a_1^2}\right);$$

f'——拱外缘矢高(m);

a——开挖地道宽度之半(m)。

如果结构跨度较小或 Δq 为负值时,可不考虑 Δq 的作用,而仍按均布荷载 q 计算。

(2) 弹塑性理论估算公式

对黄土土层推荐的弹塑性理论估算公式,对深埋的粘性土地层也可参考应用。

垂直均布荷载的估算公式为

$$q = N \cdot \frac{b^2}{R'} \cdot \gamma \cdot K \tag{7.21}$$

式中　N——分类系数,甲类黄土取 1.1,乙类黄土取 1.3,丙类黄土取 2.0;

γ——洞室上覆土层的平均重度(kN/m³);

$\dfrac{b}{R'}$——洞形系数;

b——毛洞半跨(m);

R'——毛洞当量半径(m),$R' = \sqrt{\dfrac{F}{\pi}}$;

F——毛洞断面面积(m²);

q—— 覆土层的垂直荷载(kN/m^2)；

k—— 松动系数。

$$K = \left[1 - \sin\varphi + \frac{P_0(1 - \sin\varphi)}{c \cdot \cot\varphi}\right]^{\frac{1-\sin\varphi}{2\sin\varphi}} - 1 \tag{7.22}$$

K 亦可由图 7.17 所示的 $K = f(\frac{P_0}{c}, \varphi)$ 曲线查得。

3. 侧向地层压力

(1) 松散体理论

粘性土层任一质点的侧向地层压力计算根据适用条件可分为浅埋和深埋两种情况，见图 7.14、7.15。

当结构为浅埋时，其侧向土层压力为

$$\left.\begin{array}{l} e_1 = \gamma H\tan^2(45° - \varphi/2) - 2c\tan(45° - \varphi/2) \\ e_2 = \gamma(H + h)\tan^2(45° - \varphi/2) - 2c\tan(45° - \varphi/2) \end{array}\right\} \tag{7.23}$$

当结构为深埋时，其侧向土层压力为

$$\left.\begin{array}{l} e_1 = \gamma h_0\tan^2(45° - \varphi/2) - 2c\tan(45° - \varphi/2) \\ e_2 = \gamma(h_0 + h)\tan^2(45° - \varphi/2) - 2c\tan(45° - \varphi/2) \end{array}\right\} \tag{7.24}$$

式中　γ—— 土层容重；

h—— 结构上任一计算点至结构顶部的垂直距离；

h_0—— 压力拱的高度按式(7.17)计算，其余符号意义同前。

若土层由多层组成时，在上述公式中分别以 $\sum\limits_{i=1}^{n}\gamma_ih_i$ 代替相应的 H 或 h_0 范围内的土层自重 γH、$\gamma(H + h)$ 或 γh_0、$\gamma(h_0 + h)$，式中 γ_ih_i 为上述范围内的各层土层的容重和厚度。当不考虑内聚力时，则得砂性土的侧向地层压力计算公式。

在实际工程实践中，上述理论计算求得的侧向地层压力往往会偏小，设计时应按工程类比法和有关资料加以适当提高，以便更符合实际情况。

(2) 有关黄土的经验公式

侧向均布荷载的经验公式为

$$e = q \cdot \zeta \tag{7.25}$$

式中　ζ—— 侧荷载系数，甲类黄土取 0.6 ~ 0.7，乙类黄土取 0.7 ~ 0.8，丙类黄土取

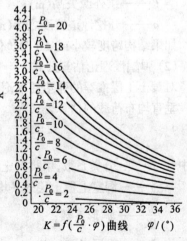

图 7.17　$K = f(\frac{P_0}{c} \cdot \varphi)$ 曲线

0.8 ~ 0.9;

　　q——垂直均布荷载按式(7.21)计算。

公式(7.21)、(7.25)适用于下列条件：

① $0.7 < \dfrac{H}{B}$(高跨比) < 1.2；

② 暗挖法施工,埋深 < 50 m；

③ B(跨度) < 9 m；

④ 在黄土中不产生显著偏压的情况。

四、深埋与浅埋的界限划分

　　前述土层压力公式表明,以压力拱形成的一定深度土层可认为是深埋,反之则为浅埋。土层压力拱的形成必须依靠土柱重量与夹制力的平衡,即 $G \leqslant 2T$ 时,是压力拱形成的先决条件,如果 $G > 2T$ 时,则会出现土柱的塌落。

　　根据有关地压测试及理论分析,并结合工程实际经验,划分深埋与浅埋界限的方法有如下三种。

1. 按压力拱理论划分

　　以拱结构(地道式) 顶部覆土层厚度 H 为依据划分。

$$\left. \begin{array}{l} H \geqslant (2.0 \sim 2.5)h_0 \quad (\text{深埋}) \\ H < (2.0 \sim 2.5)h_0 \quad (\text{浅埋}) \end{array} \right\} \tag{7.26}$$

　　应当指出的是,压力拱的形成涉及埋深、土质、结构断面及施工方法顺序等多种因素,必要时应验算压力拱强度及稳定性作为补充条件。

2. 经验判断法

　　我国早期就曾提出下述经验判断公式,这仍可作为判定深埋与浅埋的界限。

$$\left. \begin{array}{l} H_{\text{分界}} = (1.0 \sim 2.0)B \\ H > (2 \sim 2.5)h_0(\text{深埋}) \end{array} \right\} \tag{7.27}$$

式中　　H——拱顶覆土厚度(m)；

　　　　B——结构的跨度(m)；

　　　　h_0——压力拱高度(m)。

式(7.26) 及(7.27) 均可作为确定深埋与浅埋界限的参考公式。

3. 理论估算公式

　　由式(7.15) 得知,当覆土厚度达一定值,垂直土层压力 q 就不再增加,将式(7.15) 中的埋深求导数,令 $\partial q / \partial H = 0$,即为对应 $q_{\max}$ 的最大覆土厚度 H 值,此值就被视为深埋与浅埋的分界深度。

对粘性土

$$H_{\text{分界}} = H_{\max} = \frac{a_1}{K_1}\left[1 - \frac{c}{\gamma a_1}(1 - 2K_2)\right] \qquad (7.28)$$

对砂土

$$H_{\text{分界}} = H_{\max} = \frac{a_1}{K_1} \qquad (7.29)$$

当 $H < H_{\max}$ 时为浅埋；当 $H \geq H_{\max}$ 时为深埋。

根据欧、美、日等国采用的经验估算，一般认为，覆土层厚度 $H \geq 5a_1$ 时，土层压力将趋近常数，被认为是深埋，反之为浅埋（a_1 意义同前）。

第三节　　单跨单层拱形结构的内力计算方法

一、概　　述

地下结构的计算方法根据结构与地层相互间作用方式的不同，主要分为两大类，一类是将结构与土层分开考虑，即视土层为作用于结构上的荷载，在土压力作用下解结构的内力和变形的方法，它可直接应用结构力学中方法进行计算。另一类将结构与土层视为相互作用的结构体系，根据计算理论的不同分为局部和共同变形理论，如视结构为符合温克尔假定的弹性介质中的弹性结构，或将结构看做为直线变形介质中的弹性结构。

二、曲墙拱形结构内力计算

拱形结构采用曲墙作为围护墙适用于具有较大侧向土压力，而且结构跨度较大时（大于5 m），其计算方法可采用朱－布法。

1. 考虑土层弹性抗力及其分布

曲墙拱形结构在竖向荷载及侧向水平荷载（土层压力）的作用下，结构拱顶部向内产生变形，曲墙向外侧变形，曲墙的变形使土体产生变形，土体变形达到一定程度即出现土体抵抗侧墙的继续变形，对侧墙变形的抵抗作用即称为土体对结构的弹性抗力，见图 7.18。

由图 7.18 可以看出弹性抗力的发生区域及最大抗力的位置，可在此弹性抗力图上作如下假定。

图中 a' 点为弹性抗力区上零点且位于拱顶两侧 45° 的位置，b' 点为下零点位于曲墙的墙脚，最大抗力 σ_h 位于 h 点，即距拱顶 $M/3$ 处。在 M 范围内各个截面上的抗力强度是最大抗力 σ_h

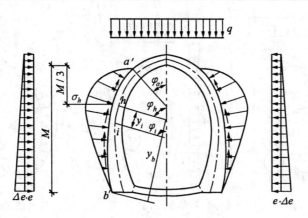

图 7.18　曲墙拱的弹性抗力

的二次函数,用下式表示,即

$$\sigma = \sigma_h \frac{\cos^2 \varphi_{a'} - \cos^2 \varphi_i}{\cos^2 \varphi_{a'} - \cos^2 \varphi_h} \quad (a' - h \text{ 段}) \tag{7.30}$$

$$\sigma = \sigma_h (1 - \frac{y_i^2}{y_{b'}^2}) \quad (h - b' \text{ 段}) \tag{7.31}$$

式中　φ_i——所求抗力截面与垂直中轴线的夹角;

　　　y_i——所求抗力截面与最大抗力截面的垂直距离;

　　　$y_{b'}$——墙底处边缘 b' 至最大抗力截面的垂直距离。

上述假定根据多次计算和经验统计与均布荷载作用下的曲墙拱形结构的弹性抗力分布的规律相吻合。

2.计算简图

图 7.19 为曲墙拱顶结构的计算简图。设有垂直土层压力 q,侧向水平压力 $e + \Delta e$,拱脚弹性固定两侧受地层约束的无铰拱,荷载与结构对称。由于墙底摩擦力较大,不能产生水平位移,仅有转动和垂直沉陷,垂直沉陷对衬砌内力将不产生影响,即均匀沉陷,不考虑结构与土层间的摩阻力作用。

采用力法求解图 7.19 时,选取从拱顶部切开的悬臂曲梁作为基本结构,切开处有两个未知力 x_1 和 x_2,另有附加的未知力 σ_h,根据切开处的变形谐调条件,只能写出两个方程式,所以必须利用 h 点的变形谐调条件增加一个方程,以解出 x_1、x_2 和 σ_h 三个未知数。

图 7.19(b) 为在垂直和侧向荷载作用下的最大抗力 h 处的位移 δ_{hp} 计算简图,图 7.19(c) 为以 $\sigma_h = 1$ 时的弹性抗力图形作为外荷载的相应 h 点的位移 $\delta_{h\bar{\sigma}}$,可先求 δ_{hp},再求 $\delta_{h\bar{\sigma}}$。根据叠加原理,h 点的最终位移 δ_h 应该是 δ_{hp} 与 $\delta_{h\bar{\sigma}} \cdot \sigma_h$ 的代数和,用下式表示,即

$$\delta_h = \delta_{hp} + \sigma_h \cdot \delta_{h\bar{\sigma}} \tag{7.32}$$

因为 $\sigma_h = K\delta_h$,代入式(7.32),并简化得

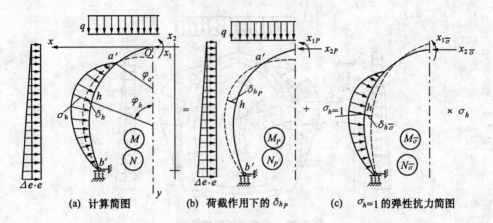

图 7.19　曲墙拱计算简图

$$\sigma_h = \frac{\delta_{hp}}{\dfrac{1}{K} - \delta_{h\bar{\sigma}}} \tag{7.33}$$

式(7.33)即为附加的方程式。

由上述分析可以看出,曲墙拱顶结构的计算是先将该结构视为在主动荷载作用下的自由变形结构并进行计算(图 7.19 (b)),然后以最大弹性抗力 $\sigma_h = 1$ 分布图形作为被动荷载(图 7.19 (c))并求其结构内力,利用式(7.33)求出 σ_h,最后把 $\sigma_h = 1$ 作用下求出的内力乘以 σ_h,再与主动荷载作用下的内力叠加而得出结构的最终力学结果。

3.计算详细步骤

(1)求主动荷载作用下结构内力

图 7.20(a) 所示为基本结构及计算简图,有多余未知力 x_{1P}、x_{2P},列出基本力法方程,多余未知力和墙底转角 β 及水平位移 u 加了 P 右下脚标。

$$\left.\begin{array}{l} x_{1P}\delta_{11} + x_{2P}\delta_{12} + \Delta_{1P} + \beta_P = 0 \\ x_{1P}\delta_{21} + x_{2P}\delta_{22} + \Delta_{2P} + f \cdot \beta_P + u_P = 0 \end{array}\right\} \tag{7.34}$$

式中　　β_P、u_P——墙底截面转角和水平位移,计算 x_{1P}、x_{2P} 和主动荷载的影响后,按叠加原理求得,即 $\beta_P = x_{1P}\bar{\beta}_1 + x_{2P}(\bar{\beta}_2 + f\bar{\beta}_1) + \beta_P^0$;

　　　　$\bar{\beta}_1$——拱顶作用单位弯矩 $x_{1P} = 1$ 时所引起的墙基截面的转角;

　　　　$x_{1P}\bar{\beta}_1$——拱顶弯矩 x_{1P} 所引起的墙基截面的转角;

　　　　$\bar{\beta}_2$——拱顶作用单位水平力 $x_{2P} = 1$ 时的墙基截面产生的单位水平力所引起的转角;

　　　　$\bar{\beta}_2 + f\bar{\beta}_1$——拱顶水平力 $x_{2P} = 1$ 时所引起的墙基截面的转角;

　　　　β_P^0——在主动荷载作用下在墙基截面产生的转角。

符号规则为:弯矩以截面内缘受拉为正,轴力以截面受压为正,剪力以顺时针旋转为正,变

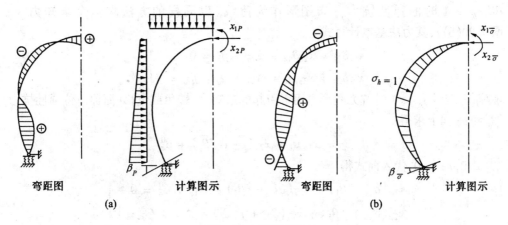

图 7.20　计算图示

形与内力的方向相一致取正号,反之,则取负号。

由于墙底无水平位移,所以,$u_P = 0$,当单位水平力作用在墙底面上时,墙脚不产生转角,所以 $\overline{\beta}_2 = 0$。

代入上式经整理后得

$$
\left.\begin{array}{l}
x_{1P}(\delta_{11} + \overline{\beta}_1) + x_{2P}(\delta_{12} + f\overline{\beta}_1) + \Delta_{1P} + \beta^0_P = 0 \\
x_{2P}(\delta_{12} + f\overline{\beta}_1) + x_{2P}(\delta_{22} + f^2\overline{\beta}_1) + \Delta_{2P} + f\beta^0_P = 0
\end{array}\right\} \tag{7.35}
$$

式中　　δ_{ik}、Δ_{iP}—— 基本结构的单位变位和载变位,可按结构力学或参考半衬砌的方法计算;

$\overline{\beta}_1$—— 墙底截面的单位转角,与半衬砌相同,$\overline{\beta}_1 = \dfrac{12}{bh_x{}^3 k_0}$;

b—— 墙底截面的宽度,$b = 1\ \text{m}$;

h_x—— 墙底截面的厚度;

k_0—— 墙底地层弹性抗力系数;

β^0_P—— 墙底截面荷载转角,$\beta^0_P = M^0_{bP}\overline{\beta}_1$;

M^0_{bP}—— 在外荷载作用下墙底截面的弯矩;

f—— 衬砌的矢高。

解出 x_{1P} 和 x_{2P} 后,即得主动荷载作用下的结构任一截面的内力(图 7.20(a)),其计算式为

$$
\left.\begin{array}{l}
M_{iP} = x_{1P} + x_{2P}y_i + M^0_{iP} \\
N_{iP} = x_{2P}\cos\varphi_i + N^0_{iP}
\end{array}\right\} \tag{7.36}
$$

式中　　M^0_{iP}、N^0_{iP}—— 基本结构主动荷载作用下各截面的弯矩和轴力;

y_i、φ_i—— 所求截面 i 的纵坐标和截面 i 与垂直面之夹角。

(2) 求 $\sigma_h = 1$ 时的 $x_{1\overline{\sigma}}$ 和 $x_{2\overline{\sigma}}$

以 $\sigma_h = 1$ 时的弹性抗力分布图形作为荷载,以同样的方法求多余未知力 $x_{1\bar{\sigma}}$ 和 $x_{2\bar{\sigma}}$(图 7.20(b)),其力法基本计算式为

$$\left.\begin{array}{l} x_{1\bar{\sigma}}\delta_{11} + x_{2\bar{\sigma}}\delta_{12} + \Delta_{1\bar{\sigma}} + \beta_{\bar{\sigma}} = 0 \\ x_{2\bar{\sigma}}\delta_{21} + x_{2\bar{\sigma}}\delta_{22} + \Delta_{2\bar{\sigma}} + u_{\bar{\sigma}} + f\beta_{\bar{\sigma}} = 0 \end{array}\right\} \tag{7.37}$$

脚标 $\bar{\sigma}$ 表示 $\sigma_h = 1$ 时抗力图形作用下引起的未知力、转角或位移(简称单位弹性抗力)。

$\beta_{\bar{\sigma}}$ 和 $u_{\bar{\sigma}}$ 同上求得:

$$\beta_{\bar{\sigma}} = x_{1\bar{\sigma}}\bar{\beta}_1 + x_{2\bar{\sigma}}(\bar{\beta}_2 + f\bar{\beta}_1) + \beta_{\bar{\sigma}}^0$$

$\bar{\beta}_2 = 0, u_{\bar{\sigma}} = 0$,代入前式得

$$\left.\begin{array}{l} x_{1\bar{\sigma}}(\delta_{11} + \bar{\beta}_1) + x_{2\bar{\sigma}}(\delta_{12} + f\bar{\beta}_1) + \Delta_{1\bar{\sigma}} + \beta_{\bar{\sigma}}^0 = 0 \\ x_{2\bar{\sigma}}(\delta_{21} + f\bar{\beta}_1) + x_{2\bar{\sigma}}(\delta_{22} + f^2\bar{\beta}_1) + \Delta_{2\bar{\sigma}} + f\beta_{\bar{\sigma}}^0 = 0 \end{array}\right\} \tag{7.38}$$

式中　　$\Delta_{1\bar{\sigma}}$、$\Delta_{2\bar{\sigma}}$——单位弹性抗力作用下,基本结构在 x_1 和 x_2 方向上的位移;

　　　　$\beta_{\bar{\sigma}}^0$——单位弹性抗力作用下,墙底的转角,$\beta_{\bar{\sigma}}^0 = M_{b\bar{\sigma}}^0\bar{\beta}_1$;

　　　　$M_{b\bar{\sigma}}^0$——单位弹性抗力作用下,墙底的弯矩。

其余符号意义同式(7.35)。

求解式(7.38)得出 $x_{1\bar{\sigma}}$ 和 $x_{2\bar{\sigma}}$,即可求得在单位弹性抗力图荷载作用下的任意截面内力。

$$\left.\begin{array}{l} M_{i\bar{\sigma}} = x_{1\bar{\sigma}} + x_{2\bar{\sigma}}y_i + M_{i\bar{\sigma}}^0 \\ N_{i\bar{\sigma}} = x_{2\bar{\sigma}}\cos\varphi_i + N_{i\bar{\sigma}}^0 \end{array}\right\} \tag{7.39}$$

式中　　y_{ih}——所求抗力截面中心至最大抗力截面的垂直距离(图 7.21);

　　　　y_{bh}——墙底中心至最大抗力截面的垂直距离。

　　　　$M_{i\bar{\sigma}}N_{i\bar{\sigma}}$——基本结构在 $\sigma_h = 1$ 分布的抗力图作用下任一截面的弯矩和轴力。其弯矩图如图 7.20(b) 所示。

(3) 求最大抗力 σ_h

由式(7.33)可知,欲求 σ_h,必须先求 h 点在主动荷载作用下的法向位移 δ_{hp} 和单位弹性抗力分布图形荷载作用下的法向位移 $\delta_{h\bar{\sigma}}$,但求这两项位移时,要考虑弹性支承的墙底转角 β_0 的影响。按结构力学求位移的方法,在基本结构 h 点上沿 σ_h 方向作用一单位力,并求出此力作用下的弯矩图(图 7.20)。用图 7.21 弯矩图乘图 7.19(a) 的弯矩图再加上 β_P 的影响可得位移 δ_{hp}。以图 7.21 弯矩图乘图 7.19(b) 的弯矩图再在图中求 $\beta_{\bar{\sigma}}$ 的影响位移 $\delta_{h\bar{\sigma}}$。即

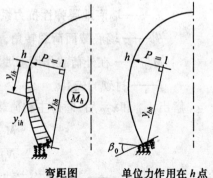

弯距图　　　　单位力作用在 h 点

图 7.21　弯矩图乘图

$$\left.\begin{array}{l} \delta_{hp} = \displaystyle\int_{s} \dfrac{M_{iP} \cdot y_{iP}}{EJ} ds + y_{bh}\beta_{p} \\[4mm] \delta_{h\bar{\sigma}} = \displaystyle\int_{s} \dfrac{M_{i\bar{\sigma}}y_{ih}}{EJ} ds + y_{bh}\beta_{\bar{\sigma}} \end{array}\right\} \tag{7.40}$$

式中　　β_{P}——主动外荷载作用下,墙底的转角,$\beta_{P} = \overline{\beta}_{1} \cdot M_{bp}$;

　　　　$\beta_{\bar{\sigma}}$——单位弹性抗力分布图形荷载作用下墙底的转角,$\beta_{\sigma} = \overline{\beta}_{1} \cdot M_{b\bar{\sigma}_{1}}$。

4.计算各截面最终的内力值

利用叠加原理可得

$$\left.\begin{array}{l} M_{i} = M_{iP} + \sigma_{h} \cdot M_{i\bar{\sigma}} \\[2mm] N_{i} = N_{iP} + \sigma_{h} \cdot N_{i\bar{\sigma}} \end{array}\right\} \tag{7.41}$$

式中　　N_{iP}、M_{iP}——由式(7.36)求得;

　　　　$N_{i\bar{\sigma}}$、$M_{i\bar{\sigma}}$——由式(7.39)求得。

5.计算的校核

校核方法是利用求得的内力应满足在拱顶截面处的相对转角及相对水平位移为零的条件,即

$$\left.\begin{array}{l} \displaystyle\int_{s} \dfrac{M_{i}}{EJ} ds + \beta_{0} = 0 \\[4mm] \displaystyle\int_{s} \dfrac{M_{i}y_{i}}{EJ} ds + f\beta_{0} = 0 \end{array}\right\} \tag{7.42}$$

式中

$$\beta_{0} = \beta_{P} + \sigma_{h} \cdot \beta_{\bar{\sigma}} \tag{7.43}$$

除按式(7.42)校核外,还应按 h 点的位移谐调条件进行校核,即

$$\int_{s} \dfrac{M_{i}y_{ih}}{EJ} ds + y_{bh} \cdot \beta_{0} - \dfrac{\sigma_{h}}{K} = 0 \tag{7.44}$$

以上所叙述的计算方法的优点是:比较接近地道式结构的实际受力状态,概念清晰,便于掌握;其缺点是:弹性抗力图是假定的,而弹性抗力的分布应随衬砌的刚度、结构形状、主动外荷载的分布、围护结构与介质间的回填等因素而变化。这种方法只适用于结构和外荷载都对称的情况,而不适用于荷载分布显著不均匀或不对称的情况。

第四节　　单跨双层与单层多跨拱结构计算方法

拱形结构除单层单跨外,由于建筑功能使用的要求,大多是多层或多跨等各种类型。其主要决定因素是使用要求,这样可增加地下空间的使用面积。

一、单跨双层拱结构

1.计算简图和内力计算特点

单跨双层结构计算简图的决定方法与单跨单层相同,计算简图中的构件长度均采用轴线尺寸来代替结构。应注意单跨双层结构有多种构造作法,如楼板的结构特点、现浇或预制的区别,在空间内是否设梁,梁支承的结构特征,是现浇、预制及是否设牛腿支承方式,上述构造决定了楼板与侧墙之间简图的连接方式。

一般情况下,现浇楼板的刚度较侧墙的刚度小得多,因此,可按铰接处理(图7.22),如果侧墙上设置牛腿支承横梁,楼板传给牛腿的垂直压力对拱顶内力影响较小,可以忽略不计,而按弹性地基梁理论计算侧墙时,应考虑其偏心矩的影响(图7.23)。

如果侧墙与横梁是整体浇筑的结构,侧墙可按弹性地基梁考虑,楼板与侧墙间的连接方式为刚性结点,考虑两者为共同工作。对于对称的单跨双层或单层双跨的拱形直墙结构可采用不均衡力矩及侧力传播法计算。

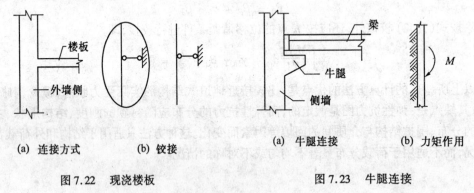

(a)　连接方式　　　　(b)　铰接　　　　　　　　(a)　牛腿连接　　　　(b)　力矩作用

　　　图7.22　现浇楼板　　　　　　　　　　　　　图7.23　牛腿连接

二、单层双跨拱结构

单层双跨拱结构的计算简图见图7.24(a),在结构与荷载对称的条件下,中间结点 B 不发生位移,且中间隔墙的刚度与两拱圈拱脚的刚度接近,可近似地将中间结点 B 视为固定端,并认为结构在外荷载作用下为均匀沉降而不影响结构的内力。因此,只须考虑结点 A 或 C 的平衡,其计算简图可简化为图 7.24(b),采用不均衡力矩和侧力传播法进行计算较方便。

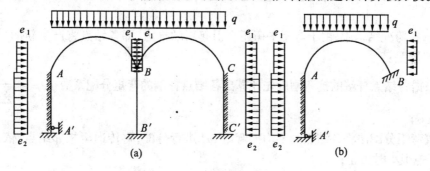

图 7.24　单层双跨结构计算简图

三、三跨连拱结构

有些结构类型如地下铁道车站、地下街、地下交通隧道等常采用三跨连拱结构,图 7.25 所示为三跨连续拱结构的荷载简图,此种结构中间墙由天梁、柱和地梁代替,如果天梁和地梁的高跨比 $H/L \geqslant 1/4$ 时,应按深梁计算。在横断面平面内,其传力路线为中跨拱将力传给天梁,由天梁传给边拱及立柱,通过立柱传给地梁,由地梁传给中间仰拱及边跨底板(或仰拱),最后传给地基。侧向水平推力由中间大拱传给边拱再传给侧向地层支承部位。

对于结构及荷载对称的情况,可采用辅助力法方法进行力学计算,这样,可比角变位移法减少一半结点未知数,整个运算过程与弯矩分配法相似,位于对称轴处的大拱计算采取它的调整形常数,以三次弯矩分配并解一组二元联立方程组。

三跨连续拱辅助力法计算步骤

图 7.25 为一中间大跨拱、两边跨小拱的三跨连续拱结构荷载及计算简图。

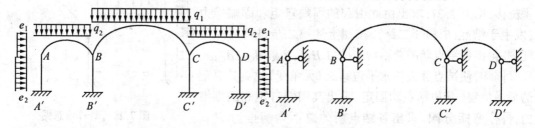

图 7.25　三跨连拱结构计算简图

(1)假设先把所有结点 $ABCD$ 都固定,于是各单个圆拱 AB、BC、CD 均为固定拱,柱子 BB'、CC' 和侧墙也变成固端梁。这时,求出在外荷作用下各拱和柱的固端弯矩 M^F 及固端推力 H^F。在各结点处的 M^F 和 H^F 之代数和就是作用在各结点上的不均衡弯矩 M^u 和不均衡推力 H^u。

(2) 在所有可动结点 A、B、C、D 处假想设一铰支座,使各结点只能自由旋转,但不能产生位移,如图 7.26 所示。这时,可按所熟悉的弯矩分配法来进行弯矩分配,以平衡各结点的不均衡弯矩。

但是,在跨变结构中,由于弯矩平衡还要引起新的推力,即各结点将产生新的总不均衡推力,具体步骤是:

① 根据各结点杆端的抗弯刚度先计算出各结点杆端的弯矩分配系数 $\mu = -\dfrac{S}{\sum S}$ 及弯矩传递系数 C;

② 按弯矩分配法将各结点的不均衡弯矩 M^u 进行分配,再传递至相邻结点,依次进行,直到传递弯矩很小时为止;

③ 将各结点杆端的分配弯矩加传递弯矩再加固端弯矩 M^F,得各结点的结果弯矩;

④ 计算各杆端所得分配弯矩总和并乘以"推力交换系数" $h = \dfrac{T}{S}$,即得杆端的交换推力,并乘以 -1(传到相邻结点),这是进行弯矩分配所引起的推力;

⑤ 把上述由于弯矩平衡引起的推力与原有的由于荷载引起的不均衡力矩 H^u 相加,即得各结点的新的总不均衡推力 H_A^u、H_B^u、H_C^u、H_D^u 等。

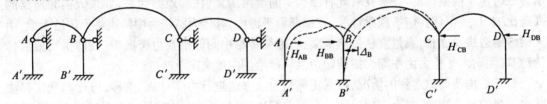

图 7.26　假设铰支座　　　　　　　　　　图 7.27　节点位移

(3) 令结点 B 有水平位移 Δ_B 在其发生达到真正的最后位置(但无角变)后其他结点仍固定,即既不转动也无水平位移,见图 7.27,求出由此引起的固端弯矩和固端推力(发生于结点 B 相邻二跨),按照上述第二步进行弯矩分配,并得出各结点新的总不均衡推力 H_{AB}、H_{BB}、H_{CB}、H_{DB}。

同样,使结点 A 发生水平位移 Δ_A(无角变)达到其真正的最后位置,其他结点均固定,求出其固端弯矩和固端推力,再作弯矩分配,求出各结点新的总不均衡推力 H_{AA}、H_{BA}、H_{CA}、H_{DA}。

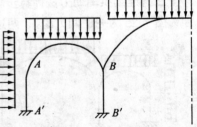

图 7.28　计算示意图

由于图 7.26 结构荷载均对称,计算时可只取一半计算,即只考虑结点 A、B 移动一次就行,但位于对称轴的中跨大拱要用调整形常数,见图 7.28。

(4) 此时结构已趋于平衡状态,结点 A、B 已达它们的最后位置,作用在各结点上的水平推

力代数和应等于零,故可列出一组二元联立方程

$$\left.\begin{array}{l} H_{AA} + H_{AB} + H_A^u = 0 \\ H_{BA} + H_{BB} + H_B^u = 0 \end{array}\right\}$$

其中

$$H_{AA} = h_{AA} \cdot \Delta_A \qquad H_{AB} = h_{AB}\Delta_B$$
$$H_{BA} = h_{BA} \cdot \Delta_A \qquad H_{BB} = h_{BB} \cdot \Delta_B$$

式中　　h_{AA}、h_{AB}、h_{BA}、h_{BB}——包括弹性常数在内的系数,解之,即得可动结点 A、B 的水平位移
值 Δ_A、Δ_B。

(5) 得出 Δ 值后,即可利用以前所进行的各次弯矩分配结果叠加出所求的各杆端的最终弯矩和推力。

复习思考题

1.拱结构有哪几种类型?

2.土洞局部稳定性评价及土层压力荷载是如何计算的?

3.深埋与浅埋的界限是如何划分的?

第八章　沉井结构

第一节　概　述

一、沉井结构的概念

沉井结构的主要特征是将已建成的"井"通过某种方法"沉"至地下或水下的一定位置处。它包含着特殊的施工方法,这种施工方法主要表现为下沉过程,因此,把一个建筑物下沉至设计标高反映了此种结构要满足施工阶段的受力要求,这同普通地面建筑使用阶段受力是不同的,它的结构受力既要分析施工方面又要分析使用方面的两种受力状态。

沉井结构的施工特点说明它具有施工简便、速度快,对临近建筑基础及设施影响较小,作业面限定,可取消板桩支护及挖土量少等优点。

沉井结构广泛适用于多种类型的地下建筑与构筑物、国防工程、设备基础及桥梁墩台、盾构拼装井船坞坞首、矿井与地铁车站等工程中。在高密度建筑群施工时,沉井结构可在地面施工主体结构下沉至预定位置后即可封顶板,以保证地面道路的正常通行及避免开挖土方,缩小了施工作业面。

随着土木工程领域的科技发展,沉井施工技术取得了很大进步。如触变泥浆润滑套法、壁后压气法、钻吸排土及中心岛式下沉等施工技术,在我国都有广泛的应用。哈尔滨市的秋林地下商店位于秋林公司一侧的东大直街段,即是采用沉井结构进行施工的,它是地下商业街的组成部分。

沉井结构的施工可分为两个主要部分,一是井壁,二是井顶底板及内部结构。两部分施工分段进行,前者在地面预先制作完毕,后者下沉至预定标高后进行施工。

根据沉井的上述特征,可把沉井结构总结为在地面预制作的筒状结构物,通过挖除内部土体,使之克服与土间摩阻力逐步使井筒下沉至设计标高的结构。为了保证其足够的刚度和自重,沉井结构多采用钢筋混凝土材料。

沉井的施工工艺为:

(1)在地面浇筑一定高度的钢筋混凝土井筒,根据其高度可进行一次或分次制作;

(2)在井筒内挖土,使井筒依靠自重克服土摩阻力下沉至设计标高;

(3)当井筒下沉至设计标高后,制作沉井底板,称为封底;

(4)制作楼板、楼梯及封顶。如需要也可先行封顶以保证封顶后地面工程的修复,如道路等,之后在内部制作楼板、楼梯及其他构件。

二、沉井的类型与构造

1.沉井的类型

沉井的类型从材料上划分有混凝土、砖、石、钢筋混凝土等;从平面形式上分有圆形、矩形、多边形等;从施工方法上分有连续式与独立式;从使用功能上分有民用、工业与特种结构沉井等。不同类型的沉井有不同的特点,但类型的决定因素主要取决于下述几个方面:

(1)建筑的使用功能及其性质。建筑功能是决定采用何种类型的主要因素,如普通工业厂房或地下商业街大多为钢筋混凝土矩形沉井,桥墩基础及水池大多为圆形沉井等。

(2)施工现场约束条件及土的物理力学性质均是影响因素,如受场地条件限制必须改变其平面形式,土壤的物理力学参数决定着摩阻力的大小,摩阻力决定着沉井的施工速度及沉井材料。

(3)建筑功能决定着结构荷载及自重。有些小型沉井可采用尺寸较小甚至不是钢筋混凝土材料等。

(4)经济与造价。无论何种工程都必须考虑的问题是如何节约材料以降低造价,沉井的类型不仅影响使用功能,同时也影响摩阻力的大小,还影响着造价的高低。

上述这些因素中有些是决定因素,有些是影响因素,通常是决定因素决定沉井的类型。沉井的类型一般在建设设计过程中,由结构与施工专业人员共同研究并考虑多方面因素而确定。

2.沉井构造

沉井由井壁、刃脚、框架及梁、隔墙、顶盖与封底等构件组成(图8.1)。

(1)井壁

井壁是沉井的围护结构,也是建筑的外墙,是沉井最重要的结构构件。沉井下沉过程主要依靠井壁的下沉,因此,对井壁应有足够的强度、刚度、厚度的要求。筒形井壁在下沉施工中会出现相应的荷载及受力状况,同时,

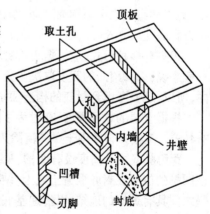

图 8.1　沉井构造图

又要保证井壁具有足够大于摩阻力的自重才能下沉,所以,井壁常采用钢筋混凝土材料并有足够的厚度,以保证在下沉过程中抵抗各种荷载作用所产生的内力。井壁厚度在设计过程中是

先假定后再进行强度验算得出的,假定厚度选取范围在 0.4~1.2 m,对于有特殊要求的可大于此厚度。

井壁的竖向剖面形式有等厚度直墙井壁、不等厚度直墙井壁两种,其中不等厚度直墙井壁又有内直外阶及外直内阶形式,见图 8.2 中。

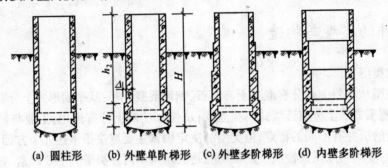

(a) 圆柱形　(b) 外壁单阶梯形　(c) 外壁多阶梯形　(d) 内壁多阶梯形

图 8.2　沉井剖面图

图 8.2 中的(a)、(b)适宜于土质松软及下沉深度不是很大的沉井,(d)适宜于土质松软及深度很大的情况,(c)适宜于土质密实且深度很大的情况,井壁外侧及刃脚处做成台阶形是为了保证结构能够承受水土压力及自重,同时,又为了下沉施工顺利而采取的构造措施,因为台阶状有利于减少井壁间的摩阻力和减轻结构自重。变截面常设在沉井接缝处,宽度 Δ 一般为 0.1~0.2 m,$h_1 = (1/4~1/3)H$,或 $h_1 = 1.2~2.2$ m,见图 8.2(b)。

(2) 刃脚

刃脚是井壁最下端的部分,常做成刀刃状,故称为"刃脚"。刃脚的主要功能是减少端部阻力,刃脚的脚底水平面称为踏面,踏面宽度 $b = 0.35~0.7$ m,斜面倾角 $a = 40°~60°$,干封底时刃脚高度取 0.6 m 左右,湿封底时取 1.5 m 左右。

刃脚有多种形式,应根据刃脚穿越土层的软硬程度和刃脚单位长度上的反力大小来决定。一般来说,刃脚踏面的宽度取决于土质软硬及沉井自重等因素。沉井封底的位置即在刃脚范围内,所以,还要考虑到封底的构造要求,见图 8.3。

根据土层的软硬程度,有时为了防止刃脚损坏,可采用钢刃脚(图 8.4(b))及钢板刃脚(图 8.4(c)),钢板刃脚常用于爆破清除刃脚下障碍物时使用。

距刃脚底面 h 高度设有凹槽,h 约为 2.5 m,凹槽深度约为 0.15~0.25 m,高度约为 1.0 m。该凹槽的位置在封底混凝土之上,结构底板之间,其主要作用是使封底混凝土与结构底板及井壁之间具有更好的连结,以传递基底反力,使沉井整体受力性能更好。刃脚及凹槽的主要尺寸见图 8.5。

(3) 内隔墙

沉井在制作时,可在井内根据建筑使用功能的主要承重体系布置内隔墙,使沉井形成多井筒式沉井。隔墙的设置具有很多优越性,主要是缩小沉井井筒尺寸,增加沉井刚度与自重,便于

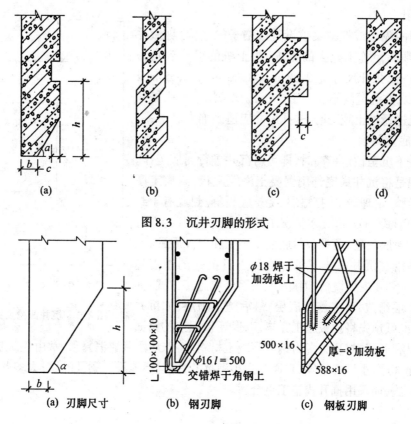

图 8.3　沉井刃脚的形式

(a) 刃脚尺寸　　(b) 钢刃脚　　(c) 钢板刃脚

图 8.4　刃脚的构造

下沉均衡及施工中的纠偏等。

隔墙不受水土压力作用,底面既可与井壁踏面平齐,也可位于踏面上部0.5～1.0 m处,当隔墙与踏面平齐时,可增加沉井的摩阻力以防止突沉,反之,则可减少摩阻力以保证沉井均匀下沉。隔墙底部应设供施工人员通行的过人孔,尺寸为1.0 m×1.0 m左右。

隔墙布置应对称、整齐划一,以保证沉井自重的匀称。同时也要考虑井筒内部挖土机械的操作空间,通常井孔最小边长不应小于3.0 m,如采用某一型号挖土机械,应使井筒短边大于挖斗机张口尺寸0.8 m左右。

(4) 框架梁

当建筑功能要求不能设置隔墙或设置隔墙对施工有很大影响时,就需要以框架代替隔墙。框架应设在沿井的中下部且对称设置,其作用类似设置隔墙,但较设置隔墙具有更多优越性,主要表现为操作空间大,便于施工,能通过调整各井孔的挖土量进行沉井的纠偏,防止沉井出现"突沉"现象,有利于分格进行封底。框架梁的设置数量应由多种因素来决定,主要是便于沉井均匀下沉及施工方便,保证施工期的结构整体受力刚度,增加框架梁可增加结构刚度。

(5) 井孔

沉井内的隔墙或框架梁被设置成格子的结构,称做井孔,井孔必须满足施工挖土的要求,挖土机的抓斗容量为 $0.75 \sim 1.0 \text{ m}^3$,张开尺寸为 $2.38 \text{ m} \times 1.06 \text{ m}$ 和 $2.65 \text{ m} \times 1.27 \text{ m}$,所以,井孔宽度不宜小于 3.0 m。如采用水力机械和空气吸泥机进行挖土施工时,井孔尺寸应适当加大。

(6) 封底及封顶

当沉井下沉至预定标高时,即可对沉井进行封底工作。所谓封底即是将沉井最底部用混凝土浇筑底板,封底工序为校正及检验、清理调平、打垫层、浇筑底板等。封底有干封与湿封两种形式,干封即无水情况下的封底处理,湿封即有水情况下的封底处理。通常干封底便于施工和保证质量。

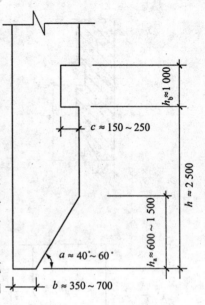

图 8.5　沉井凹槽及刃脚尺寸

封顶是指在沉井完成下沉标高后进行沉井的顶盖施工,顶盖施工需要支撑模板,因此,可采用分层施工方式。如沉井由若干层组成,可先施工底层,最后施工顶层;如沉井尺寸较小,也可预先将顶板施工完毕,以保证顶板上的路面尽快修复以利通行。封顶大多为钢筋混凝土材料。特殊地段可取消封顶,常由建筑功能决定,如局部的阳光大厅、小型广场等,它通常为小型沉井,并且不能设置梁及隔墙,大多此种情况不采用沉井施工法,而采用掘开式施工更合适。

第二节　　沉井结构设计

一、沉井结构的受力特点

沉井结构的主要特征是施工方案的特殊性,其井壁是在地面制作完成的,待其下沉至设计标高后再制作底及内部结构。在施工过程中表现为施工中阶段所受的外力与在使用阶段所受的外力是不同的,因此,应分别考虑施工阶段与使用阶段两阶段的结构受力并进行设计计算。不能认为施工阶段仅仅是临时的受力过程而加以忽视。

沉井在施工阶段为一个井筒状结构,其外壁承受水土等压力。当单孔平面框架难以满足强度和刚度要求时,可根据平面分隔加设内部支撑的梁、隔墙以及竖向框架等,此时,则形成平面与竖向均受力的构件。同时,还要进行抗浮稳定与下沉的计算。

沉井结构使用阶段是指沉井施工结束后的全部结构,它包括内部梁板、楼梯、底板与顶板、隔墙等,是一个完整的地下空间结构,应按地下空间结构进行分析计算,计算包括承受水土压力、平时使用荷载、楼板和顶板荷载及结构等,此阶段与施工阶段受力是完全不同的。

二、沉井结构设计计算步骤

1.沉井尺寸确定

沉井平剖面尺寸应依据建筑设计平面、剖面、总图给定的尺寸进行设计,根据其平剖面确定是否可采用沉井法施工,当已确定沉井施工为最合适的施工方法时,即可根据拟建场地的地段条件、工程地质与水文、施工条件,参考类似的沉井工程施工经验,布置沉井井筒尺寸,根据建筑方案设置隔墙或梁、孔洞等位置,布置沉井分格,确定沉井平面、剖面、井壁厚度等各构件的截面尺寸。

2.下沉与抗浮稳定验算

根据施工方法及沉井下沉深度、土的物理力学性质计算下沉系数(K_c)、摩阻力(R_f),进行下沉与抗浮稳定计算。

3.施工阶段强度计算

(1)计算各种外荷载,绘制水、土荷载的计算简图;

(2)沉井平面框架内力分析计算;

(3)刃脚的挠曲及内力计算;

(4)井壁竖向内力计算及设计;

(5)沉井底梁、顶梁及竖向框架的内力计算;

(6)沉井封底混凝土的厚度和钢筋混凝土底板的厚度及内力计算。

4.使用阶段强度计算

(1)水平及垂直方向按封闭框架进行计算;

(2)地基强度及变形的设计与计算;

(3)沉井抗浮、抗滑移及倾覆稳定性计算。

三、沉井施工阶段的验算

1.下沉系数 K_c

沉井施工是沉井靠自重克服井壁与周围土体的总摩阻力与刃脚下地层的总阻力而下沉的一种施工方法。如果沉井自重为 G,井壁与刃脚产生的总阻力为 T,则当 $G > T$ 时,沉井即可下沉,如有向上的水浮托力,水浮托力与自重 G 为相反的力,因此,此时应扣除水浮托力的影响。下沉系数 K_c 即是沉井自重扣除水浮托力与沉井所遇全部阻力的比值。因此,有下列公式

$$\frac{G - P_{fx}}{T} \geq K_c \tag{8.1}$$

式中　G—— 沉井自重(kN)；

　　　P_{fx}—— 地下水对沉井的浮托力(kN)，排水时为零，不排水下沉时取总浮托力的70%；

　　　T—— 井壁与土体间摩阻力 T_f 及刃脚端部土层的总阻力 R_f 之和(kN)；

　　　K_c—— 下沉系数(K_c = 1.05 ~ 1.25)，位于软弱土层中的沉井宜取 1.05；对位于其他土层中的沉井可取1.25。

　　T_f 在 0 ~ 5 m 范围内按直线规律从零值逐渐增加至常数，5 m 以下均为常数。因此，T_f 按下式计算

$$T_f = f \cdot v(h_0 - 2.5) \tag{8.2}$$

式中　v—— 沉井外壁周长(m)；

　　　h_0—— 沉井入土深度(m)；

　　　f—— 土与井壁单位面积的摩阻力(kPa)。当下沉深度内有多层土时，采用按土层厚度加权平均，即

$$f = \frac{\sum_{i=1}^{n} f_i h_i}{\sum_{i=1}^{n} h_i} = \frac{f_1 \cdot h_1 + f_2 \cdot h_2 + \cdots + f_n \cdot h_n}{h_1 + h_2 + \cdots + h_n} \tag{8.3}$$

式中　f_i—— 不同土层单位面积摩阻力，参照表 8.1 选用；

　　　h_i—— 不同土层的相应厚度(m)。

表 8.1　单位面积摩阻力 f_i 值

序号	土壤名称	f/kPa	序号	土壤名称	f/kPa
1	软塑及可塑粘性土、粉土	12.5 ~ 20	5	砂砾石	15 ~ 20
2	硬塑粘性土、粉土	25 ~ 50	6	流塑粘性土、粉土	10 ~ 12
3	砂类土	12 ~ 25	7	泥浆套	3 ~ 5
4	砂卵石	18 ~ 30			

注：表中值适用于不超过 30 m 的沉井。

在确定摩阻力 f_i 时尚应考虑如下因素：

(1) 沉井下沉停止时间越长，f_i 值就越大，沉井在开始下沉时，f_i 值又降至较低甚至为 0 时的情况也会发生。因此，沉井施工必须考虑到"突沉"与"滞沉"的情况，并考虑相应的解决措施。

(2) 由于各地区土质状况及施工经验的差异,沉井施工应参考当地的相应规范及经验。

(3) 如井壁外侧为阶梯形,并采用灌砂助沉时,灌砂段的单位摩阻力可取 7 ~ 10 kPa。

(4) 当考虑沉井刃脚、隔墙或底梁下土的反力 R 时,R 的取值按下式计算

$$R = F_i \cdot R_i \tag{8.4}$$

式中　　F_i——刃脚、隔墙等支承面积(m^2);

　　　　R_i——沉井底部地基土的极限承载力(kPa),按表8.2取值。

表8.2　地基土的极限承载力 R_i

土的种类	R_i/kPa	土的种类	R_i/kPa
淤　泥	100 ~ 200	软可塑状态亚粘土	200 ~ 300
淤泥质粘性土	200 ~ 300	坚硬、硬塑状态亚粘土	300 ~ 400
细　砂	200 ~ 400	软可塑状态粘性土	200 ~ 400
中　砂	300 ~ 500	坚硬、硬塑状态粘性土	300 ~ 500
粗　砂	460 ~ 600		

地基极限承载力也可按下式计算

$$R_i = A \cdot \gamma_E \cdot b + B \cdot q + D \cdot c$$

式中　　γ_E——沉井底部土的容重(kN/m^3),当不排水下沉时,应取土的浮重度;

　　　　b——沉井底部支承面宽度,可取 1.0 m;

　　　　q——超荷载(kN/m^2),$q = \gamma_0 h$;

　　　　γ_0——井内回填砂或土的重度,水下应取浮重度(kN/m^3);

　　　　h——井内回填土高度(m);

　　　　c——沉井底部土的内聚力(kPa);

　　　　A、B、D——取决于内摩擦角系数,参照表8.3选用。

表8.3　系数 A、B、D

系数 \ φ(°)	12	13	16	18	20	22	24	26	28	30	32	34	36	38	40
A	1.1	1.4	1.7	2.3	3.0	3.8	4.9	6.8	8.0	10.8	14.3	19.8	26.2	37.4	50.1
B	3.0	3.6	4.4	5.3	6.5	8.0	9.8	12.3	15.0	19.3	24.7	32.6	41.5	54.8	72.0
D	9.3	10.4	11.7	13.2	15.1	17.2	19.8	23.2	25.3	31.5	38.5	47.0	55.7	70.8	84.7

(5) T_f 的确定也可按井壁处主动土压力的 0.3 ~ 0.5 倍进行估算。侧面摩阻力随深度变化

呈梯形分布,见图 8.6。

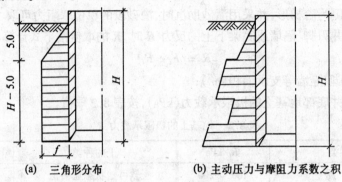

$$(a)\quad 三角形分布 \qquad\qquad (b)\quad 主动压力与摩阻力系数之积$$

图 8.6　摩阻力简图

(6) 由于摩阻力数值大小及分布对沉井设计与施工有着十分重要的意义,因此,采用测量摩阻力的方法更符合实际。上海市在沉井实践中,下沉系数多数在 0.7 ~ 0.8 之间,说明设计所取 f 值偏大。

2. 抗浮稳定验算

沉井下沉施工至设计标高后即浇筑封底混凝土及制作底板,形成无盖的箱形结构,施工阶段的水压力由于施工原因可能不大,当在结构工程全部完工后,水压力才逐渐恢复至静力水头,此时水的浮托力最大,因此,施工和使用阶段均应作抗浮稳定验算。抗浮稳定验算的公式为

$$K_f = \frac{G + T_f}{P_{fx}} \geq 1.05 \sim 1.1 \tag{8.5}$$

式中　　K_f——抗浮安全系数;

　　　　G——相应阶段沉井自重(kN);

　　　　T_f——井壁与土体间的极限摩阻力(kN);

　　　　P_{fx}——施工阶段的最高水位计算浮力(kN)。

地下水浮托力 P_{fx} 在江河中或渗透力很大的砂土中,其水浮力即等于静力水头,在粘性土中的水浮力值的计算是近似的。在抗浮验算中是否考虑井壁与土体间的摩阻力 R_f 的作用仍没有统一认识。从实际分析,它是发生作用的,从实践工程中也证明大多无上浮现象,由于 R_f 值很大,因此在验算中计入是合理的。

3. 刃脚的计算

刃脚是沉井最下端的部分,刃脚的下沉水准决定着全部沉井的下沉质量,对沉井下沉质量的控制及调整首先从刃脚开始,因此,应保证刃脚有足够的强度、刚度及几何尺寸等特征。

(1) 刃脚向外挠曲计算

沉井在下沉过程中,刃脚的截面较弱,需对其进行强度验算。刃脚受力在初次全部切入土中和下沉过程中,由于水土压力及正面阻力作用使刃脚产生最大的向外挠曲力矩,计算时可按

刃脚受力简图建立力学方程,水平方向截取单位宽度。沉井下沉中,刃脚全部切入土内时有两种不同受力状态,一种为初次下沉时水土压力,另一种是下沉之后的水土压力,二者是不同的,见图8.7。

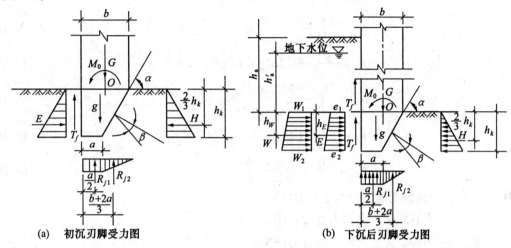

(a) 初沉刃脚受力图   (b) 下沉后刃脚受力图

图8.7   刃脚受力简图

图8.7(a) 中的刃脚切入深度小,在水土压力(或无水压力)E、摩阻力 T_f 及自重影响可忽略不计的情况下,其内力的计算式为

$$M_0 = \frac{2}{3} h_k H + \frac{b-a}{2} R_{j1} - \frac{4a-b}{6} R_{j2} \tag{8.6}$$

$$V = H = \frac{b-a}{b+a} G \tan(\alpha - \beta) \tag{8.7}$$

$$N = G \tag{8.8}$$

式中

$$R_{j1} = \frac{2a}{b+a} G \tag{8.9}$$

$$R_{j2} = \frac{b-a}{b+a} G \tag{8.10}$$

如为图8.7(b) 的情况,刃脚外侧水土压力 W 及 E 为梯形分布,考虑受其内力作用,忽略刃脚摩阻力 T_f,其内力计算式为

$$M_0 = \frac{2}{3} h_k H + \frac{b-a}{2} R_{j1} - \frac{4a-b}{6} R_{j2} - W h_W - E h_E \tag{8.11}$$

$$V = H - E - W \tag{8.12}$$

$$N = G - T_f \tag{8.13}$$

各项内力计算式为

$$H = \frac{b - a}{b + a}(G + g - T_f)\tan(\alpha - \beta) \tag{8.14}$$

$$R_{j1} = \frac{2a}{b + a}(G + g - T_f) \tag{8.15}$$

$$R_{j2} = \frac{b - a}{b + a}(G + g - T_f) \tag{8.16}$$

$$W = \frac{\psi \gamma_w h_k}{2}(2h'_a + h_k) \tag{8.17}$$

$$h_w = \frac{h_k}{3} \cdot \frac{3h'_a + 2h_k}{2h'_a + h_k} \tag{8.18}$$

$$E = \frac{\gamma_s h_k}{2}(2h_s + h_k)\tan^2(45° - \frac{\varphi}{2}) \tag{8.19}$$

$$h_E = \frac{h_k}{3} \cdot \frac{3h_s + 2h_k}{2h_s + h_k} \tag{8.20}$$

式中　　H—— 刃脚斜面阻力的水平合力(kN);

R_{j1}—— 刃脚踏面均布阻力合力(kN);

R_{j2}—— 刃脚斜面阻力的竖向合力(kN);

W—— 刃脚外侧静水压合力(kN);

h_W——W 对 O 点力臂(m);

E—— 刃脚外侧主动土压力合力(kN);

h_E——E 对 O 点力臂(m);

G—— 井壁单位宽自重(kN/m);

g—— 刃脚单位宽自重(kN/m);

T_f—— 单位宽沉井井壁外侧摩阻力(kN/m);

α—— 刃脚斜面与水平面之间夹角;

β—— 土体与刃脚斜面之间的摩擦角(取 $10°\sim30°$);

a—— 刃脚踏面宽度(m);

b—— 井壁厚度(m);

h_k—— 刃脚高度(m);

h'_a—— 刃脚根部距地下水位面距离(m);

h_a—— 刃脚根部距地表面的距离(m);

γ_W—— 水的重度(kN/m³);

γ_s—— 土的重度,地下水位以下取浮容量(kN/m³);

ψ—— 水压力折减系数。当沉井排水下沉时,对于砂性土取 $\psi = 1.0$,对于粘性土取
　　　 $\psi = 0.7$;

　　　　φ—— 土体内摩擦角,由实测确定。

（2）刃脚向内挠曲计算

沉井下沉接近设计标高时,由于刃脚下部土体被掏空,使得刃脚部分受到水土压力作用而发生最大向内挠曲,见图 8.8。

图 8.8 中刃脚 $m - n$ 截面处的弯矩 M、剪力 Q 及轴力 N 的计算式为

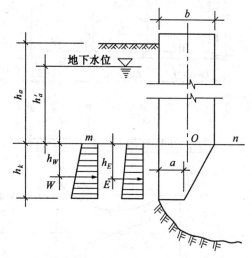

$$M = Wh_W + Eh_E \qquad (8.21)$$

$$Q = E + W \qquad (8.22)$$

式中的 W、h_W、E、h_E 分别按式(8.17)～(8.20)计算。

4. 井壁的计算

（1）未下沉沉井井壁垂直受弯的计算

沉井预先制作每节最大高度 H 约为 10 m,某些大型沉井可能需在沉井下设置垫木,而最后抽取的垫木称为"定位垫木",沉井全部质量作用在定位垫木上时,需对沉井井壁垂直受弯进行计算。

沉井定位垫木既可能是 4 支点,也可能是 6 支点或多支点(图 8.9)。

图 8.8　刃脚悬空受力简图

图 8.9(a)所示的矩形沉井($L/B \geqslant 1.5$ 时),承垫木常设在长边井壁下,间距按 $L_2 = 0.7 L$, $L_1 = 0.15 L$ 计算,受力特征可将井壁当做一根梁进行分析,受力的验算公式为

$$M_A = M_B = - 0.011 \, 3qL^2 - 0.15P_1L \qquad (8.23)$$

$$M_中 = 0.05qL^2 - 0.15P_1L \qquad (8.24)$$

式中　　q—— 单位长度井壁自重(kN/m);

　　　　L—— 井壁纵向长度(m);

　　　　P_1—— 井壁端墙自重的一半(kN)。

如图 8.9(b)所示的圆形沉井支承情况,受力的验算公式可按表 8.4 查得其剪力、弯矩和扭矩。

小型圆形沉井可为 4 支点,也可为 6～8 支点,甚至更多。表 8.4 中的内力计算表是将圆形沉井井壁视为连续水平的圆形梁。

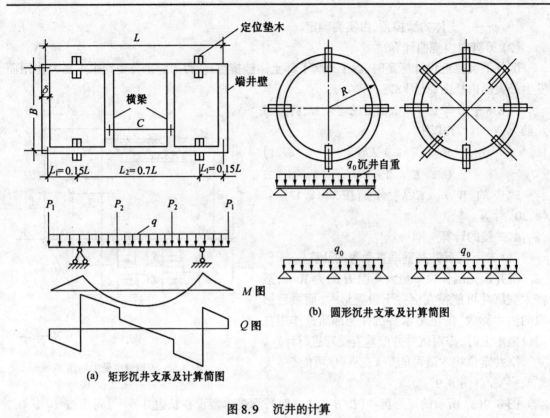

图 8.9　沉井的计算

表 8.4　水平圆环梁内力计算表

圆环梁支柱数	最大剪力	弯　　矩		最大扭矩	支柱轴线与最大扭矩截面间的中心角
		在二支柱间的跨中	支柱上		
4	$\dfrac{R\pi q_0}{4}$	$0.035\,24\pi q_0 R^2$	$-0.064\,30\pi q_0 R^2$	$0.010\,60\pi q_0 R^2$	19°21′
6	$\dfrac{R\pi q_0}{6}$	$0.015\,00\pi q_0 R^2$	$-0.029\,64\pi q_0 R^2$	$0.003\,02\pi q_0 R^2$	12°44′
8	$\dfrac{R\pi q_0}{8}$	$0.008\,32\pi q_0 R^2$	$-0.016\,54\pi q_0 R^2$	$0.001\,26\pi q_0 R^2$	9°33′
12	$\dfrac{R\pi q_0}{12}$	$0.003\,80\pi q_0 R^2$	$-0.007\,30\pi q_0 R^2$	$0.000\,36\pi q_0 R^2$	6°21′

注：R—— 圆环梁轴线的半径；q_0—— 均布荷载。

　　需要指出的是,上述验算与施工中的支承情况有关。施工中支承垫木抽取顺序为先抽四角,再抽中间,最后定位垫木一次抽取;对于其他的支承方式可按相应的支承条件的受力简图进行内力计算。

　　(2) 刃脚下土壤掏空时井壁竖向抗拉计算

　　井壁竖向抗拉计算分为等截面与变截面两种,受力工况为沉井接近设计标高时刃脚下部挖空的情况,沉井依靠井壁周围摩阻力嵌固,此时,井壁在悬吊情况下受到由自重 G 产生的拉应力,一般假定底部摩阻力为零,顶部最大,呈倒三角形(图 8.10)。

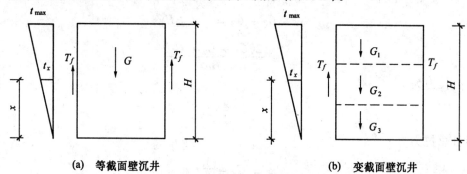

(a)　等截面壁沉井　　　　　　　(b)　变截面壁沉井

图 8.10　沉井抗拉示意图

图 8.10(a) 中的等截面壁沉井可写出下式

$$G = \frac{1}{2} t_{max} Hu$$

解得

$$t_{max} = \frac{2G}{Hu} \tag{8.25}$$

式中　　G——井壁自重(kN);

　　　　t_{max}——沉井顶部井壁最大摩阻力(kN/m²);

　　　　H——沉井高度(m);

　　　　u——沉井外边周长(m)。

　　设沉井底部刃脚踏面 x 处摩阻力为 t_x,则

$$t_x = \frac{x}{H} t_{max} = \frac{2Gx}{H^2 u} \tag{8.26}$$

x 处拉力为

$$S_x = \frac{x}{H}G - \frac{1}{2}t_x xu = \frac{x}{H}G - \frac{x^2}{H^2}G \tag{8.27}$$

令 $\dfrac{\mathrm{d}S_x}{\mathrm{d}x} = 0$,则

$$x = \frac{H}{2} \tag{8.28}$$

代入式(8.27),得

$$S_{max} = \frac{G}{4} \tag{8.29}$$

式中　S_{max}——井壁中最大总拉力。

式(8.29)说明产生最大拉力的截面位于沉井高度的 1/2 处,最大拉力值为沉井自重的 1/4(日本规定为 50% 井重,俄罗斯规定为 65% 井重)。

如为图 8.10(b) 所示的变截面壁沉井,则有关系式

$$G_1 + G_2 + G_3 = \frac{1}{2} t_{max} Hu$$

解得

$$t_{max} = \frac{2(G_1 + G_2 + G_3)}{Hu} \tag{8.30}$$

x 处拉力为

$$t_x = \frac{x}{H} t_{max}$$

x 处总拉力为

$$S_x = G_x - \frac{1}{2} t_x x \tag{8.31}$$

式中　G_1、G_2、G_3——不同截面的沉井自重(kN);

　　　G_x——x 段沉井自重(kN)。

最大总拉力需给予不同的 x 值,利用式(8.31)进行试算、比较找出最大值。根据计算比较,该总拉力发生在井壁变截面处。对变截面井壁,每段都应进行拉力计算。

对采用泥浆润滑下沉的沉井,虽然沉井在泥浆套内不会出现嵌固的现象,但沉井纠偏时会产生纵向弯矩,此时仍需设置全断面 0.25% 的纵向构造筋。

如果沉井下沉处的土层上部土层坚硬,下部土层松软,可近似假定沉井在 $0.35H$ 处被嵌固,$0.65H$ 处在悬吊状态,则等截面井壁的最大拉力为

$$S_{max} = 0.65G \tag{8.32}$$

式中各符号意义同前。

(3) 下沉结束时井壁强度计算

沉井下沉至设计标高,刃脚下处挖空状态下时,设沿全高度作用为最大水土压力 W、E,则该荷载呈斜线梯形分布,对于砂性土采用水、土分算,粘性土采用水土合算。日本规范规定深度 15 m 以上为梯形(或三角形) 分布,15 m 以下土压力为常数。尽管荷载作用性质不变,但沉井结构的内部支撑体系变化,所以计算简图不同。

① 设置隔墙沉井

对于在内部设置钢筋混凝土隔墙的沉井,根据隔墙和井壁的相对刚度确定其铰接或刚接。

当刚度接近时,可按多井孔空腹框架分析,当刚度相差很大,也可按封闭框架内设若干铰接撑杆考虑,计算简图取水平框架均布水土荷载(图8.11、8.12)。

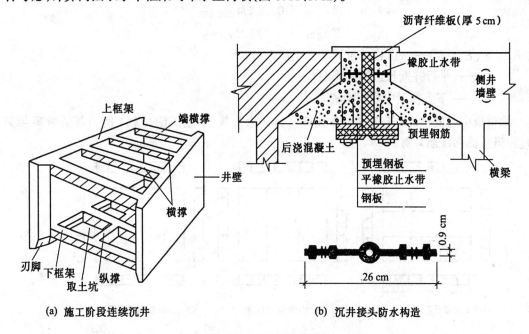

图8.11 某实际工程连续沉井示意图

② 设置上下梁方案

根据不同情况,设置上下梁可分为三种情况应区别对待。

1) 当层高 h 大于沉井最长边 l_1 的1.5倍,即 $h/l_1 > 1.5$ 时,可不考虑纵横梁的影响,取 $h = 1.0$ m,井壁按封闭框架分析,并沿高度取若干截面分别计算(图8.12)。

2) 当沉井最短边 l_2 大于层高1.5倍时,即 $l_2/h > 1.5$,可沿井壁垂直方向取1.0 m的宽度,按竖向连续梁计算(图8.12(d))。连续梁的支承反力由纵横梁和圈梁所构成的水平框架承担(图8.12(a))。

3) 当 h/l_1 或 $l_2/h \leq 1.5$ 时,侧面井壁按双向板分析,位于上下井口板边在未封底、顶板时按简支分析,其余三边及位于中间井壁板四边为固定支座。

对于隧道用的连续沉井(图8.12)需计算横梁、井壁及承受水土压力的施工用钢封门。将侧壁作为无梁的"板柱体系",按"无梁楼盖"的方法计算更符合实际状况。首先按图8.12(f)计算跨中与支座弯矩,然后将跨中弯矩按上梁板带25%、中间板带45%、下梁板带30%及支座弯矩上梁板带35%、中间板带25%、下梁板带40% 进行分配,并以此配置井壁水平方向钢筋。见图8.11中上下横梁可视为柱,按相应受荷面积计算其内力,显然,横梁为偏压受力状态。其值为

$$N = \frac{q\,(E + W)\,l_1 h_1}{2} \tag{8.33}$$

$$M_{上板带} = 0.35\% M_{支座弯矩}$$

$$M_{下板带} = 0.40\% M_{支座弯矩}$$

式中　　$q\,(E + W)$——区格单位面积水土压力；

　　　　l_1——平行井壁长边横梁间距；

　　　　h_1——下上横梁中线间距离。

除带板引起的轴力与弯矩外,尚有自重和其他荷载(如施工活荷载)所引起的弯矩与剪力,应进行截面配筋计算。

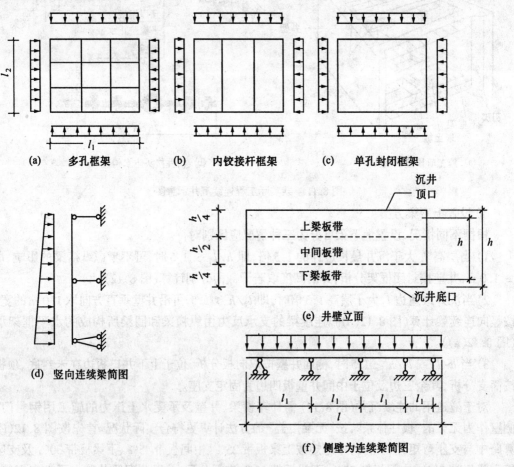

(a) 多孔框架　　　(b) 内铰接杆框架　　　(c) 单孔封闭框架

(d) 竖向连续梁简图

(e) 井壁立面

(f) 侧壁为连续梁简图

图 8.12　几种情况计算简图

（4）圆形沉井井壁内力计算

圆形沉井在下沉过程中的偏斜、土质状况的不均匀分布都会引起井壁内力的变化。通常采用简化计算方法来解决圆形沉井的内力计算问题。

圆形沉井在偏斜中，偏斜一侧压力增加，而在垂直于偏斜方向的两侧压力较小（图8.13(a)），取1/4圆单元进行计算简图分析（图8.13(b)）。A 点的主动土压力为 q_A，B 点的主动土压力为 q_B，按下式可求解井壁周边的土压力。

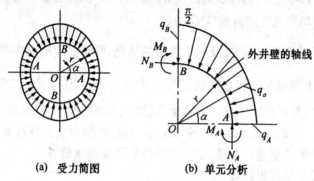

(a) 受力简图　　　　(b) 单元分析

图8.13　圆形沉井土压力变化

$$q_a = q_A \cdot [1 + (m - 1)\sin a] \tag{8.34}$$

A 截面内力为

$$M_A = -0.148\,8q_A \cdot r^2(m - 1) \tag{8.35}$$

$$N_A = q_A \cdot r[1 + 0.785\,4(m - 1)] \tag{8.36}$$

B 截面内力为

$$M_B = 0.136\,6q_A \cdot r^2(m - 1) \tag{8.37}$$

$$N_B = q_A \cdot r[1 + 0.5(m - 1)] \tag{8.38}$$

$$q_A = \gamma \cdot h \cdot \tan^2\left(45° - \frac{\varphi_A}{2}\right) \tag{8.39}$$

$$q_B = \gamma \cdot h \cdot \tan^2\left(45° - \frac{\varphi_B}{2}\right) \tag{8.40}$$

式中　　m——不均匀系数，$m = q_B/q_A$；

r——沉井半径，为 O 至井壁中线距离(m)；

γ——土的重力密度(kN/m^3)；

φ——土的内摩擦角；

φ_A、φ_B——土的内摩擦角，如上海地区 $\varphi_{A、B}$ 一般为 $\varphi \pm (2.5° \sim 5.0°)$。

5.沉井底梁计算

沉井底梁的受力应根据沉井施工的不同工况及梁底与刃脚面标高情况而定。底梁底标高

比刃脚踏面高 $0.5 \sim 1.5$ m,而在底梁作用于地基土的情况下计算梁的压力,此时梁所受的计算反力为

$$q = b \cdot q_{\mathrm{j}} - q_{\mathrm{m}} \tag{8.41}$$

式中　q——底梁所受的反力(kN/m);

　　　b——底梁宽度(m);

　　　q_{j}——地基平均反力或极限承载力(kN/m^2),q_{j} = 沉井总重／与土接触总面积;

　　　q_{m}——底梁单位长度的自重(kN/m)。

底梁与井壁的联结有固定、铰接及介于之间的情况,两端固定的跨中弯矩系数为 $-\dfrac{1}{24}$,支座弯矩系数为 $\dfrac{1}{12}$。介于固定与铰接之间的情况跨中弯矩系数为 $-\dfrac{1}{16}$,支座弯矩系数为 $\dfrac{1}{16}$。式(8.41)中 q_{j} 如处于沉井自重较大或位于软土、或发生突沉情况地区的,此时取极限承载力,如为松软淤泥质粘性土,可取 $q_{\mathrm{j}} = 200 \sim 250$ kN/m^2,超过此值时土自然在两侧塑性挤出。

底梁应按有关梁的构造进行配筋,必要时进行斜截面强度验算。

6.沉井封底混凝土及底板计算

(1) 干封底

封底混凝土的厚度一般为 $0.6 \sim 1.2$ m 不等,干封底有利于施工,应力争采用干封底方案,以保证封底质量。

(2) 湿封底

① 荷载

对于沉井下有水状况的混凝土施工称湿封底。作用于封底混凝土板上的均布荷载为

$$q = \gamma_{\mathrm{w}} h_{\mathrm{w}} - q_1 \tag{8.42}$$

或

$$q = \frac{1}{F}\left[(G + \gamma V_{\mathrm{d}}) - T_f \right] \tag{8.43}$$

式中　γ_{w}——水的重度(kN/m^3);

　　　h_{w}——最高水位线距封底板底距离(m);

　　　q_1——单位面积封底混凝土板自重(kN/m^2);

　　　F——沉井基底面积(m^2);

　　　G——沉井总重(kN);

　　　γ——混凝土重度(kN/m^3);

　　　V_{d}——封底混凝土体积(m^3);

　　　T_f——沉井壁外侧与土体间总摩阻力(kN)。

计算时,取式(8.42)或(8.43)中大者求其弯矩和剪力。

② 厚度

封底混凝土厚度按下式计算

$$h_t = \sqrt{\frac{3.5 K M_m}{b f_t}} + h_u \qquad (8.44)$$

式中　　h_t——封底厚度(m);

　　　　M_m——封底混凝土最大弯矩(kN·m);

　　　　K——设计安全系数,取 $K = 2.4$;

　　　　f_t——混凝土的抗拉设计强度(MPa),按规范采用;

　　　　b——计算宽度,取 1.0 m;

　　　　h_u——封底混凝土与泥土掺混而需增加的厚度,宜取 0.3 ~ 0.5 m。

式(8.44) 中的弯矩 M_m 可根据沉井封底形式进行计算,一般均按简支考虑。

对于圆形简支封底板,跨中最大弯矩为

$$M = 0.197\,9 q r^2 \qquad (8.45)$$

式中　　q——单位板宽荷载(kN/m),取 1.0 m 宽;

　　　　r——封底计算半径(m)。

对于矩形简支板,当两边之比 $l_2/l_1 > 2$ 时,按单向简支梁式板考虑;当 $l_2/l_1 \leqslant 2$ 时,按四边简支双向板考虑;当为多孔沉井时,可按单孔简支板考虑。

(3) 沉井底板计算

考虑到封底混凝土在持续作用的高水头压力下,其抗渗性是不可靠的,因此,作用在底板上的荷载为

$$q = G/F - \gamma_w h_w - T_f \qquad (8.46)$$

式中　　G——含底板自重的沉井总重(kN);

　　　　其他各项意义同前。

式(8.46) 中一般不计总摩阻力,这是为安全考虑,γh_w 为最大静水压力。

底板内力计算可按边界支承条件,可视为嵌固或简支等对待。底板内力可按其形状进行内力分析,如单向或双向板等。

7. 使用阶段结构计算

使用阶段应按全部竣工时的静、活、动荷载作用下进行结构内力计算。一般取施工前段与使用阶段两者中大值作为截面配筋的依据。使用阶段的荷载有:沉井自重、水土压力、各种活荷载等。计算内容包括强度、抗浮、地基强度及变形计算。圆形沉井使用阶段其周围是径向均匀荷载,因此,结构的弯矩 M 和剪力 V 为零,而轴力 N 为径向荷载 q 与沉井半径的乘积。

四、沉井计算实例

某钢筋混凝土矩形沉井平剖面及刃脚尺寸见图8.14。

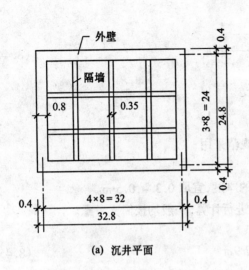 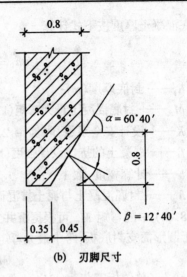

(a) 沉井平面   (b) 刃脚尺寸

图 8.14　沉井及刃脚尺寸

沉井总高为 8.0 m,亚粘土,摩阻力 $f = 20$ kPa,内摩擦角 $\varphi = 20°$,封底静水头 $H = 5.0$ m,浮容重 $\gamma = 3$ kN/m³,沉井外壁轴长为 112 m,外围周长为 115.2 m。

试求该沉井下沉系数、抗浮稳定及刃脚内力。

1.求沉井自重

沉井自重的计算见表 8.4。

表 8.4　沉井自重计算表

名　称	长 /m	厚 /m	高 /m	数量 /个	容重 /kN·m⁻³	自重 /kN
外壁	32.8	0.8	7.2	2	25	9 446.4
	23.2	0.8	7.2	2	25	6 681.6
隔墙	31.2	0.35	7.2	2	25	3 931.2
	22.5	0.35	7.2	3	25	4 252.5
刃脚	112	0.35/0.45	0.8	1	25	1 232.0
合计						25 543.7

2.下沉系数计算

已知: $G = 25\ 543.7$ kN,求解下沉系数。

刃脚水浮力　$P_{fx}/\text{kN} = 112 \times 0.7 \times 3.5 \times 10 \times 0.7 = 1\ 920.8$

刃脚下正面阻力　$R_f/\text{kN} = 112 \times 0.7 \times 100 = 7\ 840$

利用式(8.2)　$T_f/\text{kN} = 20 \times 115.2 \times (8 - 2.5) = 12\ 672$

利用式(8.1)　$K_c = \dfrac{25\,543.7 - 1\,920.8}{12\,672 + 7\,840} = \dfrac{23\,622.9}{20\,512} = 1.152$　（满足要求）

3. 抗浮计算

抗浮计算阶段沉井沉至设计标高,该阶段沉井自重应包括底板及封底混凝土重量(设总量为 1.5 m),则两者总重为

$$G_1/\text{kN} = [(32 - 0.8) \times (24 - 0.8)] \times 0.6 \times 25 = 10\,857.6$$

封底后总浮力为

$$P_f\!x/\text{kN} = 32.8 \times 24.8 \times 5 \times 10 \times 0.7 = 28\,470.4$$

利用式(8.5)　$K_f = \dfrac{25\,543.7 + 10\,857.6 + 12\,672}{28\,470.4} = \dfrac{49\,073.3}{28\,470.4} = 1.724$　（满足要求）

4. 刃脚内力计算

(1) 初次下沉刃脚内力计算

利用式(8.9)、(8.10) 计算内力,则有

$$R_{j1}/\text{kN} = \frac{2 \times 0.35}{1.15} \times \frac{25\,543.7}{115.2} = 134.968$$

$$R_{j2}/\text{kN} = \frac{0.8 - 0.35}{1.15} \times \frac{25\,543.7}{115.2} = 86.765$$

$$h_k = 0.8 \text{ m} \qquad \alpha = 60°40' \qquad \beta = 12°40'$$

β 值可按 $10° \sim 20°$ 估用,有时也取到 $30°$。

利用式(8.7) 可求出 V,即

$$V/\text{kN} = H = \frac{0.8 - 0.35}{1.15} \times \frac{25\,543.7}{115.2} \times \tan(60°40' - 12°40') = 96.31$$

利用式(8.6) 可求出 M_0,即

$$M_0/(\text{kN} \cdot \text{m}) = \frac{2}{3} \times 0.8 \times 96.31 + \frac{0.8 - 0.35}{2} \times 134.968 - \frac{4 \times 0.35 - 0.8}{6} \times 86.765 =$$
$$51.365 + 30.368 - 8.677 = 73.056$$

弯矩很小,可按构造配筋,选用 $\phi 20 @ 200$。

(2) 刃脚外侧配筋计算

利用式(8.17) ~ (8.20) 则可求出 W、E、h_W、h_E、M、V,即

$$W/\text{kN} = \frac{0.7 \times 10 \times 0.8}{2}(2 \times 4.2 + 0.8) = 25.76$$

$$E/\text{kN} = \frac{1.3 \times 0.8}{2}(2 \times 7.2 + 0.8)\tan^2\left(45° - \frac{20°}{2}\right) = 3.873$$

$$h_W/\text{m} = \frac{0.8}{3} \times \frac{3 \times 4.2 + 2 \times 0.8}{2 \times 4.2 + 0.8} = 0.412$$

$$h_E/\text{m} = \frac{0.8}{3} \times \frac{3 \times 7.2 + 2 \times 0.8}{2 \times 7.2 + 0.8} = 0.407$$

$$M/(\text{kN} \cdot \text{m}) = 25.76 \times 0.412 + 3.873 \times 0.407 = 12.179$$
$$V/\text{kN} = 3.873 + 25.76 = 29.633$$

弯矩很小,按构造配筋。

五、常用水压力计算式

1.水压力计算式

$$P_W = \alpha \cdot \gamma \cdot h_W$$

式中　　P_W——作用于井壁水平方向的单位面积水压力(kPa);

　　　　γ——水的重度(kN/m³);

　　　　h_W——最高地下水位至计算点的深度(m);

　　　　α——折减系数,砂性土取 1.0;粘性土在施工阶段取 0.7,使用阶段取 1.0。

2.土压力计算式

$$P_E = (q + \gamma \cdot h_E) \cdot \tan^2\left(45° - \frac{\varphi}{2}\right) - 2 \cdot c \cdot \tan\left(45° - \frac{\varphi}{2}\right)$$

式中　　P_E——作用于井壁水平方向的单位面积主动土压力(kPa);

　　　　γ——土的重度(kN/m³);

　　　　q——主动土压力一侧地面单位面积上的荷载(kN/m²);

　　　　h_E——天然地面至计算点的深度(m);

　　　　φ——土的内摩擦角;

　　　　c——土的内聚力(kPa)。

3.重液地压公式

$$E_{W+a} = \gamma h$$

式中　　h——计算点至地面深度(m);

　　　　γ——水、土混合重液重度,取 1.3 ~ 1.7(kN/m³)。

目前,国内外普遍采用的重液地压公式为

$$E_{W+a} = 1.3h$$

六、常用沉井水平封闭框架计算

单双孔封闭框架见图 8.15。

1.单孔

$$M_1 = \frac{ql_2^2}{6} \cdot \frac{3K + 1 - 2K^3}{K + 1} \tag{8.47}$$

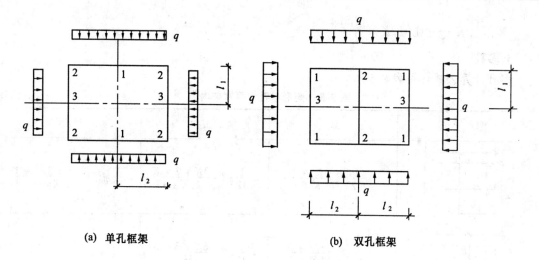

    (a) 单孔框架　　　　　　　　　　　(b) 双孔框架

图 8.15　单孔与双孔矩形水平框架

$$M_2 = -\frac{ql_2^2}{3} \cdot \frac{K^3 + 1}{K + 1} \tag{8.48}$$

$$M_3 = \frac{ql_2^2}{6} \cdot \frac{K^3 + 3K^2 - 2}{K + 1} \tag{8.49}$$

$$N_1 = ql_1 \tag{8.50}$$

$$N_3 = ql_2 \tag{8.51}$$

式中　$N_{1,3}$——相应截面轴力(kN)；

　　　K——比值，$K = \dfrac{l_1}{l_2}$。

2. 双孔

$$M_1 = -\frac{ql_2^2}{12} \cdot \frac{1 + 16K^3}{1 + 4K} \tag{8.52}$$

$$M_2 = -\frac{ql_2^2}{12} \cdot \frac{1 + 6K - 8K^3}{1 + 4K} \tag{8.53}$$

$$M_3 = \frac{ql_2^2}{12} \cdot \frac{1 - 6K^2 - 8K^3}{1 + 4K} \tag{8.54}$$

$$N_{1-3} = \frac{ql_2}{2} \cdot \frac{1 + 3K + 4K^3}{1 + 4K} \tag{8.55}$$

$$N_{2-2} = ql_2 \cdot \frac{1 + 5K - 4K^3}{1 + 4K} \tag{8.56}$$

$$N_{1-2} = ql_1 \tag{8.57}$$

式中　N_{1-2}——1 - 2节点编号杆件轴力，其他同；

K——比值，$K = \dfrac{l_1}{l_2}$。

3.多孔

多孔计算公式详见表8.5。

表 8.5　矩形多孔水平框架内力

图　形	M_A	M_B	M'_B
	$-\dfrac{1}{12}ql_1^2 \cdot \dfrac{K^3+1}{K+1}$	$-\dfrac{1}{12}ql_1^2 \cdot \dfrac{3K+2-K^3}{2(K+1)}$	$-\dfrac{1}{12}ql_1^2 \cdot \dfrac{2K^3+3K^2-1}{2(K+1)}$
	$-\dfrac{1}{12}ql_1^2 \cdot \dfrac{5K^3+3}{5K+3}$	$-\dfrac{1}{12}ql_1^2 \cdot \dfrac{6K+3-K^3}{5K+3}$	
	$-\dfrac{1}{12}ql_1^2 \cdot \dfrac{5K^3+6}{5K+6}$	$-\dfrac{1}{12}ql_1^2 \cdot \dfrac{6K+6-K^3}{5K+6}$	$-\dfrac{1}{12}ql_1^2 \cdot \dfrac{5K^3+9K^2-3}{5K+6}$
	$-\dfrac{1}{12}ql_1^2 \cdot \dfrac{K^3+1}{K+1}$	$-\dfrac{1}{12}ql_1^2 \cdot \dfrac{6K+5-K^3}{5(K+1)}$	$-\dfrac{1}{12}ql_1^2 \cdot \dfrac{5K^3+6K^2-1}{5(K+1)}$

注：$K = \dfrac{l_2}{l_1}$

$$N_{A-B} = V_{A-B'}^A + \frac{M_A - M_{B'}}{l_2} \tag{8.58}$$

式中　　N_{A-B}——AB 杆的轴向力；

$V_{A-B'}^A$——将 AB' 杆视作简支梁，在荷载 q 作用下 A 端的支座反力。

复习思考题

1.什么叫沉井结构？它是如何施工的？

2.沉井结构都由哪几个部分组成？各有什么构造要求？

3.沉井结构有哪些受力特点？应进行哪几个阶段的验算？

第九章 地下连续墙结构

第一节 概 述

地下连续墙施工方法始创于20世纪50年代初的意大利,1954年这项施工技术传入法国,1959年被引入日本,后推广到英、美、苏联等国。日本近二十余年开发并广泛应用SMW(Soil Mixing Wall)法进行地下连续墙施工,至今这种施工方法应用得非常广泛,随着大中城市地面建筑的高度密集,地下连续墙施工显示了它独特的优越性。

地下连续墙属于一种先进的施工方法,即利用地下空间结构的围护外墙兼做深基坑支护,因而,取消了某些地下工程另做支护墙的施工方法,这样可节约材料,降低造价,具有很显著的经济意义。

地下连续墙结构施工是在地面上使用专用的挖槽设备,按照地下结构外墙尺寸挖出墙槽,用泥浆填满墙槽护壁,以土作模,在挖好的墙槽内放置所设计的钢筋笼并浇筑混凝土。由于地下连续墙可能很长,因此,可分段施工并连接成整体墙。这样所形成的一条狭长的墙体,既是结构与土层紧密接触的外围护墙,也是地下连续墙结构。

一、地下连续墙施工特点

(1)适用于除岩溶及承压水头很高的砂砾层之外的任何土层,因而,具有十分广泛的适应性。

(2)适合于城市密集地带见缝插针式施工,且不影响临近地面建筑及地下设施。在实践中,国外已做到在距地面建筑基础几厘米处施工,在我国,可做到距地面建筑基础1 m左右的地方进行顺利施工。

(3)有利于环境保护,包括噪音低、震动小、不影响交通、作业面小等。

(4)可兼作临时设施和永久的地下主体结构。这说明该施工法可适用于多种用途及多功能,如用于深基础护壁临时支护、挡墙、地下结构外墙等。但用于基坑临时支护造价较高,不如钢板桩具有重复使用的特点。

(5)该施工法需要专用施工机械及施工队伍,技术要求较高,使其推广受到了限制。

(6) 由于地下连续墙施工需要大量泥浆护壁,且以土作模,因此,现场对泥浆处理有较高要求,否则影响施工条件,土模对墙壁的平整度显然不及钢模,需要对墙面进行处理,因此会增加建筑造价与工期。

地下连续墙施工在我国已得到广泛应用。如高层建筑的深大基坑、大型地下街与地下停车场、地下铁道车站、地下泵站与变电站、地下油库等地下特殊构筑物等。采用该施工法的基坑长宽规模已达百米,基坑开挖深度已达 30 m 以上,连续墙深度已超过 50 m。由于地下连续墙的造价高于钻孔灌注桩和深层搅拌桩,因此,应慎重比较选择后再决定是否采用此种施工法。

二、地下连续墙施工方法

1. 地下连续墙的分类

按填筑材料划分,有土质墙、混凝土墙、钢筋混凝土墙和组合墙,组合墙又分为预制与现浇组合或预制钢筋混凝土墙板与自凝水泥膨润水泥浆的组合。

按其成墙方式可分为桩排式、壁板式、桩壁组合式墙。

按其用途可划分为临时挡土墙、防渗墙、用做主体结构兼做临时挡土墙的地下连续墙及用做多边形基础兼做墙体的地下连续墙。

2. 地下连续墙的施工方法

地下连续墙的施工方法要按如下的过程进行:

(1) 清理现场放线定位,利用专用挖槽机开挖某段墙体,在挖掘过程中,沟槽内始终充满泥浆(又称稳定液,主要为膨润土与水的混合物等组成),见图 9.1 (a);

(2) 在挖好的带有泥浆的沟槽两端头放入接头管(又称锁口管,见本章第三节),如不设接头管即成为平缝接头,接头质量较差,而接头管的设置可保证接头的质量,见图 9.1(b);

(3) 将拟放入的已加工完整的钢筋笼插入开挖好的槽段内,下沉至设计标高。若开槽很深可逐节下沉并焊接,见图 9.1(c);

(4) 利用导管向沟槽段内灌筑混凝土,见图 9.1(d);

(5) 待混凝土达到初凝后,及时拔除接头管,见图 9.1(e)。

上述五个步骤即为连续墙中的某一段的施工过程,可重复这一过程进行若干段施工,并通过接头管将其连接起来,即成为连续墙。

图 9.1 所示为地下连续墙的施工过程示意图,图 9.2 为现浇钢筋混凝土地下连续墙的施工工艺过程。

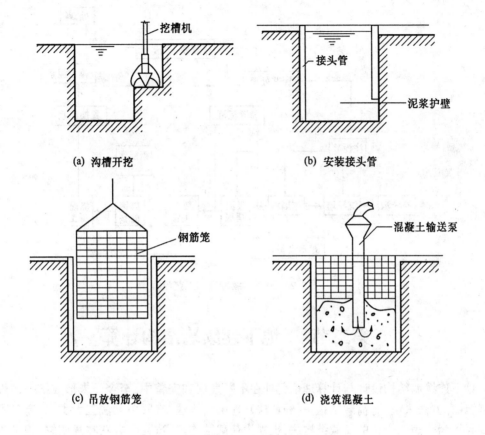

(a) 沟槽开挖　　　　　(b) 安装接头管

(c) 吊放钢筋笼　　　　　(d) 浇筑混凝土

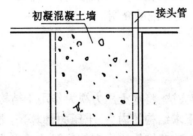

(e) 拔出接头管

图 9.1　地下连续墙施工步骤

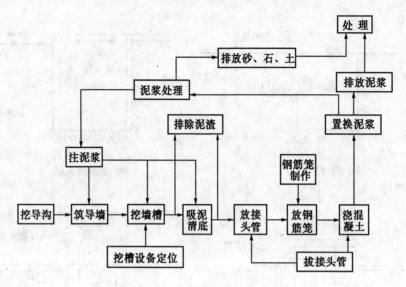

图 9.2　地下连续墙施工工艺流程

第二节　　地下连续墙结构计算

地下连续墙结构设计与计算理论仍处在不断发展和完善中,至今尚未形成统一的设计规范,就计算方法来说,有荷载结构法(经典法)、地层结构法、有限单元法三大类,另有日本学者山肩邦男为代表的修正的荷载结构法,也视为荷载结构法。这几种方法在夏明耀、曾进伦主编的《地下工程设计施工手册》中有较详细的介绍。

一、荷载结构法

荷载结构法属于传统的经典方法,将水土压力视为作用于结构上的外荷载,结构的变形不引起荷载的变化,在外荷载作用下求结构的内力。土压力计算采用经典的理论(如郎金理论),内力采用结构力学中的方法求解。荷载结构法中有等值梁法、1/2 分割法、太沙基(Terzaghi) 法及山肩邦男法等。

二、施工阶段静力分析

1.悬臂墙阶段
施工处在开始挖第一层土体时,在无支撑条件下,连续墙处在悬臂墙阶段,该阶段的计算简图见图9.3,此时有墙右作用主动土压力 E_a,墙左作用被动土压力 E_{p1},另有平衡力 E_{p2},通过静力平衡条件 $\sum X = 0$ 和 $\sum M = 0$,可求解墙身的弯矩和剪力。

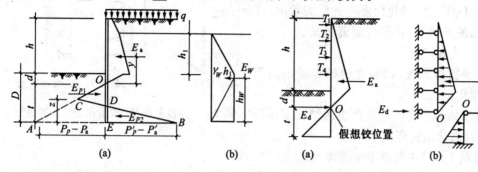

图9.3　悬臂墙计算示意图　　　　图9.4　多支撑工况的等值梁法计算简图

2.等值梁法

等值梁法(假想梁法、相当梁法)的基本思想是找到基坑底面下连续墙弯矩为零的某一点,以该点假想为一个铰,以假想铰为板桩入土面点。假想铰的位置与土层条件有关,当土层越硬,铰位置越靠近地面。一旦假想铰位置确定,即可将梁划分为两段,上段相当于多跨连续梁,下段为一次超静定梁,利用结构力学的方法不难求得板桩的内力,见图9.4。

等值梁法是弹性曲线法的近似计算法。图9.4(b)中的简图上段梁是连续多跨,计算时仍较麻烦,为进一步简化计算,可先近似确定横向支撑 T 的大小,T 的数值为其承受的辖荷区域范围内的荷载,这样就先估算支撑轴力,然后即可应用静力平衡条件求得墙体各截面的内力,这种预先计算支撑反力而将超静定问题转化为静定问题的方法又称1/2分割法。1/2分割法只不过是简化了计算的假想梁法。1/2分割法计算图形见图9.5。由图9.5可以看出,N_1 所受的荷载区域为连续墙顶端的三角形受荷面积,N_2 受荷面积为 N_2 所对应的梯形受荷面积,其他 N_3、N_4 依此类堆。

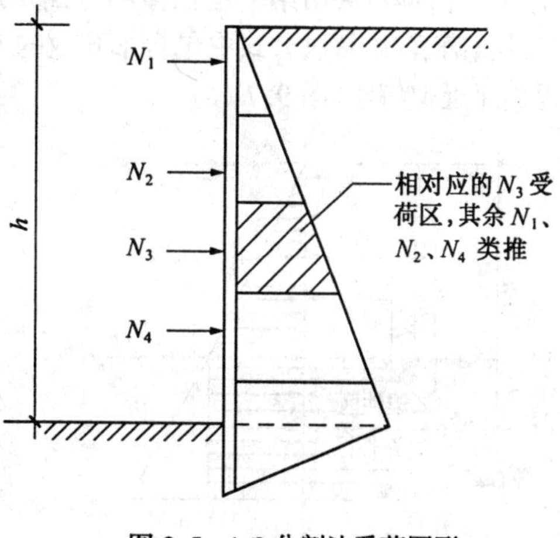

相对应的 N_3 受荷区,其余 N_1、N_2、N_4 类推

图9.5　1/2分割法受荷图形

3.泰沙基法

泰沙基法的主要观点是除第一道支点之外的所有横撑支点以及在开挖面处形成的塑性铰,由于塑性铰的存在,所以该支点无负弯矩,均为正弯矩(图9.6)。泰氏方法与1/2分割法相比,横撑轴力变化不大,弯矩图相差较多。

4. 山肩邦男法

山肩邦男法的主要思想是考虑不同阶段施工的挡土墙随施工支护变化而发生的受力状况,在土压力已知的条件下,根据实测资料又引入一些基本假定。这些假定是:

(1) 下道横撑设置以后,上道横撑的轴力不发生较大变化;

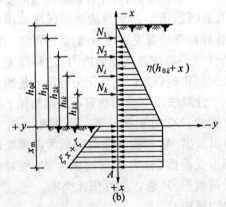

图 9.6　泰沙基法与 1/2 分割法比较弯矩图

(2) 在墙体结构变位已经产生的情况下进行下道支撑,即墙体结构弯矩不改变;

(3) 视粘土地层中的地下连续墙为无限长弹性体;

(4) 地下连续墙背侧主动土压力在开挖面以上取为三角形,在开挖面以下取为矩形(考虑了已抵消开挖面一侧的静止土压力);

(5) 在开挖以下部分土体分为两个区域,一个区域为被动土压力的塑性区,另一个区域为被动土体抗力与墙体结构变位成正比的弹性区。

山肩邦男法的计算简图见图 9.7(a)。由图看出,沿墙高共划分三个区域,第 k 道横撑到开挖面、从开挖面到塑性区和弹性区。依据上述假定及思想建立弹性微分方程式,根据边界条件及连续条件,即可导出第 k 道横撑轴力 N_k 的计算公式及其变位和内力公式,它被称为山肩邦男法的精确解。该解法公式中包含未知数的 5 次函数,因此运算十分繁琐,为简化运算,山肩邦男提出了近似解法(图 9.7 (b))。

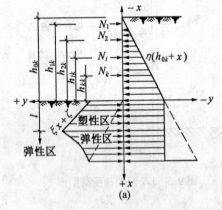

图 9.7　山肩邦男法计算简图

山肩邦男法的近似解同精确解有以下几点区别:

(1) 将假定中的无限长弹性体改为底端自由的有限长弹性体;

(2) 将开挖面以下土的塑、弹性区改为呈线性分布的被动土压力;

(3) 将开挖面以下连续墙结构中弯矩为 0 的点假想为一个铰,忽略此铰以下的挡土结构对铰以上挡土结构的剪力传递。

应用两个静力平衡的方程式为

由 $\sum Y = 0$ 得

$$N_k = \frac{1}{2}\eta h_{0k}^2 + \eta h_{0k}x_m - \sum_1^{k-1} N_i - \zeta x_m - \frac{1}{2}\xi x_m^2 \tag{9.1}$$

由 $\sum M_A = 0$，以及式(9.1)推导，并简化后得

$$\frac{1}{3}\xi x_m^3 - \frac{1}{2}(\eta h_{0k} - \zeta - \xi h_{kk})x_m^2 - (\eta h_{0k} - \zeta)h_{kk}x_m - [\sum_1^{k-1} N_i h_{ik} - h_{kk}\sum_1^{k-1} N_i +$$

$$\frac{1}{2}\eta h_{0k}^2(h_{kk} - \frac{1}{3}h_{0k})] = 0 \tag{9.2}$$

式中 N_i—— 第 i 道支撑的轴力；

x_m—— 基坑底面以下被动土压力受荷长度；

h_{ik}—— 第 i 道支撑到基坑底面的距离；

η—— 主动土压力系数；

$\xi x + \zeta$—— 基坑底面以下 x 处被动土压力减去静止土压力后的净土压力值。

近似解的运算步骤为：

(1) 在第一次开挖中，式(9.1)和式(9.2)中的下标 $k = 1$，N_i 取为零，由式(9.2)求出 x_m，然后代入式(9.1)求出第一道支撑力 N_1；

(2) 在第二次开挖中，式(9.1)和式(9.2)中的下标 $k = 2$，N_i 为已知的第一道支撑力 N_1，N_k 即为 N_2，通过式(9.2)及(9.1)即可求出 N_2；

(3) 在第三次开挖中，$k = 3$，N_i 为 N_1 和 N_2，为已知值，N_k 即 N_3，从式(9.2)中求出 x_m，然后代入式(9.1)求出 N_3。

重复上述各步骤即可求出各道横撑内力，山肩邦男法的近似解较精确解偏于安全，除了对于开挖深度较浅的情况外，近似程度是相当高的。

同济大学根据山肩邦男法理论在考虑水、土荷重的变化情况下，对该公式进行了推导，其基本假定同山肩邦男法理论，开挖面以下的水压力认为衰减至零，被动侧的土抗力认为达到被动土压力，以 $(\omega x + v)$ 代替 $(\xi x + \zeta)$，见图9.8。其解为

$$\sum Y = 0$$

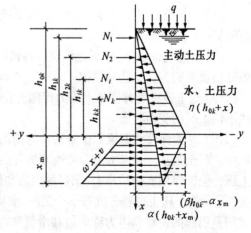

图9.8 水土荷重变化的计算简图

$$- \sum_1^{k-1} N_i - N_k - vx_m - \frac{1}{2}\omega x_m^2 + \frac{1}{2}\eta h_{0k}^2 + \eta h_{0k}x_m - \frac{1}{2}(\beta h_{0k} - \alpha x_m)x_m = 0$$

其中　　$\beta = \eta - \alpha$

$$N_k = \eta h_{0k}x_m + \frac{1}{2}\eta h_{0k}^2 - \frac{1}{2}\omega x_m^2 - vx_m - \sum_1^{k-1}N_i - \frac{1}{2}\beta h_{0k}x_m + \frac{1}{2}\alpha x_m^2 \qquad (9.3)$$

$$\sum M_A = 0$$

$$\sum_1^{k-1} N_i(h_{ik} + x_m) + N_k(h_{kk} + x_m) + \frac{1}{2}vx_m^2 + \frac{1}{6}\omega x_m^3 - \frac{1}{2}\eta h_{0k} \cdot h_{0k} \cdot \left(\frac{h_{0k}}{3} + x_m\right) -$$

$$\eta h_{0k}x_m \cdot \frac{x_m}{2} + \frac{1}{2}(\beta h_{0k} - \alpha x_m)x_m \cdot \frac{1}{3}x_m = 0$$

用式(9.3)代入并整理

$$\frac{1}{3}(\omega - \alpha)x_m^3 - \left(\frac{1}{2}\eta h_{0k} - \frac{1}{2}v - \frac{1}{2}\omega h_{kk} + \frac{1}{2}\alpha h_{kk} - \frac{1}{3}\beta h_{0k}\right)x_m^2 - \left(\eta h_{0k} - v - \frac{1}{2}\beta h_{0k}\right)h_{kk}x_m -$$

$$\left[\sum_1^{k-1}N_i h_{ik} - h_{kk}\sum_1^{k-1}N_i + \frac{1}{2}\eta h_{0k}^2\left(h_{kk} - \frac{h_{0k}}{3}\right)\right] = 0 \qquad (9.4)$$

5.连续介质的有限单元法

弹性地基梁的数值解法又称杆系有限元法。此种方法实际上是矩阵位移法与弹性地基梁法的结合。该方法的基本思想是将地下连续墙结构视为竖放的弹性地基梁,地层对地下连续墙结构的约束采用一系列弹簧来模拟,弹簧的作用既可按弹性地基梁的局部变形理论(文克尔假定)考虑,也可考虑土体弹簧间的相互作用(整体变形理论)。

弹性地基梁法与前述方法有较大区别,主要反映在:

(1) 在开挖面以下部分,土压力呈矩形分布,这是由于被动土压力与墙背主动土压力相抵消的结果;

(2) 在开挖面以下,地下连续墙结构被动一侧位移的大小反映了土体的抗力强度的大小,该处由设置的弹簧支座来模拟;

(3) 地下连续墙背侧的土压力伴随开挖面的加深而增大,多种施工工况的数值分析可反映不同工况的受力状态。

图9.9为弹性地基梁数值解法计算简图。针对多支撑的地下连续墙的施工特点,在具体应用中,有"全量法"和"增量法"两种方法可供选择。"全量法"是指对每一施工工况,相应的主动土压力全部作用支护结构上,求得的内力和位移即为该工况的实际内力和实际位移值。"增量法"是将整个施工过程分成若干个工况,而将前后两个工况的荷载改变值称为荷载增量。由荷载增量引起的位移和内力称为位移增量和内力增量。

6.连续介质的有限单元法

连续介质的有限单元法分析地下连续墙结构是目前较为先进的方法(图9.9)。该方法将结构与地层视为相互作用的整体,地下连续墙结构受力的大小与周围地层介质的特性、基坑的几何尺寸、土方开挖的施工程序、支护结构本身刚度有着十分密切的关系,可通过计算分析估计出地层对结构的"荷载效应"。

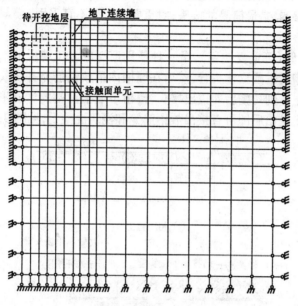

图9.9　地下连续墙工程有限元网格

第三节　地下连续墙接头与构造

地下连续墙是以若干个分段施工的槽(水平与垂直分段)浇筑混凝土而连接成的墙体结构,因此,墙体接头与构造是保证墙整体刚度的重要环节。

一、结构墙接头

结构墙接头可分为两类,施工接头和结构接头。施工接头是地下连续墙分段施工中,沿纵向连接单元段墙的连接措施,结构接头是地下连续墙施工完毕后与其他结构或内部结构的连接措施。

1.施工接头

对施工接头的基本要求是坚固、抗渗、经济与施工方便。施工接头有平接、接头管或箱、隔板、预制构件等方法建成的接头。下面对各种接头的施工方法及构造加以介绍。

(1) 平接（直接）接头

平接接头即直接接头。该接头以土为模（使表面粗糙），待处理后使两段墙间直接对接。此种接头质量较差，易渗漏，是最简易的接头，对重要的工程不宜采用。

(2) 接头管接头

接头管又称锁口管（可重复使用），是一种使用广泛的施工墙段的措施。它的施工过程如下：在开挖好一段墙槽后下圆形接头管，然后在墙槽内吊放钢筋笼并浇筑混凝土，两端的接头管兼做模板，待混凝土达到初凝后即拔出接头管，留下墙槽两端的半圆形端头，如果每隔一段施工，则相间的墙槽土挖出后即可直接吊放钢筋笼和浇筑混凝土，见图9.10。

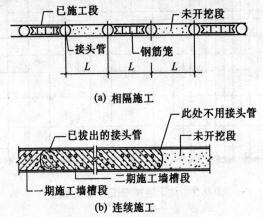

(a) 相隔施工

(b) 连续施工

图 9.10　使用接头管施工过程

接头管的形式有多种，圆形、缺口圆形、带翼形、带凸榫形（图 9.11）。接头管外径不应小于设计墙槽混凝土厚度的93%，除特殊情况外，一般不使用带凸榫形接头管。图 9.12 为接头管的实例构造，图 9.13 为接头实例。

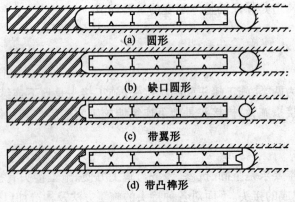

(a) 圆形

(b) 缺口圆形

(c) 带翼形

(d) 带凸榫形

图 9.11　接头管形式

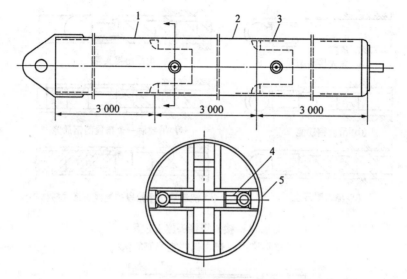

图 9.12　接头管实例构造

(a)　接头管与隔板箱接头

(b)　钢筋搭接

图 9.13　接头实例

（3）接头箱接头

采用接头箱接头比接头管的接头刚度好，其施工过程与接头管相似，接头箱一侧呈开口状，墙体钢筋笼水平钢筋端头可插入箱内，为防止浇混凝土时流入接头箱，应在钢筋笼端部焊接竖向钢挡板以阻止混凝土流入，待混凝土达到初凝时拔出接头箱，见图 9.14。

（4）隔板式接头

隔板式接头是采用钢板做接头，钢板形状有平板、V 形板和榫形板，见图 9.15。图中，化纤布铺盖用于接头处的缝隙（钢板两侧与槽壁之间）封堵，以防止混凝土流入。图9.15(b) 中带接头钢筋的榫形接头加强了墙体接头的刚度，是连接措施中较好的一种，但施工过程中不太方便。

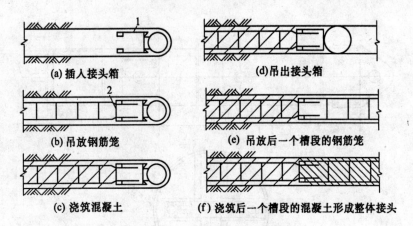

(a) 插入接头箱　　　　　　　　(d) 吊出接头箱

(b) 吊放钢筋笼　　　　　　(e) 吊放后一个槽段的钢筋笼

(c) 浇筑混凝土　　　　(f) 浇筑后一个槽段的混凝土形成整体接头

图 9.14　接头箱接头施工过程

1— 接头箱;2—焊在钢筋笼端部的钢板

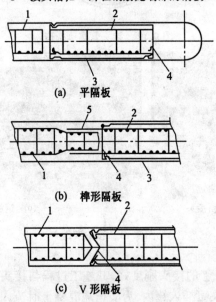

(a)　平隔板

(b)　榫形隔板

(c)　V 形隔板

图 9.15　隔板式接头

1— 钢筋笼(正在施工地段);2— 钢筋笼(完工地段);

3— 用化纤布铺盖;4— 钢制隔板;5— 连接钢筋

(5) 预制构件接头

预制构件作为接头的连接件,由钢筋混凝土和钢材两种材料制作而成,图 9.16 是日本大阪在某工程中采用的波形钢板式接头,此种接头适用于较深地下连续墙工程,有较好的受力和防渗效果。图 9.17 为英国在某工程中所采用的接头,该接头是用钢板桩加接头管连接,接头管拔出后,用钢板桩连接两个槽段。

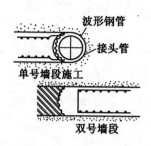

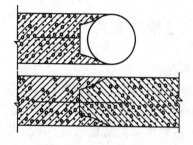

图 9.16 波形钢板接头   图 9.17 钢板桩式接头

2.结构接头

结构接头是指地下连续墙与内部结构或其他结构的连接节点与构造,主要有直接连接和间接连接两种类型。直接连接是采用预埋钢筋的方法进行连接,间接连接是采用预埋件的方法进行连接。无论何种连接方法都要保证节点处的受力性能。

(1)直接连接

在地下连续墙与某一内部构件进行结构构造连接时,可预先埋置好搭接钢筋,通常不大于20筋,并保证一定的数量,此种连接措施可靠,施工方便,是广泛采用的一种接头。图 9.18 所示为连续墙与楼板连接构造。

(2)预埋件连接

采用预埋钢板或剪力块的方法连接内部结构,是预先在连续墙内预埋钢板,然后把后浇结构的钢筋焊接在钢板上的方法,见图 9.19 及 9.20。

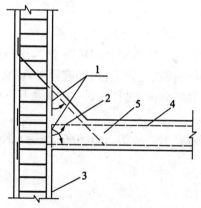

图 9.18 预埋连接钢筋法
1—预埋的连接钢筋;2— 焊接处;3— 地下连续墙;4—后浇结构中的受力钢筋;5—后浇结构

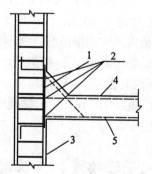

图 9.19 预埋连接钢板法
1—预埋连接钢板;2—焊接处;3—地下连续墙;4—后浇结构;5—后浇结构中的受力钢筋

二、连续墙有关构造

1. 导墙

导墙要求使用 C20 混凝土,采用 ϕ12 ～ ϕ14@200 配筋,导墙顶面在施工时应高于 100 mm,主要作用为防雨水进入,施工临时支撑纵向间距为 1 m 左右,并设上下两道支撑,导墙深约为1 ～ 1.5 m。

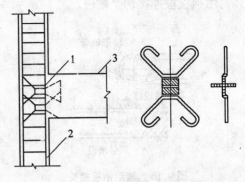

图 9.20　预埋剪力连接件法
1— 预埋剪力连接件;2— 地下连续墙;3— 后浇结构

2. 槽段及连续墙

槽段长度一般为 6 ～ 8 m,通常不超过 10 m,日本施工连续墙最长为20 m。连续墙的厚度为 0.6 ～ 1.0 m,最厚达1.2 m,通常由计算确定。

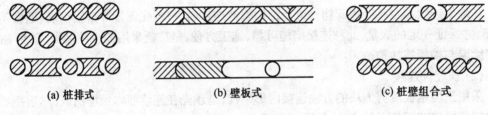

(a) 桩排式　　　　　　　　(b) 壁板式　　　　　　　(c) 桩壁组合式

图 9.21　成墙方式

3. 钢筋笼

地下连续墙钢筋通常采用 HPB235,受力筋直径不宜小于 16 mm,构造筋不宜小于12 mm,主筋保护层为 70 ～ 80 mm,保护层垫块厚为 50 mm,在垫块与墙面之间留有 20 ～ 30 mm 的间隙,用于连接内外墙的锚固筋通常不大于ϕ20。在钢筋的控放位置上,纵筋宜设于内侧,模筋宜设于外侧,纵筋的底端应距离槽底面 100 ～ 200 mm,并略向内弯折,钢筋笼的构造见图9.22。

4. 水下混凝土

混凝土强度不宜小于 C20,混凝土的坍落度宜控制在 150 ～ 200 mm 左右,混凝土施工应满足水下施工的要求。

三、地下连续墙施工及质量要求

1. 施工场地与布置

地下连续墙施工主要由导墙施工、调节泥浆的成分及配比、槽段开挖、钢筋笼制作与吊放、

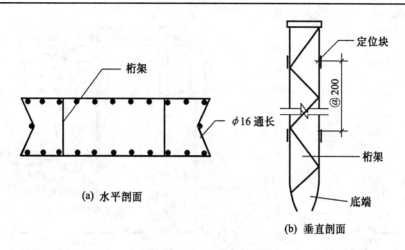

图 9.22　钢筋笼示意图

水下混凝土的灌筑等工序组成。这些工序的完成需要有完善有序的现场布置及组织管理,还要依靠一些先进的施工设备,图 9.23 为地下连续墙施工场地布置图。

2. 施工工序

(1) 导墙施工

导墙是地下连续墙施工中的重要构筑物,主要作用是控制施工精度,挡土与重物支撑台,因而承受施工机械荷载,由于导墙内存蓄泥浆,起着维持稳定泥浆液面的作用。

导墙有现浇与预制装配两种类型,导墙高度 1.0 ~ 1.5 m,顶宽 300 ~ 600 mm,墙厚 150 ~ 200 mm,一般比地下连续墙厚 40 mm 左右,高出地面 100 mm 左右,见图 9.24。

(2) 泥浆护壁

泥浆具有较高的粘性,其主要功能是护壁、携渣、冷却机具和切土滑润,泥浆的使用正确与否,关系到挖槽的成败。我国工程中常用的是膨润土泥浆,主要成分为膨润土、水和外加剂。膨润土是一种粘性和可塑性都很大的特殊粘土,颗粒极其细小,遇水后显著膨胀,其膨胀后的质量是原干质量的 6 ~ 7 倍。吉林的九台、南京的龙泉等地都产这种粘土矿物,主要是蒙脱石,是几种粘土矿物组成的材料。如膨润土含量足够多,其水溶液呈固体状态,如一经触动,就变为流体状态,这种特性称作触变性,这种水溶液就称为触变泥浆。

(3) 槽段开挖

槽段开挖(单元) 约占工期的一半,墙厚根据力学计算确定,一般为 600 ~ 1 000 mm,槽段划分应在直线部位设接头,槽段形式有矩形、L 形、T 形、U 形。

(4) 钢筋笼加工和吊放

钢筋笼中的钢筋常采用 HRB335,直径不宜小于 16 mm,构造筋常采用 HPB235,直径不宜小于 12 mm。主筋净保护层厚度通常为 70 ~ 80 mm,保护层垫块厚 50 mm。用于锚固其他构件的锚

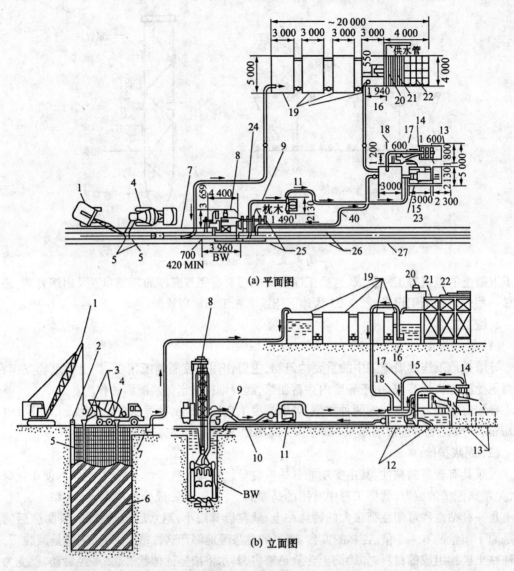

(a) 平面图

(b) 立面图

图 9.23 地下连续墙施工场地布置图

1—履带式起重机;2—连锁管;3—水下灌筑混凝土导管;4—混凝土搅拌车;5—钢筋笼;6—正在灌筑的混凝土;7—潜水式砂石泵;8—多钻头钻机及机架;9—反浆管;10—稳定液供应管;11—反循环吸扬泵;12—稳定液处理罐;13—排碴容器;14—施流器;15—振动筛;16—潜水式砂石泵;17—旋流器溢滚管;18—旋流器泥浆泵;19—具有 2 m 高度的稳定液贮藏罐;20—制作稳定液的搅拌机;21—工作平台;22—膨润土;23—具有 2 m 高度的稳定液处理罐;24—灌筑混凝土后被溢出的稳定液回收管;25—钢轨;26—导墙;27—横撑

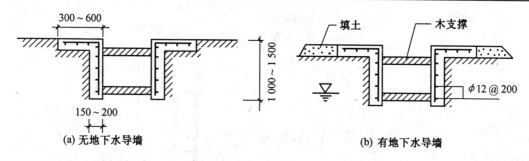

图 9.24　导墙类型

固筋采用 HPB235 直径小于 φ20 mm 的钢筋。

（5）水下混凝土灌筑

水下混凝土灌筑首先要清理槽底沉渣,称清底,有沉淀法和置换法,我国多采用置换法。由于槽段的浇筑过程具有一般水下混凝土浇筑的施工特点,因此要满足流态混凝土的坍落度的要求:混凝土配比中水泥用量一般大于 400 kg/m³,水灰比小于 0.6。

图 9.25 为导管法浇筑混凝土示意图。导管直径为 150 ~ 200 mm,导管的间距为 2 ~ 3 m,导管常靠近接头,导管插入混凝土深度一般为 2 ~ 4 m,不得小于 1.5 m,一般应连续浇筑,不能中断。

（6）地下连续墙的质量要求

① 墙面垂直度应符合设计要求,一般为 1/150;

② 墙顶中心线允许偏差不超过 30 mm;

③ 裸露墙面应平整局部突起部分允许值在粘土层中不大于 100 mm;

④ 墙杆上预埋件位置偏差不大于 50 mm;

⑤ 混土抗压、抗渗及弹性换量应符合设计要求。

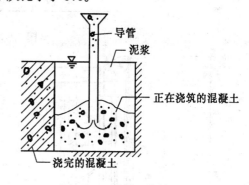

图 9.25　混凝土浇筑

3.挖槽机械

地下连续墙挖槽机械是施工中保证质量的关键,因此,选择合适的挖槽机械是十分重要的。国内外目前使用的挖槽机械很多,归纳起来主要有挖斗式、冲击式和钻削式三大类,每一类又有多种。见图 9.26 ~ 9.28。图 9.26 为 ICOS 斗式挖槽机,图 9.27 为钻抓式成槽机,图9.28 为 ICOS 冲击式挖槽机。

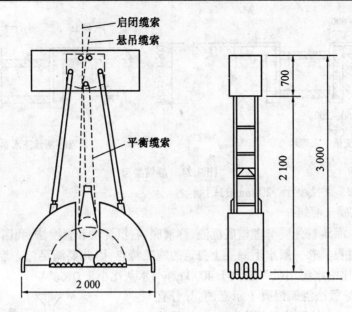

图 9.26　ICOS 斗式挖槽机

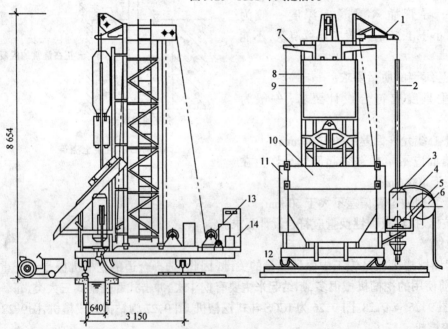

图 9.27　钻抓式成槽机

1—电钻吊臂；2—钻杆；3—潜水电钻；4—泥浆管及电缆；5—钳制台；6—转盘；7—吊臂滑轮；8—机架立柱；9—导板抓斗；10—出土上滑槽；11—出土下滑槽架；12—轨道；13—卷扬机；14—控制箱

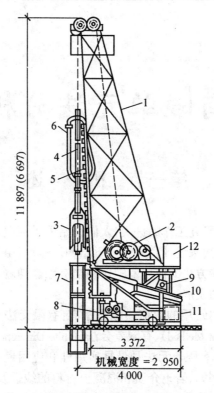

图 9.28　ICOS 冲击式挖槽机

1—机架；2—卷扬机(19 kW)；3—钻头；4—钻杆；
5—中间输浆管；6—输浆软管；7—导向套管；8—
泥浆循环泵(22 kW)；9—振动筛电动机；10—振
动筛；11—泥浆槽；12—泥浆搅拌机(15 kW)

复习思考题

1.什么叫地下连续墙施工?有什么特点?其施工步骤是如何进行的?

2.地下连续墙结构计算中有几种计算方法?各种方法有哪些特点?

3.地下连续墙有哪些主要构造要求?

第十章 有限单元法分析地下结构

第一节 概 述

随着地下结构计算理论研究工作的进展,人们开始采用地层结构法和收敛限制法等这些以连续介质力学为基础的方法来设计和研究地下结构。然而,由于在以上领域已经取得的解析解的成果为数不多,使这些方法的使用范围还相当有限。随着电子计算机的不断发展和普遍使用,数值方法有了很大的发展。

目前,在工程技术领域内常用的数值模拟方法有:有限元法 FEM(Finite Element Method)、边界元 BEM(Boundary Element Method)、有限差分法(Finite Difference Method)和离散单元法(Discrete Element Method)等,其中有限单元法是最具实用性和应用最广泛的。有限单元法可用于处理很多复杂的岩土问题,例如,岩土介质和混凝土材料的线性及非线性问题,地层和地下结构的相互作用,分步开挖施工作业对岩土体稳定性及地下结构内力、位移的影响,土体的固结和次固结,渗流场与初始地应力和开挖应力的偶合效应,岩体中节理、裂隙等不连续面对分析计算的影响,洞室位移和应力随实践增长变化的粘性特性,以及地下结构的抗震动力计算等等。伴随着电子计算技术的发展,有限单元法在地下工程中的应用越来越多,特别是大型有限元软件的开发给工程计算和分析带来广阔的应用与研究前景。

有限单元法的力学基础是矩阵力法和矩阵位移法,为了了解有限元法,首先介绍矩阵力法的初步原理及在地下结构中的应用。

第二节 矩阵力法在地下结构中的应用

一、矩阵力法分析直墙拱形衬砌结构

1. 计算简图和基本结构

将围岩对衬砌结构的约束用若干个弹性支承链杆来代替,弹性链杆的弹性系数 k 仍按

"局部变形"理论确定。假定弹性链杆只传递轴向力,弹性链杆的数目由计算精度的要求而定。其方向应与弹性抗力的方向一致。结构衬砌断面也离散为具有有限个节点的等截面直杆单元。弹性链杆位于节点处,将作用在衬砌上的各种荷载均换算为作用在节点上的集中荷载,将直墙拱形衬砌结构简化为侧面及拱部具有弹性支撑的折线形框架结构,如图 10.1 所示。

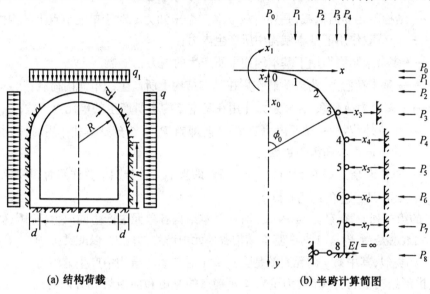

(a) 结构荷载　　　　　　　　　　(b) 半跨计算简图

图 10.1　结构单元划分

2．矩阵力法分析直墙拱形衬砌结构的思路

图 10.1 所示折线形框架,超静定次数为 $m = t + 3$ (t 为弹性链杆数目)。如在拱顶截开,加上三个多余约束力,弹性链杆的内力为多余力。由于结构对称,荷载对称,所以仅取一半结构进行计算就可以了。根据变形谐调条件,把力法典型方程(略)写成矩阵形式并缩写为

$$F_{xx}x + F_{xp}p = 0 \tag{10.1}$$

式中　　F_{xx} —— $m \times m$ 阶方阵;F_{xx} 为多余力柔度矩阵,表明基本结构上多余未知力作用点的位移和多余力之间的关系,方阵中所有元素 f_{ik} 为单位变位,根据位移互等定理可得 $f_{ik} = f_{ki}$,因此,F_{xx} 是对称方阵;

　　　　F_{xp} —— $m \times n$ 阶矩阵;F_{xp} 是外荷载 – 多余力点位移柔度矩阵,它表明基本结构上多余作用点的位移和外荷载之间的关系;

　　　　x —— 多余未知力列阵;

　　　　p —— 外荷载的列阵。

如求得 F_{xx} 和 F_{xp},即可解出多余未知力的列矩阵

$$x = -F_{xx}^{-1}F_{xp}p \tag{10.2}$$

式中　F_{xx}^{-1}——F_{xx} 的逆矩阵。

超静定结构上的最终内力,即结构单元的内荷载,就是外荷载和多余未知力分别作用于基本结构上所产生的内力之和 S 可按力的叠加原理求得,其用矩阵缩写形式为

$$S = S_p^0 + S_x^0 = r_{sp}P + \overline{r}_{sx}x \qquad (10.3)$$

式中　S—— 结构单元的内荷载,是外荷载 p 和多余未知力 x 对于单元节点上的内力和;

　　　S_p^0—— 外荷载作用下基本结构中所产生内力;

　　　S_x^0—— 多余未知力作用下基本结构中所产生的内力;

　　　$r_{sp}P$—— 基本荷载系,为外荷载作用在基本结构上所产生的单元内荷载;

　　　$\overline{r}_{sx}x$—— 多余力荷载系,为多余力作用在基本结构上所产生的单元内荷载;

　　　r_{sp}—— 单位外荷载 — 单元内力变换矩阵,即当 $P_k = 1$ 分别单独作用时,基本结构各单元所产生的内力矩阵;

　　　$\overline{r}_{sx}$—— 单位多余力 — 单元内力变换矩阵,即当 $x_k = 1$ 分别单独作用时,基本结构各单元中所产生的内力矩阵。

矩阵 r_{sp} 的第一列元素,就是当 $P_1 = 1$ 时在基本结构各单元中产生的内力(弯矩、剪力或轴力),第二列元素就是当 $P_2 = 1$ 时在基本结构各单元中产生的内力,以此类推。

矩阵 $\overline{r}_{sx}$ 亦类似,其中第 j 列元素就是当 $x_j = 1$ 时在基本结构中产生的内力。

对地下拱形结构进行计算时,为了求单元端点的弯矩和曲线切线方向的轴力,还需要对 $\overline{r}_{sx}$ 和 r_{sp} 加以修正,有关具体的修正方法将在后续内容中讲解。

3. 柔度及柔度矩阵

用矩阵力法进行结构分析关键在于如何计算柔度矩阵 F_{xx} 和 F_{xp},因此亦称柔度矩阵法。所以,为计算矩阵 F_{xx} 和 F_{xp},需要了解"柔度"和"柔度矩阵"的概念,以弹簧为例,对于一个弹簧在力 P 作用下,会拉伸一个长度 δ,在弹性范围内,拉伸长度与 P 成正比,用公式表达为

$$\delta = fP \qquad (10.4)$$

对于任一弹性体,有 n 个广义力 $P_1, P_2, \cdots, P_n$,分别作用在节点 $1, 2, \cdots, n$ 上,弹性体在支座的约束下,不产生刚性运动,仅产生弹性变形,其相应的广义位移为 $\Delta_1, \Delta_2, \cdots, \Delta_n$。

由于弹性体服从虎克定律和微小变形原理的假定,按叠加原理可写出线性位移方程组并可用矩阵形式表达,缩写为

$$\Delta_i = F_i P_i \qquad (10.5)$$

式中 F_i 称为柔度矩阵,如弹性体为整体结构则称为结构柔度矩阵,如弹性体为单元体则称为单元柔度矩阵。F_i 中任一元素 f_{ij} 称为位移影响系数,它表示当节点 j 上的外荷载 $P_j = 1$,其它荷载为零时在节点 i 处沿 P_i 方向所产生的位移。根据功的互等原理 $f_{ij} = f_{ji}$,因此 F_i 是一对称矩阵。

下面介绍一些基本单元柔度矩阵的计算方法。

（1）等直杆单元柔度矩阵

将结构看作由许多等直杆单元组成的组合体。其横截面 A 为常数的等直杆，单元端部作用轴向力 N_i，$N_i = N_j = N_k$，EA 为常数，长度为 l，在力 N_i 作用下，等直杆会产生变形 δ_i，它的柔度矩阵可按虚功原理进行计算。

单元体在轴力 N_i 作用下可根据位移普遍公式计算

$$\Delta_{ik} = \sum \int \frac{\overline{M_i} M_k}{EI} \mathrm{d}x + \sum \int \frac{\overline{N_i} N_k}{EA} \mathrm{d}x + \sum \int \frac{\mu \overline{Q_i} Q_k}{GA} \mathrm{d}x \tag{10.6}$$

或利用图乘法可得单元端点变位

$$\Delta_{ik} = \frac{l}{EA} N_i \tag{10.7}$$

单元的柔度矩阵为

$$F_i = \frac{l}{EA} \tag{10.8}$$

图 10.2(a) 为在端弯矩作用下的梁单元体。M_i、V_i、M_j、V_j 分别表示 i、j 两个截面上作用的弯矩和剪力；φ_i、v_i、φ_j、v_j 分别表示 i、j 两个截面的转角和竖直位移。若两端竖向位移 $v_i = v_j = 0$，即略去梁单元剪切变形的影响，此单元相当于一简支梁，v_i、v_j 为支座反力。

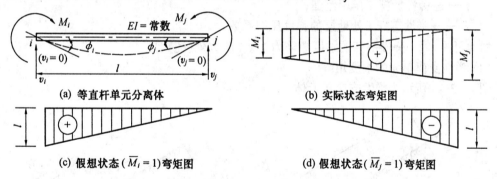

(a) 等直杆单元分离体　　　　　　(b) 实际状态弯矩图

(c) 假想状态（$\overline{M_i} = 1$）弯矩图　　　　(d) 假想状态（$\overline{M_j} = 1$）弯矩图

图 10.2　简支梁单元体

用图乘法分别求出 i、j 两截面的转角，即

$$\varphi_i = \frac{1}{EI} \times \frac{M_i l}{2} \times \frac{2}{3} + \frac{1}{EI} \times \frac{M_j l}{2} \times \frac{1}{3} = \frac{l}{3EI} M_i + \frac{l}{6EI} M_j$$

$$\varphi_j = \frac{1}{EI} \times \frac{M_i l}{2} \times \frac{1}{3} + \frac{1}{EI} \times \frac{M_j l}{2} \times \frac{2}{3} = \frac{l}{6EI} M_i + \frac{l}{3EI} M_j \tag{10.9}$$

写成矩阵形式为

$$\begin{bmatrix} \varphi_i \\ \varphi_j \end{bmatrix} = \begin{bmatrix} \dfrac{l}{3EI} & \dfrac{l}{6EI} \\ \dfrac{l}{6EI} & \dfrac{l}{3EI} \end{bmatrix} \begin{bmatrix} M_i \\ M_j \end{bmatrix} \tag{10.9a}$$

梁单元的柔度矩阵

$$F_i = \begin{bmatrix} \dfrac{l}{3EI} & \dfrac{l}{6EI} \\ \dfrac{l}{6EI} & \dfrac{l}{3EI} \end{bmatrix} = \dfrac{l}{3EI} \begin{bmatrix} 1 & \dfrac{1}{2} \\ \dfrac{1}{2} & 1 \end{bmatrix} \qquad (10.10)$$

(2) 弹性支承链杆的柔度矩阵

把地层看做弹性地基,采用局部变形理论计算。在弹性抗力 R_i 作用下,沿弹性链杆轴向的地层位移为

$$\Delta_i = \dfrac{1}{kbs} R_i \qquad (10.11)$$

故弹性链杆的柔度矩阵为

$$F_{R_i} = \dfrac{1}{kbs} \qquad (10.12)$$

式中　　R_i —— 作用在弹性链杆上的轴力;

　　　　Δ_i —— 弹性链杆 i 处围岩范围的弹性变位;

　　　　b —— 沿隧道纵向所取的宽度(通常 $b = 1$ m);

　　　　s —— 弹性链杆 i 作用范围;

　　　　k —— 弹性链杆 i 处地层的弹性压缩系数。

由此可见,每一弹性链杆的柔度矩阵为 1×1 阶方阵(纯数)。

(3) 弹性支座单元的柔度矩阵

图 10.3(a) 所示为弹性支座单元体。

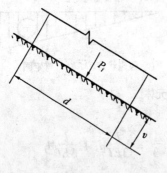

(a) P_i 作用下

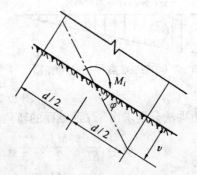

(b) M_i 作用下

图 10.3　弹性支座单元体

在轴向力 P_i 作用下地基将发生垂直沉陷为

$$v = \dfrac{1}{kbd} P_i \qquad (10.13)$$

在弯矩 M_i 作用下,见图 10.3(b),发生的转角移为

$$\varphi = \frac{v}{d/2} = \frac{12}{kbd^3}M_i \tag{10.14}$$

式中　　d—— 弹性支座承压宽度；

k—— 弹性支座处的地层弹性压缩系数。

由上述可得弹性支座的变位,写成矩阵形式为

$$\begin{bmatrix} v \\ \varphi \end{bmatrix} = \begin{bmatrix} \dfrac{1}{kbd} & 0 \\ 0 & \dfrac{12}{kbd^3} \end{bmatrix} \begin{bmatrix} p \\ M \end{bmatrix} \tag{10.15}$$

故弹性支座单元体的柔度矩阵为

$$F_{P_i} = \begin{bmatrix} \dfrac{1}{kbd} & 0 \\ 0 & \dfrac{12}{kbd^3} \end{bmatrix} \tag{10.16}$$

(4) 衬砌结构的柔度矩阵

各单元的柔度矩阵分别求出后,可列出整个衬砌结构的柔度矩阵 F_0。

F_0 按照杆件 – 力变换矩阵各分量的顺序排列成带形矩阵。

$$F_0 = \begin{bmatrix} F_1 & & & & & \\ & F_2 & & & 0 & \\ & & F_3 & & & \\ & & & \ddots & & \\ & 0 & & & F_i & \\ & & & & & \ddots \\ & & & & & & F_n \end{bmatrix} \tag{10.17}$$

由于衬砌每一单元的柔度矩阵为 3×3 阶方阵,每一链杆的柔度矩阵为 1×1 阶方阵,每端弹性支座处的柔度矩阵为 2×2 阶方阵。故结构柔度矩阵数为 $n \times n$ 阶。若整个结构分成 q 个单元,链杆数为 t,衬砌两端支承在弹性支承的刚性梁上,则 $n = 3q + t + 4$,和单元内力总数相等。

显然,矩阵 F_0 的物理意义在于它将结构上所有单元的节点位移 δ 和相应的单元内荷载 s 联系起来了,可写出下式

$$\delta = F_0 s \tag{10.18}$$

4. 矩阵 F_{xx} 和 F_{xp} 的计算

多余力柔度矩阵 F_{xx} 和外荷载 – 多余力点柔度矩阵 F_{xp} 的计算,实际上是计算静定结构的位移问题,可按结构力学的虚功原理进行计算,现分别叙述如下。

(1) 多余力柔度矩阵 $\boldsymbol{F}_{xx}$ 的计算

多余力柔度矩阵的定义为:在基本结构中当仅有 $x_i = 1$ 单独作用时产生在多余力方向上的位移与多余力之间的关系。

如图 10.4(a) 所示,某基本结构,作用在其上的真实荷载即为单位多余力系,即

$$p = x$$

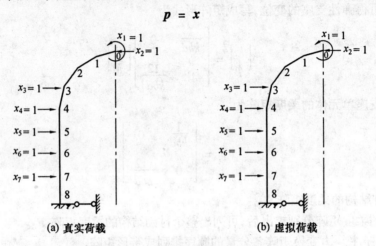

(a) 真实荷载　　　　　　　　　(b) 虚拟荷载

图 10.4　直墙拱顶结构受力简图

现求其在真实荷载作用下节点 $1, 2, \cdots, n$ 等的广义位移,设基本结构节点的广义位移为 $\Delta_1, \Delta_2, \cdots, \Delta_n$,以列矩阵 $\boldsymbol{\Delta}$ 表示,据多余力柔度矩阵的定义可写出如下关系式

$$\boldsymbol{\Delta} = \boldsymbol{F}_{xx} \tag{10.19}$$

由实际荷载产生的单元内力可由式(10.3)求得(此时 $\boldsymbol{P} = 0$)

$$\boldsymbol{S} = \boldsymbol{S}_x^0 = \overline{\boldsymbol{r}_{sx}} \boldsymbol{x}$$

由此产生的各单元的端点广义位移可按式(10.18)计算,即

$$\boldsymbol{\delta} = \boldsymbol{F}_0 \boldsymbol{S} = \boldsymbol{F}_0 \overline{\boldsymbol{r}_{sx}} \boldsymbol{x}$$

应用虚功原理求位移时,应在基本结构上加上对应于所求的广义位移的广义虚荷载,因为所求的位移为多余力作用点沿多余力方向的位移,故应加的虚拟荷载为单位多余力,即为 $x_i = 1$ 叠加在一起而组成的虚拟状态(图 10.4(b))。虚拟的荷载列阵为

$$\boldsymbol{p}_\varepsilon = \overline{\boldsymbol{x}}$$

在虚拟状态中所产生的单元内力可按式(10.3)求得

$$\boldsymbol{S}_\varepsilon = \boldsymbol{S}_{\overline{x}}^0 = \overline{\boldsymbol{r}_{sx}} \overline{\boldsymbol{x}}$$

或　　　　　$$\boldsymbol{S}_{\overline{x}}^{0\mathrm{T}} = \boldsymbol{S}_{\overline{x}}^{0\mathrm{T}} = (\overline{\boldsymbol{r}_{sx}} \overline{\boldsymbol{x}})^{\mathrm{T}} = (\overline{\boldsymbol{x}})^{\mathrm{T}} \boldsymbol{r}_{sx}^{\mathrm{T}}$$

故　　　　　$$\boldsymbol{S}_{\overline{x}}^0 = \overline{\boldsymbol{x} \boldsymbol{r}_{sx}}^{\mathrm{T}} \tag{10.20}$$

虚拟状态中外力 $\boldsymbol{P}_\delta$ 在实际状态结点变位 $\boldsymbol{\Delta}$ 上所做的外力虚功为

$$T = P_{\varepsilon 1} \Delta_1 + P_{\varepsilon 2} \Delta_2 + \cdots + P_{\varepsilon n} \Delta_n = \boldsymbol{P}_\varepsilon \boldsymbol{\Delta} = \overline{\boldsymbol{x}} \boldsymbol{\Delta}$$

由虚荷载 $\boldsymbol{P}_{\epsilon}$ 的作用,在结构各单元所产生的内荷载系 $\boldsymbol{S}_{\epsilon}$,对应于真实荷载的作用,在结构各单元产生的节点位移 $\boldsymbol{\Delta}$ 上所做的内力虚功为

$$V = -S_{\epsilon 1}\delta_1 - S_{\epsilon 2}\delta_2 - \cdots - S_{\epsilon}\delta_n = -S_{\epsilon}\boldsymbol{\delta} =$$
$$-\overline{x}\overline{r_{sx}}^{\mathrm{T}}\boldsymbol{\delta}$$

据虚功原理,虚拟状态的外力和内力在实际状态中的位移所做的虚功总和等于零,即

$$T + V = 0$$
$$\overline{x}\boldsymbol{\Delta} - \overline{x}\overline{r_{sx}}^{\mathrm{T}}\boldsymbol{\delta} = 0$$

所以

$$\overline{x}\boldsymbol{\Delta} = \overline{x}\overline{r_{sx}}^{\mathrm{T}}\boldsymbol{\delta}$$

即

$$\boldsymbol{\Delta} = \overline{r_{sx}}^{\mathrm{T}}\boldsymbol{\delta} \tag{10.21}$$

此式即为求解静定结构节点位移的表达式,同时有

$$\boldsymbol{\Delta} = F_{xx}\boldsymbol{x}$$

而

$$\boldsymbol{\delta} = F_0\overline{r_{sx}}\boldsymbol{x}$$

故

$$F_{xx}\boldsymbol{x} = \overline{r_{sx}}^{\mathrm{T}}F_0\overline{r_{sx}}\boldsymbol{x}$$
$$F_{xx} = \overline{r_{sx}}^{\mathrm{T}}F_0\overline{r_{sx}} \tag{10.22}$$

(2) 外荷载 – 多余力点柔度矩阵 F_{xp} 的计算

外荷载 – 多余力点柔度矩阵的定义为:在基本结构中,当仅有 $p_i = 1$ 单独作用时,产生在多余力作用点处的位移与外荷载之间的关系。

实际状态(图 10.5(a)) 的荷载系应是 $\overline{p_i}$ 分别单独作用,即

$$p = \overline{p}$$

结构上各结点的位移 $\boldsymbol{\Delta}$ 与图示力系 $\boldsymbol{P}$ 之间的关系为

$$\boldsymbol{\Delta} = F_{xp}\overline{p} \tag{10.23}$$

实际荷载系产生的单元内力为

$$S\overline{P} = r_{sp}\overline{p}$$

由内力产生的各单元端点变位为

$$\boldsymbol{\delta} = F_0 S\overline{P} = F_0 r_{sp}\overline{p}$$

因为要求基本结构上多余力点作用方向的位移,所以加在基本结构上的虚拟荷载应是单位多余力(图 10.5(b)) 即

$$p_{\epsilon} = \overline{x}$$

由此产生的单元内力为

$$S\overline{x} = \overline{x}\overline{r_{sx}}^{\mathrm{T}}$$

虚拟状态中外力在实际状态各单元端点变位上所做的外力虚功为

$$T = \overline{x}\boldsymbol{\Delta} = \overline{x}F_{xp}\overline{p}$$

虚拟状态中外力在实际状态各单元端点变位上所做的内力虚功为

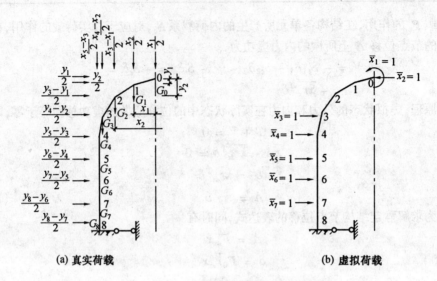

(a) 真实荷载 (b) 虚拟荷载

图 10.5 直墙拱顶结构受力简图

$$V = -S_{\bar{x}}\delta = -\overline{x}r_{sx}^{\mathrm{T}}F_0 r_{sp}\overline{p}$$

根据虚功原理 $T = -V$ 得

$$\overline{x}F_{xp}\overline{p} = \overline{x}r_{sx}^{\mathrm{T}}F_0 r_{sp}\overline{p}$$

由此可导出

$$F_{xp} = r_{sx}^{\mathrm{T}}F_0 r_{sp} \tag{10.24}$$

从 F_{xx} 和 F_{xp} 两矩阵的推导过程可以看出,两矩阵的计算原理与普通力法中计算单位变位 δ_{ik} 和外载变位 Δ_{ip} 是相同的,都是运用了虚功原理推导其计算公式,但是具体的计算方法不同,矩阵力法采用矩阵连乘的方法计算变位,普通力法是用积分法或图乘法。F_{xx} 和 F_{xp} 其中的任一元素按矩阵连乘计算的结果与按积分法或图乘法计算的结果完全一样。运用矩阵连乘计算结构变位,使得 F_{xx} 和 F_{xp} 两矩阵的运算可采用电子计算机来完成,并且编制的程序比较简单。

二、矩阵力法分析圆形衬砌结构

圆形隧道衬砌结构是地下建筑中常用的一种结构形式,在城市地下铁道、越江隧道及市政隧道中广为采用。圆形衬砌的计算方法可分为两大类:按自由变形的圆环进行内力计算及按弹性介质的圆环进行内力计算。本节讨论按弹性介质内的圆环的矩阵力法。

1.计算简图和基本结构

图 10.6(a) 所示的圆形隧道衬砌结构,其荷载与结构均对称,在外界主动荷载作用下,衬砌结构将发生变形。按照"局部变形"理论考虑衬砌与围岩的共同作用,在衬砌与围岩共同作

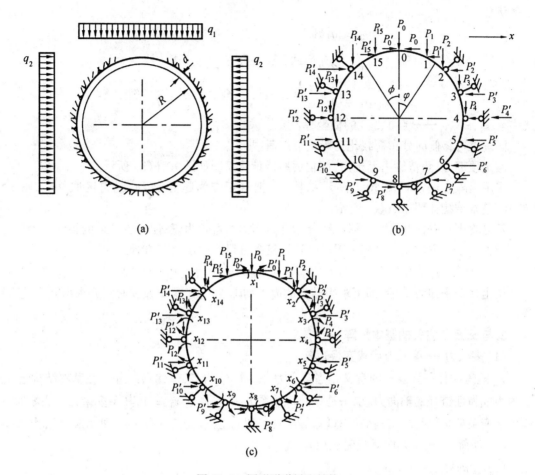

图 10.6　圆形隧道衬砌结构

用的区域内设置弹性支承,以弹性支承代替弹性介质的作用。假定弹性支承主要传递轴向压力,由于围岩与衬砌间存在粘结力,因而也能传递少量轴向拉力。

仅在衬砌与围岩介质共同作用的区段才加入弹性支承。在衬砌趋于脱离地层的脱离区域内衬砌不与弹性介质接触,它能自由变形而不致受到抵抗。

将圆形轴线离散化为 n 个等直杆单元,单元的交叉点为节点,形成内接多边形。单元的数目越多,解题的精度也就越高。但单元数目过多时,计算机容量可能不够,这一因素也应考虑。

实践证明若支承间的距离对应于 $\frac{\pi}{8}$ 的中心角时,则可以满足工程计算的精度要求。

将分布的外荷载按简支分配原则化为等效节点力,并作用在节点上。如竖向均布荷载,则其等效节点力就等于均布荷载集度 q_1 乘上节点两相邻单元水平投影长度的一半,再乘上圆拱的计算宽度(宽度常取 $b = 1$ m)。

例如

$$p_0 = q_1 b x_1$$

$$p_1 = q_1 b \frac{x_1 + (x_2 + x_1)}{2} = q_1 b \frac{x_2}{2}$$

$$p_2 = q_1 b \frac{(x_2 - x_1) + (x_3 - x_2)}{2} = q_1 b \frac{x_3 - x_1}{2}$$

式中　　x_1、x_2、x_3——点 1、2、3 的横坐标。

同理也可将侧向分布荷载化为等效节点荷载。

假定顶部 2θ 角范围内无抗力,简化后所得计算简图如图 10.6(b) 所示。

采用矩阵力法计算图 10.6 所示结构时,把弯矩作为超静定力,脱离区取 $2\theta = 3\varphi = 67°30'$,基本结构如图 10.6(c) 所示。

符号规则:使衬砌内边纤维拉伸,外边纤维压缩的弯矩为正;使衬砌拉伸的轴向力为正。

根据多余力方向相对位移为零的变形连续条件可列力法典型方程式

$$F_{xx} x + F_{xp} p = 0$$

求出多余未知力 x 后,即可求得结构的内力列阵 S,为了求 x 及 S 必须先求出几个基本矩阵。

2. 与 x 及 S 有关的基本矩阵

(1) 多余力 — 单元内荷载变换矩阵 $\bar{r}_{sx}$

$\bar{r}_{sx}$ 矩阵中任一元素 $\bar{r}_{ij}$ 的意义是当多余力 $x_j = 1(j = 1,2,\cdots,8)$ 作用时,在基本结构上 i 点的内力或弹性链杆的轴向力。求法是令外荷载系 $p = 0$,并令 $x_1 = 1$,其余多余力均为零时,按静力平衡条件求解基本结构的所有单元内力,得到的是 $\bar{r}_{sx}$ 矩阵中的第一列元素,其推导略。

(2) 外荷载 — 单元内荷载变换矩阵 r_{sp}

(3) $\bar{r}_{sx}$ 的修正矩阵 $\bar{r}_{sx}'$

(4) r_{sp} 的修正矩阵 r_{sp}'

$\bar{r}_{sx}$ 和 r_{sp} 是单元内荷载变换矩阵,为了求各单元端点圆切线方向的内力值,还需要对 $\bar{r}_{sp}$ 和 r_{sp} 矩阵加以修正。因为在求 $\bar{r}_{sx}$ 和 r_{sp} 时是把杆化为直杆,均布荷载化为集中荷载。这样,由于作用在点节上的荷载是集中荷载,所以必然引起轴力图突变,因此得到的内力图是折线图形,而事实上在均布荷载作用下,结构的内力图应该是连续的图形,因此必须对 $\bar{r}_{sx}$ 和 r_{sp} 矩阵加以修正,使尽可能符合结构的实际受力情况。可利用下述修正方法:

① 去除 $\bar{r}_{sx}$ 和 r_{sp} 矩阵中的重复项。在这两个矩阵中单元端点的弯矩被描述两次。

② 按曲杆、均布荷载计算单元端点的轴力值,精确的计算应当如此。但是,为简化计算可考虑平均值的方法,即

$$\bar{N}_i = \frac{\bar{N}_{i-1} + \bar{N}_{i+1}}{2}$$

式中　　$\overline{N}_i$——修正矩阵 $\overline{r}_{sx}'$ 或 r_{sp}' 中 i 点的轴力元素；

　　　　$\overline{N}_{i-1}$ 及 $\overline{N}_{i+1}$——矩阵 $\overline{r}_{sx}$ 或 r_{sp} 中的轴力元素。

　　③ 如果仅仅是计算结构内力,则弹性支承链杆的内力值可不必求出,$\overline{r}_{sx}$、r_{sp} 矩阵中有关弹性链杆轴力元素可删去。如果不仅要计算结构的内力,而且要研究地层对结构的弹性抗力,则 $\overline{r}_{sx}$ 和 r_{sp} 矩阵中弹性链杆的轴力元素就不能删去。

　　(5) 整个结构的柔度矩阵 F_0

　　F_0 矩阵是由各衬砌单元和弹性支承链杆的柔度矩阵组成的整个结构的组合柔度矩阵。对图 10.6(c) 所示的结构取一半计算,共有八个衬砌等直杆单元和 7 个弹性支承链杆单元,先求出各个单元的柔度矩阵,然后组合。

　　每个衬砌等直杆单元的内荷载是两端点的弯矩和轴力。单元体在轴力作用下的柔度矩阵按公式(10.8) 计算

$$F_{Ni} = \frac{l}{EA}$$

单元体在两端弯矩作用下的单元柔度矩阵,按公式(10.10) 计算

$$F_{Mi} = \begin{bmatrix} \dfrac{l}{3EI} & \dfrac{l}{6EI} \\ \dfrac{l}{6EI} & \dfrac{l}{3EI} \end{bmatrix}$$

弹性支承链杆单元的柔度矩阵按式(10.12) 计算

$$F_{Ri} = \frac{1}{Kbd}$$

按照内力变换矩阵 $\overline{r}_{sx}$、r_{sp} 中各元素的排列次序排列矩阵 F_0。

三、矩阵力法解超静定结构小结

　　用矩阵力法解超静定结构可归纳为如下步骤:

　　(1) 结构的离散化,把结构离散化为许多个单元,单元与单元之间由节点联结,也就是说把结构看作是由许多个单元所组成的组合体。

　　一般可将结构离散成杆、梁、柱等单元体,单元的交叉点视为节点。

　　拱形结构离散化为偏心受压等直杆所组成的折线形组合体,单元的数目越多,解题的精确度就越高。

　　围岩介质对衬砌结构的作用离散成弹性支撑链杆,弹性链杆可作为一个独立的单元。

　　(2) 用去除约束法确定超静定次数,用列矩阵 x 表示多余未知力系。

　　(3) 确定外荷载系,用列矩阵 p 表示。

　　(4) 确定结构单元荷载系,用列矩阵 S 表示。

(5) 按静力平衡条件计算多余力－单元内荷载变换矩阵 $\overline{r}_{sx}$，外荷载－单元内荷载变换矩阵 r_{sp}，并列出单元内荷载系矩阵。

(6) 确定各单元的柔度矩阵 $F_1, F_2, \cdots, F_n$，并把它们排列成结构的组合柔度矩阵 F_0。

(7) 计算多余力柔度矩阵

$$F_{xx} = \overline{r}_{sx}{}^{\mathrm{T}} F_0 \overline{r}_{sx}$$

(8) 计算外荷载－多余力点位移柔度矩阵

$$F_{xp} = \overline{r}_{sx}{}^{\mathrm{T}} F_0 \overline{r}_{sx}$$

(9) 按力法典型方程式计算多余力矩阵 x

由

$$F_{xx}x + F_{xp}p = 0$$

得

$$x = -F_{xx}{}^{-1} F_{xp} p$$

(10) 计算单元内力

$$S = \overline{r}_{sx}x + r_{sp}p$$

或

$$S = \overline{r}_{sx}'x + r_{sp}'p$$

式中　　$\overline{r}_{sx}'$ ——为 $\overline{r}_{sx}$ 矩阵的修正矩阵；

　　　　r_{sp}' ——为 r_{sp} 矩阵的修正矩阵。

第三节　有限单元法在地下结构中的应用

一、有限单元法简介

1. 有限单元法的起源和发展

"有限单元法"是 1960 年由美国的克拉夫(Clough R W)首先提出的,40 多年来,有限单元法的应用已由弹性力学平面问题扩展到空间问题、板壳问题,由静力平衡问题扩展到动力问题,从固体力学扩展到流体力学、传热学、电磁学等众多领域。

2. 有限单元法的基本思想

从物理学方面看:它是用仅在单元节点上彼此相连的单元组合体来代替待分析的连续体,也即将待分析的连续体划分成若干个彼此相联系的单元。通过单元的特性分析,来求解整个连续体的特性。

从数学方面看:它是使一个连续的无限自由度问题变为离散的有限自由度问题,使问题大大简化,或者说是使不能求解的问题能够求解。一经求解出单元未知量,就可以利用插值函数确定连续体上的场函数。显然,随着单元数目的增加,即单元尺寸的缩小,解的近似程度将不断得到改进。

3. 利用有限单元分析结构的步骤

(1)把结构进行单元划分(又称理想化、离散化)。划分单元应根据精度要求,将分析的结构分割成有限个单元体,并在单元的指定点设置节点,使相邻单元的有关参数具有一定的连续性,并构成一个单元的集合体以代替原结构。划分单元的大小和数目应根据计算精度要求和计算机的容量来确定。以平面问题为例,最简单的单元是三角形单元,所有结点都取为铰接,在位移等于零或位移可以不计之处,就在结点上设一个铰支座。每个单元所受到的荷载都按静力等效的原则分解(移置)到结点上。这就是平面问题的有限单元法的单元划分。见图10.7中的(a)为一个深梁的单元划分,(b)为堤坝的单元划分。

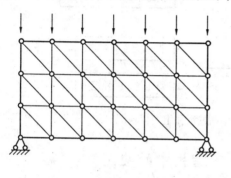

(a) 深梁的单元划分

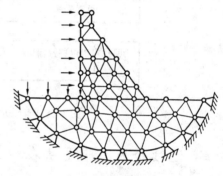

(b) 堤坝的单元划分

图 10.7 有限单元划分

(2)选择位移插值函数。由于各单元之间在结点上是连续的,它们的基本弹性特征是由作用于结点上的力以及由此引起的结点位移之间的关系来表示的,所以,就要对单元的位移假设为某种简单的函数,即位移是坐标的线性连续函数。使它既满足单元内部变形的谐调,又能使单元之间沿边界处密合。选择适当的位移函数是有限单元法的关键,位移函数通常利用多项式表述。

(3)分析单元的受力特性。利用几何方程、本构方程和变分原理最终得到单元的刚度矩阵。

(4)集合所有单元的平衡方程,建立整体平衡方程。先将各个单元刚度矩阵合成整体刚度矩阵,然后将各单元的等效节点力列阵集合成总的荷载列阵。

(5)由平衡方程组求解未知节点位移和计算单元应力。

4. 有限元的计算过程和组织模块

有限元的计算过程和组织模块如图 10.8 所示。

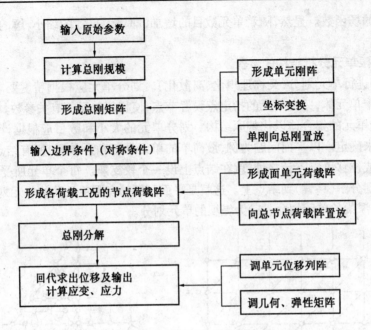

图 10.8　有限元法的计算过程和组织模块图

二、连续介质有限元法在软土地下结构中的应用

1.连续介质的有限单元法

连续介质的有限单元法可用于处理很多复杂的岩土力学和工程问题,是研究地下结构和周围介质之间相互共同作用问题的强有力工具。用于分析地下结构时可考虑各种边界条件、初始状态、结构外形、多种岩土介质等复杂因素,可以考虑岩土介质的各向异性、弹塑性、粘滞性等多种性态。三维问题的有限元法还可考虑沿基坑纵向分区开挖的空间受力效应。

经典法计算时,必须事先已知作用于地下连续墙(柱、桩)上的水土压力,用杆系有限元法至少要事先部分假定水土压力值——作用在地下结构上的主动土压力。而连续介质的有限元法完全不必事先对土压力的大小和分布作出假定。事实上连续介质有限元法已跳出了荷载—结构法的束缚,不再机械地将地下结构和地层介质割裂成结构和荷载两部分,而是将结构和地层看作是有机联系的整体。地下结构受力的大小与周围地层介质的特性、地下结构的几何尺寸、土方开挖的施工程序,以及地下结构本身的刚度有着十分密切的关系,可通过计算分析估计出地层对地下结构的"荷载效应"。

用连续介质有限元法计算地下结构时,为简化计算,将地下结构假定为线弹性,而岩土介质则可根据不同情况和不同要求选择不同的本构模型。

2.岩土介质的本构模型

地下结构的计算模型是否合理的一个主要影响因素就是结构及岩土体本构模型的确定，所谓本构模型(又称本构关系)是描述岩土力学特性的数学表达式，通俗讲就是土的应力和应变关系。目前学术界提出的各种岩土的本构模型已多得难以统计，但被广泛应用于实际岩土工程计算的仍只有为数不多的几种。总结概括起来有线弹性、非线性弹性、弹塑性和粘弹塑性等几种本构模型。

(1)线弹性模型

线弹性模型假定岩土的应力应变关系为线性，符合广义虎克定律。虽然基本假定与岩土实际性态有很大差别。但由于它简单易行，如能结合以往的工程经验，加以合理地判断，其计算成果还是能定性地反映地下结构大致的受力情况。

(2)非线性弹性和弹塑性本构模型

非线性弹性和弹塑性本构模型，从理论上讲比线弹性模型前进了一步，一定程度上能够反映岩土介质的非线性等复杂性态。

(3)粘弹性和粘弹塑性本构模型

粘弹性和粘弹塑性本构模型越来越受到岩土工程界的重视。当应力不变而应变随时间不断增长，以及变形量不改变，应力随时间不断减小的现象称为材料的粘滞性和流变性。软土材料的粘滞流变效应是非常明显的。我们有这样的经验：基坑刚刚开挖时往往是稳定的，但不及时支撑，基坑支护的变形会随时间不断增长，假以时日后，基坑可能失稳而倒塌。如果按照弹性理论或弹塑性理论，结构的变形是在受荷载的瞬时发生，同时完成的，且不会随时间变化而变化。所以弹性理论及弹塑性理论均难以解释上述结构位移和结构内力随时间变化的现象，而这种现象就是流变效应，可用流变学理论给予解释。

(4)粘弹塑性本构模型

粘弹塑性有限元的分析。考虑了岩土介质应力应变与时间的关系，为深入认识软土的流变性对基坑围护墙体影响规律，同济大学地下工程系有关师生对上海软塑灰色粘土、流塑淤泥质粉质粘土及软塑粉质粘土进行了大量的三轴剪切蠕变试验和单剪蠕变试验，并提出了流变本构模型及其参数的选定方法，后又进一步研究推广到土体三维非线性流变属性，并应用于深基坑开挖工程，为粘弹塑性有限元理论走向实用迈出了坚实的一步。

实际上岩土的力学性态是非常复杂的，包含着非线性、各向异性、弹塑性、流变性和非连续性等各种性质。应力与应变关系与应力路径、应力水平等各种因素有关，事实上很难找出一个本构关系能全面正确地描述所有岩土种类的力学性态。因此，针对一定的岩土介质，一定的工程计算精度要求，选择一个相对合适的计算模型这是非常重要的。

3.地下结构与土体接触面的数值模拟

连续介质有限元法的一个显著优点就是其能很好的模拟土与结构之间的相互作用。土与结构相互作用模拟效果的好坏，直接影响到分析的最终结果。在连续介质有限元中，结构与土体之间的相互作用的模拟,是通过建立接触面单元来实现的。根据界面单元的厚度选择,界面单元可以分为无厚度和具有一定厚度的薄层单元。现将较为有代表性的几种接触面模型介绍如下。

(1)无厚度的 Goodman 单元

无厚度 Goodman 单元无论是从单元的数值模型,还是从单元的本构假设等方面来看,都是对界面接触行为的最简单、最直接的描述,其物理意义明确、概念简单。但不足之处是,接触迭代求解过程中数值病态问题严重,这与其法向刚度的取值有关,因为首先其法向刚度的初始值没有明确的物理依据;其次,在非线性迭代分析过程中一旦出现接触面的相互嵌入时就要赋一个大值,而当接触面出现相互分离时又要赋一个小值;此外,无厚度 Goodman 界面单元由于实质上就是有限元网格中一类点号双编的接触点偶,且该单元的"应变场"即是这些接触点偶的相对位移场,无闭合的变位,所以只能模拟开裂和滑移两种接触状态,无法模拟接触面的闭合状态。

(2)Desai 薄层界面单元

Desai 薄层界面单元的研究工作主要在于单元的应变－位移几何关系假设以及本构行为的模拟上。该界面元实际上就是在一般的连续体单元数值模拟基础上,要求单元的几何性状满足 $0.01 < t/B < 0.1$(t 为薄层单元的厚度,B 则为单元长度)。

Desai 薄层界面元克服了无厚度 Goodman 界面元不能模拟法向闭合变形的缺点。但从薄层界面的本构假设可以看出,该单元在理论上还存在一些交待尚不清楚的地方,如没有阐明为什么取剪切模量、弹性模量和泊松比为三个独立参数,以及薄层界面法向劲度系数的取值依据和迭代过程中各个模量的计算等。

(3)殷宗泽有厚度接触面单元

土与结构接触面上的剪切错动往往不是沿着两种材料的界面,有可能发生在土内,这时无厚度单元就不一定能真实反映接触面的变形特性。

殷宗泽等人在探讨界面变形特征的基础上否定了接触面上剪应力与相对错动位移间的双曲线渐变关系,提出了界面单元的刚－塑性本构模型,把普遍连续体单元的应变模式根据接触界面的力学行为特征进行了分解。

殷宗泽有厚度单元使得界面元的本构假设更为理性化,但其也没有从根本上克服模型本身的几何性态问题,只是建议界面元的厚度尽可能地小。

在地下结构的设计计算过程中,正确地分析接触面上的受力变形机理、剪切破坏的发展、荷载传递过程并在计算中正确地模拟,是十分重要的。

4.连续介质有限元法在地下结构中的应用

通常情况用平面一维问题的有限元方法分析就能满足工程设计的精度要求。在特殊情况下,如果结构几何形状很不规则,无法简化为平面问题,或者要模拟地下结构的施工过程,而基坑开挖时又要分区、分层逐步开挖,且必须考虑空间效应时,则应采用空间三维有限元方法。

但在输入数据准备、解题运算和计算成果分析各方面三维有限元计算工作量远远超出二维有限元的工作量。

有关有限元法的基本理论在前两节中已作了简要的介绍,现仅以平面问题为例,简要介绍一下地下结构设计过程中存在的问题。

(1)计算模型的确定

在地下工程中,地下结构一般可按弹性体计算,土层介质力学模型的合理选择是个有争议的问题。对于岩土地质条件较好,而计算目的主要是对结构受力状况作定性的估算时,可采用线弹性模型或非线性弹塑性模型;当土层软弱,土的塑性性能表现明显时,一般采用弹塑性模型;当需要考虑土的流变性能对结构影响且已获得计算所需的土的流变参数时,可采用粘弹性或粘弹塑性模型计算;考虑到结构与土层之间在变形过程中会发生错动,根据已往的计算经验,应在结构和土层之间设置接触面单元。在结构和土层之间,设置接触面单元后,能很好地传递法向应力,当应力不大时其只传递土层与墙体之间的剪切力,但当剪切应力超过某一控制值时,可以允许墙体与土层产生相对滑移。引入接触面单元使得计算结果更符合地下结构的实际受力情况。

(2)计算域边界的确定

从原来半无限体中,取出有限大的一块作为计算区域。有限元的网格范围应取多大?理论上计算域取得越大越好,可以避免边界效应对计算结果的影响。然而过大的计算区域,会使计算工作量和计算机舍入误差增加,有时效果适得其反。一般认为可取 3 倍结构宽度和 3 倍开挖深度中的较大值作为计算域的宽度,能使边界效应引起误差减少到可以接受的程度。

第四节　有限元分析软件在地下结构中的应用

一、有限元分析软件简介

数值模拟技术结合计算机技术形成的应用软件在工程中得到广泛的应用,国际上著名的有限元通用软件有 ANSYS、MCS.PATRAN、MCS.NASTRAN、MCS.MARC、ABAQUS、SAP 和 ADINA 等。他们大多采用 FORTRAN 语言编写,不仅包括多种条件下的有限元分析程序而且带有强大的前处理和后处理程序。大多数有限元通用软件拥有良好的用户界面、使用方便、功能强大,在当今强大的硬件的支持下,对于工程效验、仿真计算有着广阔的应用前景。

1.ADINA 简介

在众多的通用软件中,ADINA 是目前求解非线性岩土问题最精确、有效且提供最多岩土材料模型的有限元软件。它在计算岩土变形和稳定性方面具有很强优势,主要体现在岩土材料模式丰富;提供多种地质断层、节理裂隙处理方法;具有锚杆、抗滑桩等杆单元算法;多孔介质特性耦合各种非线性岩土模型进行渗流、固结沉降,以及渗流/结构/温度场耦合分析。ADINA的材料模型可模拟岩土材料的非线性、岩土材料随时间变化的性能、分析岩土中由于静水压力和结构变形引起的孔隙水压力的变化。ADINA 提供多种岩土材料模型,包括 Drucker-Prager 材料模型、Cam-clay 材料模型、Mohr-coulomb 材料模型、曲线描述的地质材料模型、Duncan-Zhang 模型以及参数随时间变化的模型。Drucker-Prager 材料模型是理想弹塑性材料模型,具有理想塑性 Drucker - Prager 屈服性能和 Cap 硬化性能;Cam-clay 材料模型主要用来模拟粘土材料在正常固结和超固结情况下的应变硬化和软化、模拟静水压力和弹性体积应变的非线性关系、模拟理想塑性材料的极限状态;Mohr-coulomb 材料模型是理想弹塑性材料模型。另外 ADINA 提供一种曲线描述的地质材料模型,这种材料模型允许用户自己定义模拟地质材料(包括岩土材料),材料曲线用分段线性的方式给出了加载和卸载两种不同状态下的体积模量、剪切模量与体积应变的关系,可以模拟材料的弹塑性流动、裂纹等现象。除此之外,ADINA 还提供专业所需的岩土徐变材料模式(Lubby2 模式),用于分析土体多孔介质属性的多孔介质材料(Porous)。

由于地质条件的复杂性,有限元分析时岩土中节理、裂隙、断层等结构的处理在分析中极为重要。ADINA 中提供如非线性间隙单元(Nonlinear Gap Element)和由用户输入单元刚度(质量、阻尼)特性的通用单元(General 2D/3D Solid Element),以及不同的接触摩擦算法(各种变摩擦模型)对地质中的节理、裂隙、断层进行模拟。对于边坡稳定性分析中的抗滑桩、锚杆、土钉、钢筋混凝土结构中的加强钢筋等结构模型,ADINA 专门提供了 Rebar 单元。Rebar 单元的优点之一是不需要用户划分单元,而是由 AUI 前处理自动生成单元,同时使用者可以方便指定不同的 Rebar Line 的截面特性,并定义其预应力特性以及应力损失,这对于模拟复杂的锚固系统、钢筋混凝土预应力系统是非常重要的。

在地下空间的施工过程中,岩土材料开挖、支护、锚固过程的施压需要使用到单元的生死功能(Element Birth/Death)。为了与工程实际相符,ADINA 的单元死亡功能(Death)对单元(材料)刚度的处理与其他软件不同,其刚度的变化不是瞬间完成,而是在用户指定的一个时间段从真实刚度降低到零,这是 ADINA 能够非常成功地模拟极为复杂施工工序的真正原因。同时 ADINA 提供各种方法,让用户方便处理如初始地应力等具体问题。

岩土地质中常常采用到各种基于应力波传播的地质探测的技术。ADINA 提供两种时间积分格式求解瞬态的应力波传播问题,即经典的隐式时间积分(Newmark 方法和 Wilson 方法)和显式时间积分(Central Difference)方法。在应力波传播问题中,一般要选择 ADINA 提供的显式时间积分方法,由于其积分步长小,对此类问题分析具有更高的精度和效率。

2. ANSYS 简介

ANSYS 是现在最为流行的通用有限元分析软件,它具有强大的前后处理及求解功能,虽然 ANSYS 现有的岩土本构关系还很有限,但由于其通用性和完备的系统开放性(APDL 语言能够较容易控制计算流程、获得内部计算数据及数据的输入输出等,另外,还可以利用 FORTRAN

语言或 C 语言编制自己的程序模块来丰富 ANSYS 软件包的功能),在岩土工程及地下结构中仍得到广泛的应用。

ANSYS 能很好地模拟岩土的力学性能,包括对断层、夹层、节理、裂隙和褶皱等地质情况的模拟;ANSYS 还可以考虑非线性应力 – 应变关系及分期施工过程,使得实际情况在计算中得到较好的反映;ANSYS 可以进行岩土的应力 – 应变与稳定性分析,路基、底座、深基、桩等的承载力与沉陷分析;ANSYS 中有丰富的接触单元库,可以很好地模拟地下结构与土的相互作用问题;ANSYS 中的生死单元使得对施工过程的模拟成为可能。

由于篇幅的限制,这里不可能对每种软件都一一介绍。总之,用何种软件来分析和解决问题,首先是由你要分析的问题的性质决定的,其次,是你对所要应用的软件掌握的熟练程度。只要能抓住要分析问题的实质,建立合理的分析模型并进行求解分析,大多数有限元软件都是能满足工程的精度要求的。下面对几种常用的软件作简要的对比。

3.几种通用有限元软件的比较

(1)分析接触问题,选择软件的顺序为 ABAQUS、ADINA、MARC 和 ANSYS。接触问题本身就是一个高度非线性问题,前三者本身就是基于高度非线性问题而开发的,从建立接触对(因为接触对中按材料硬度可分硬 – 硬、硬 – 软、软 – 软,如果相同硬度,那么那个接触体谁大、谁小,哪个是凸面、哪个是凹面等来确定谁是接触面、谁是目标面等考虑)的方便程度和收敛程度考虑为以上顺序。

(2)对结构要做结构优化设计或拓扑优化设计,那么 ANSYS 最强。ANSYS 软件中直接有优化设计模块,是单目标优化设计。设计变量有结构尺寸变量和状态变量(如某些地方的某种应力不能超过某一值,或某一变形不能超过多少),优化结构变量写入 APDL 程序中,如果对 APDL 程序不是很熟悉,那么可以通过 ANSYS 软件界面菜单完成建模和目标变量及设计变量设置,然后把所有操作过程写入 * .log 或 * .lgw 文件中,它们是文本文件,以 APDL 程序保存的,用记事本等调出此 * .log 文件进行整理,整理出循环迭代结构,另存文件名,在菜单中执行优化模块时,直接调此文件,一次性优化出结果。其他几个软件中没有结构优化设计模块,但也可以通过自己编写个小程序,用 MARC、ADINA 和 ABAQUS 对结构进行优化设计,但首先要熟悉如何取某节点或某单元的结果数据,使其在设计范围内寻求最优。

(3)从界面菜单上建模来讲,目前 ADINA、ABAQUS 与 ANSYS 旗鼓相当,MARC 最弱,甚至前两者超过 ANSYS 软件的建模,ADINA-m 和 ABAQUS/CAE 的建模方式是基于现代 CAD 的建模方式(如类似 Pro/E、UG、Solidwork 等,其蒙皮技术、复杂曲面扫描技术远强于 ANSYS)。

(4)从编程序建模讲,ANSYS 最强,因为它有自己的 APDL 程序语言,所有结构尺寸都可以参数化,这也是其率先开发结构优化设计和拓扑优化设计模块的基础。MARC 也有一个 python,但很不好用。ADINA 可以在 ADINA-in 准备文本模型文件,但不能设置变量参数,可以通过文本编辑处理模型数据。ABAQUS 与 ADINA 一样,可以编辑输入模型文件参数。

(5)从结构网格划分的方便程度来讲(这里不指自由网格划分),设置网格线、面、体的分段数和质量较好的映射网格时,这几个软件的排序是 ABAQUS、ANSYS、ADINA 和 MARC。

(6)在用于教学方面,只有 ANSYS(＜2000 节点)和 ADINA 有教学版(900 节点)。

二、应用实例

该实例为 ANSYS 实现模拟隧道施工过程,利用 ANSYS 可以用两种方法模拟初始地应力。一种是仅考虑岩体的自重应力,忽略其构造应力;另一种是在进行结构分析时,ANSYS 中可以使用输入文件把初始应力指定为一种载荷,如有实测初始应力可将初始应力写成初应力载荷文件,然后读入作为荷载文件。

开挖与支护的实现在 ANSYS 中以采用单元的生死技术来实现材料的消除与添加,对于隧道的开挖与支护,采用此项技术即可有效地实现开挖和支护过程的模拟。隧道开挖时,可直接选择被挖掉的单元,然后将其杀死,以实现开挖模拟。增加支护时也可将被杀死的单元激活。

连续施工的实现利用 ANSYS 程序中的载荷步功能可以对不同工况进行连续分析,模拟隧道的连续施工过程。

1.建模

采用 Mesh200 单元建立支护的线模型和土体的面模型,然后将线模型拉伸为壳模型,将面模型拉伸成体模型。

(1)以交互方式进入 ANSYS,设置初始工作文件名为 tunnel。

(2)定义分析类型。指定分析类型为 Structural,程序分析方法为 h-method。路径: Main Menu > Preferences。

采用命令流的格式完成几何模型的建立及网格的划分。

(3)具体步骤:定义相关位置参数、单元类型、实常数、材料属性;创建支护控制点及支护线模型和被挖去的土体面模型;创建补助面以及剩余土体的几何面;对面进行布尔操作并合并、压缩重复元素;将关键点连成线,用线将面分割;进行网格划分并整理。面网格划分见图10.9。

将支护的线模型拉伸成支护壳模型,然后对壳模型进行网格划分(图 10.10)。创建围岩单元。拉伸完毕后的模型如图 10.11 所示。打开单元材料编号,并打开实常数显示,执行路径得到图 10.12 所示,图中支护结构、围岩,被挖去的岩石以不同的颜色显示。

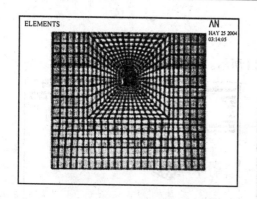

图 10.9　面网格划分

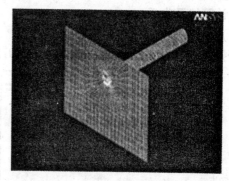

图 10.10　壳模型网格划分

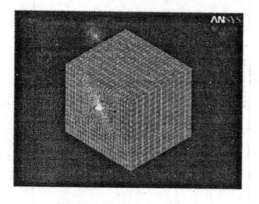

图 10.11　整个实体有限元模型

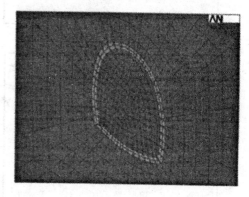

图 10.12　支护、围岩、被挖去岩石的侧面显示图

2. 加载与求解

施加边界条件以及重力加速度(图 10.13)、设定分析选项、初始地应力计算、模拟开挖过程。

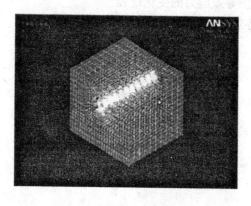

图 10.13　有限元计算模型

3.计算结果分析

(1)开挖过程中的支护位移变化过程

开挖过程中的支护位移变化过程见图 10.14 所示。

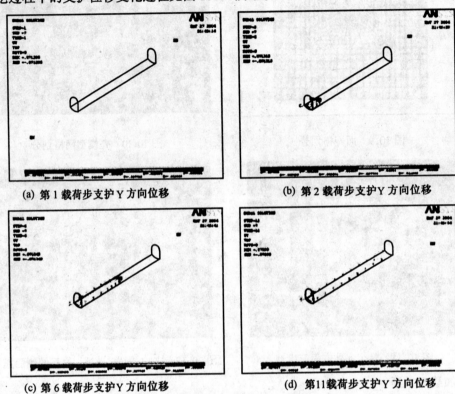

(a) 第 1 载荷步支护 Y 方向位移　　　　(b) 第 2 载荷步支护 Y 方向位移

(c) 第 6 载荷步支护 Y 方向位移　　　　(d) 第11载荷步支护 Y 方向位移

图 10.14　支护过程位移变化

(2)开挖过程中的支护等效应力的变化过程

开挖过程中的支护等效应力的变化过程见图 10.15 所示。

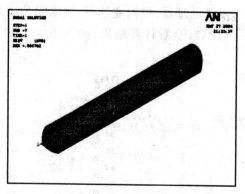

(a) 第 1 载荷步支护等效应力

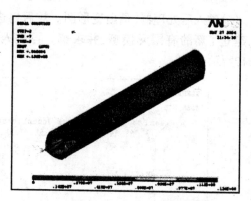

(b) 第 2 载荷步支护等效应力

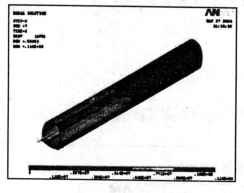

(c) 第 6 载荷步支护等效应力

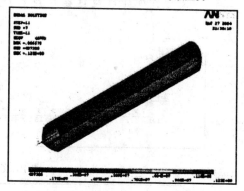

(d) 第11载荷步支护等效应力

图 10.15　开挖过程支护等效应力

注:该实例引自郝文化主编的《ANSYS 土木工程应用实例》。

三、有限元法分析地下结构的受力实例

以哈尔滨地下铁道站台处为例,利用 ANSYS 分析该处在使用期间标准组合下的受力情况,按没有护壁桩考虑。外墙与土体间的相互作用通过弹簧实现。

受力分析通过 ANSYS 中的前处理器、求解处理器、后处理器完成。具体分析过程如下:

(1)以交互方式进入 ANSYS,并设置初始工作文件名。

(2)定义分析类型。指定分析类型为 Structural。

(3)进入前处理器,定义单元类型,设置实常数及材料模型,然后进行模型的创建,具体步骤:创建关键点,通过关键点创建直线,然后进行网格划分,创建弹簧关键点,并对弹簧进行设置,完成建模(图 10.16)。

(4)进入求解处理器,定义弹簧的约束位移,输入构件的荷载,进行求解。

(5)进入后处理器,画出变形图。然后再进入求解处理器,根据变形图,删除受拉弹簧单元,建立了新的有限元模型,并求解。再进入后处理器,查看计算结果,如图 10.17、10.18、10.19所示。

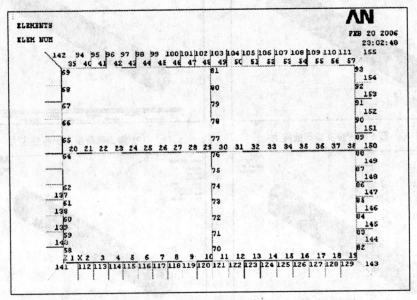

图 10.16　网格划分

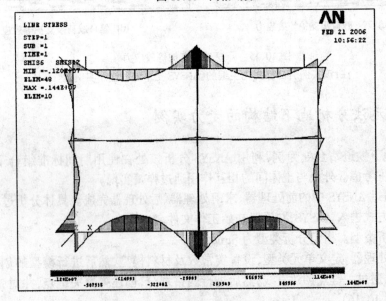

图 10.17　弯矩图

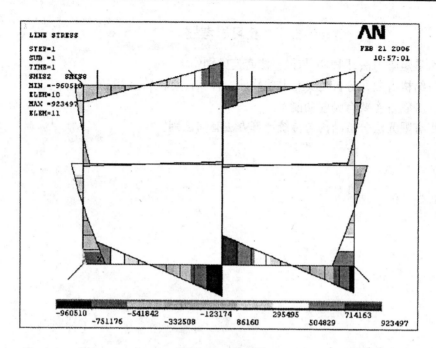

图 10.18　剪力图

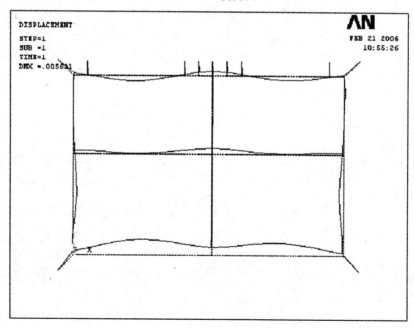

图 10.19　变形图

复习思考题

1.什么是矩阵力法,同力法与位移法有何区别?

2.地下结构有限元分析主要有哪些软件? 各软件有何特点?

3.ANSYS 软件主要有哪些功能?

4.利用有限元法分析结构与传统计算方法有何区别?

参 考 文 献

1 孙钧.地下工程设计理论与实践.上海:上海科学技术出版社,1996
2 陶龙光,巴肇伦.城市地下工程.北京:科学出版社,1996
3 夏明耀,曾进伦.地下工程设计施工手册.北京:中国建筑工业出版社,1999
4 孙钧,侯学渊.地下结构(上、下册).北京:科学出版社,1987
5 龚维明,童小东,缪林昌,穆保岗编著.地下结构工程.南京:东南大学出版社,2004
6 耿永常,赵晓红编著.城市地下空间建筑.哈尔滨:哈尔滨工业大学出版社,2001
7 中国工程院课题组.中国城市地下空间开发利用研究.北京:中国建筑工业出版社,2001
8 (日)土木学会编.隧道标准规范(盾构篇)及解说.牛伟译.北京:中国建筑工业出版社,2001
9 耿永常,张连武,尚文红.地下空间结构与防护设计理论综述,结构工程科学与技术进展.见:王光远院士八十寿辰庆祝会论文集.北京:科学出版社,2005
10 郝文化等.ANSYS土木工程应用实例.北京:中国水利水电出版社,2005
11 王焕定、王伟.有限单元法教程.哈尔滨:哈尔滨工业大学出版社,2003
12 李淼.软基基础与土相互作用分析方法研究:[硕士学位论文].南京:河海大学,2003